Jana Schumacher

Wissenschaftliche Zeitschriftenartikel und Letters der Physik und Informatik

Forum für Fachsprachen-Forschung
Hartwig Kalverkämper (Hg.)
in Zusammenarbeit mit Klaus-Dieter Baumann

Band 156

Jana Schumacher

Wissenschaftliche Zeitschriftenartikel und Letters der Physik und Informatik

Eine Mehr-Ebenen-Differenzierung

Frank & Timme
Verlag für wissenschaftliche Literatur

ISBN 978-3-7329-0615-4
ISBN E-Book 978-3-7329-9380-2
ISSN 0939-8945

Herstellung durch Frank & Timme GmbH,
Wittelsbacherstraße 27a, 10707 Berlin.
Printed in Germany.
Gedruckt auf säurefreiem, alterungsbeständigem Papier.

www.frank-timme.de

Zugl. Diss. Universität Leipzig, 2019

Inhalt

Abbildungsverzeichnis

Tabellenverzeichnis

Hinweise zu Abkürzungen und Zitaten

In der vorliegenden Arbeit werden, insbesondere in Diagrammen und Tabellen, die folgenden Abkürzungen mit folgender Bedeutung verwendet:

AE Korpus der Fachtexte amerikanischer Autoren (American Englisch)

BE Korpus der Fachtexte britischer Autoren (British English)

IE Korpus der Fachtexte deutscher Autoren (International English)

FZA Fachzeitschriftenartikel

IF Fachzeitschriftenartikel zur Informatik

IL Letter zur Informatik

PF Fachzeitschriftenartikel zur Physik

PL Letter zur Physik

TH Texthäufigkeit

Kursive Hervorhebungen in Zitaten und Beispielen stammen von den jeweiligen Fachtextverfassern, sofern nicht anders angegeben. Hervorhebungen durch Unterstreichung in Beispielen aus den Textkorpora wurden von der Verfasserin der vorliegenden Arbeit vorgenommen, sofern nicht anders angegeben.

Eine Druckseite wird hier als Normdruckseite mit 1800 Zeichen verstanden.

0 Einleitung

Das Englische spielt international eine wichtige Rolle als Lingua franca: Etwa drei Viertel derjenigen Kommunikationsteilnehmer,[1] die das Englische verwenden, sind keine Muttersprachler (Seidlhofer 2005). Weltweit werden ca. 70 Prozent aller wissenschaftlichen Texte auf Englisch veröffentlicht und außerdem ist das Englische in 62 Staaten Amtssprache (Ammon 1990, 68).

Deutschsprachige Wissenschaftler müssen den Großteil ihrer Forschung auf Englisch veröffentlichen, um ein internationales Publikum erreichen zu können. Dies ist insbesondere in naturwissenschaftlichen Disziplinen, wie der Informatik und der Physik, der Fall, in denen eine ausgeprägte internationale Zusammenarbeit und Ressourcenteilung stattfindet, wodurch sowohl auf Konferenzen als auch in der schriftlichen Kommunikation das Englische dominiert.

Auch die verschiedenen naturwissenschaftlichen Fachzeitschriften und -journals haben sich an die zunehmende Dominanz des Englischen anpassen müssen (Ammon 2001, 353f). Um ihren Umsatz zu halten bzw. zu steigern, konnten deutsche Fachzeitschriften nicht mehr nur auf Deutsch publizieren, sondern mussten mehrsprachig bzw. vollständig auf Englisch erscheinen. Damit wurden auch die bis dahin deutschen Titel der Publikationsorgane zu lateinischen bzw. englischen Titeln geändert.

Folglich ist es erforderlich, dass deutschsprachige Wissenschaftler sowohl die deutschen Diskursregeln für die Kommunikation in der nationalen Wissenschaftsgemeinde verinnerlichen als auch die englischen Diskursregeln in der internationalen Kommunikation exakt anwenden können. M. Clyne sieht darin ein kaum zu überwindendes Dilemma: Alle nicht-englischsprachigen Wissenschaftler müssten eigentlich bikulturell sein, da sonst die Gefahr der Einflussnahme muttersprachlicher Diskursmuster auf die Kommunikation in der Fremdsprache

1 Aus sprachökonomischen Gründen wird im Folgenden das generische Maskulinum verwendet.

besteht (Clyne 1991), was im schlimmsten Fall zu Kommunikationsstörungen führen kann.

In der vorliegenden Arbeit soll deshalb untersucht werden, inwiefern sich primärkulturelle Diskursmuster in der internationalen englischsprachigen Fachkommunikation ausprägen. Dazu werden englischsprachige Fachtexte muttersprachlicher und deutschsprachiger Autoren verglichen.

Da der größte Teil der internationalen naturwissenschaftlichen Fachkommunikation in Englisch stattfindet und die klare Mehrheit der Publikationsorgane nur in Englisch erscheint und ausschließlich englischsprachige Beiträge akzeptiert, werden insbesondere Textsorten der fachinternen Kommunikation, wie Fachzeitschriftenartikel und Letters, kaum in anderen Sprachen veröffentlicht. Aus diesem Grund ist eine interlinguale Untersuchung solcher Fachtexte wenig sinnvoll; ein intralingualer Vergleich mit Kontrastierung unterschiedlicher Varianten des Englischen ist für die textlinguistische Forschung wesentlich relevanter.

Die Frage, wie stark die muttersprachlichen Diskursstrategien Einfluss auf die Fachtextproduktion von deutschsprachigen Wissenschaftlern in der Fremdsprache nehmen, ist hierbei von großem Interesse. Nur relativ wenige Untersuchungen vergleichen die Texte von Muttersprachlern und Nicht-Muttersprachlern innerhalb einer Sprache. Doch gerade durch diesen Vergleich kann festgestellt werden, wie stark die Einflussnahme der Primärkultur auf die Textproduktion ist.

Bei der früheren Analyse von Fachzeitschriftenartikeln zur Informatik englischsprachiger und deutschsprachiger Autoren (Schumacher 2008) konnten Tendenzen zu einem relativ einheitlichen Fachtextstil festgestellt werden, in dem kulturelle Unterschiede nur schwach ausgeprägt sind. Vermutlich liegt die Ursache dessen in der regen internationalen Zusammenarbeit, die zwischen Naturwissenschaftlern stattfindet. Außerdem muss der Wissenstransfer schnell erfolgen, um die Aktualität der Informationen zu sichern. Deshalb werden Fachtexte direkt auf Englisch produziert, publiziert und rezipiert, um sie möglichst vielen Lesern zugänglich zu machen. Auf Übersetzungen wird in der Regel verzichtet. Dabei erfolgt automatisch eine gewisse Aneignung des vorherrschenden Wissenschaftsstils und seiner Konventionen durch Wissenschaftler aller Nationalitäten.

Weiterhin wurde hinsichtlich konkreter textinterner Merkmale (Personeneinbezug, metasprachliche Elemente, Stil) festgestellt, dass zwischen dem amerikanischem und dem britischen Korpus sogar größere Unterschiede auftraten als im Hinblick auf die Fachtexte deutscher Autoren. Dies legt den Schluss nahe, dass die bislang oft übliche Zusammenfassung von amerikanischen und englischen Texten zu einem einzigen englischsprachigen Korpus nicht gerechtfertigt ist und zu ungenauen Ergebnissen führen kann, da diese verschiedenen Kulturkreisen angehören und über verschiedene Systeme der Wissensvermittlung und des Wissenstransfers verfügen.

In der vorliegenden Arbeit sollen diese beiden Thesen anhand eines etwa 320 Druckseiten (eine Normdruckseite besteht aus 1800 Zeichen) umfassenden Fachtextkorpus aus den Fachgebieten Informatik und Physik genauer überprüft werden.

Dazu werden jeweils zwölf englischsprachige Fachtexte aus Informatik und Physik hinsichtlich verschiedener textinterner Kriterien miteinander verglichen.

Es werden dabei die beiden Fachtextsorten Fachzeitschriftenartikel und Letters untersucht. Während Fachzeitschriftenartikel unterschiedlicher Fächer bereits Gegenstand von verschiedenen fachsprachlichen Analysen waren und somit gut erforscht sind, ist den Letters aus textlinguistischer Sicht bisher kaum die verdiente Aufmerksamkeit zuteilgeworden. Es dürfte interessant sein, die beiden benachbarten Textsorten genauer gegeneinander abzugrenzen. Fachzeitschriftenartikel und Letters gehören zudem zu den am häufigsten produzierten Fachtextsorten in den Naturwissenschaften, so dass schon deshalb diese Analyse eine hohe Relevanz hat.

Es wurden Fachtexte zur Informatik und Physik als Untersuchungsgrundlage gewählt, da weniger sprachwissenschaftliche Untersuchungen für diese naturwissenschaftlichen Disziplinen als für geistes- oder sozialwissenschaftliche Texte vorliegen. Insbesondere die Informatik ist in dieser Hinsicht noch relativ unerschlossen, da sie eine vergleichsweise junge Disziplin ist, die erst Ende der 1960er Jahre als Studiengang an den Universitäten eingeführt wurde. So wurde in bisherigen kontrastiven Untersuchungen von Fachtexten, soweit bekannt, noch nicht ausführlich auf Fachtexte der Informatik eingegangen, insbesondere nicht unter der Fragestellung unterschiedlicher Textausprägungen durch Muttersprachler und Nichtmuttersprachler. Die vorliegende Arbeit hat die Erweiterung des fachtextlinguistischen Kenntnisstandes in dieser Hinsicht zum Ziel. Dadurch soll das Ungleichgewicht zwischen fachtextlinguistischen Untersuchungen von geisteswissenschaftlichen Fachtexten und naturwissenschaftlichen Fachtexten verringert werden. Darüber hinaus wird eine bisher kaum beachtete Textsorte, die „Letters", vorgestellt.

Außerdem widmet sich die Mehrheit der Fachtextanalysen der fachexternen Kommunikation (Adamzik im Druck), hier soll durch die vorliegende Untersuchung das Ungleichgewicht zum Bereich der fachinternen Kommunikation ausgeglichen werden.

Im **theoriebezogenen** ersten Teil dieser Arbeit wird auf die theoretischen Grundlagen eingegangen, insbesondere auf die unterschiedlichen Ansätze zur Kulturspezifik bzw. Universalität von (Fach-)Texten. Auch die Stellung des Englischen in der internationalen wissenschaftlichen Kommunikation wird skizziert, da sie die Motivation für diese Untersuchung darstellt. Außerdem werden die grundlegenden Abläufe und Faktoren bei der (Fach-)Textproduktion in der Fremdsprache betrachtet, um sich einen Überblick über die relevanten kognitiven Vorgänge bei der (Fach-)Textproduktion durch Nicht-Muttersprachler zu verschaffen.

Den Schwerpunkt dieser Arbeit bildet die **kontrastive Analyse** des Fachtextkorpus im zweiten Teil, die methodisch als intralingualer Textvergleich angelegt ist.

Zunächst wird das verwendete Fachtextkorpus beschrieben. In diesem Zusammenhang ist auch eine kurze Erläuterung der wissenschaftlichen Disziplinen, in die die untersuchten Fachtexte einzuordnen sind, notwendig.

Anschließend erfolgt eine Einordnung der Untersuchungskorpora nach textexternen Kriterien. Hier wird auch eine erste Differenzierung der beiden untersuchten Fachtextsorten durchgeführt, die jedoch dann erst nach Abschluss der Textanalyse vollständig vorgenommen werden kann.

Daraufhin werden die Texte hinsichtlich sechs verschiedener textinterner Kriterien untersucht:

1. Makrostruktur,
2. Personeneinbezug,
3. metakommunikative und metasprachliche Elemente,
4. Syntax,
5. Stil und
6. visuelle Elemente.

Dadurch soll eine möglichst umfassende strukturell-funktionale Charakterisierung der Texte ermöglicht werden. Durch die Verwendung dieser vielfach bewährten Kriterien ist die Vergleichbarkeit der hier gewonnenen Ergebnisse mit den Resultaten anderer Fachtextanalysen (z. B. zu anderen Fachgebieten) gewährleistet und sie können zu diesen in Bezug gesetzt werden. Außerdem werden die Abschnitte formalisierter Sprache, die ein wesentliches Merkmal vieler naturwissenschaftlicher Texte darstellen, näher betrachtet und beschrieben.

Bei der Analyse der Makrostruktur liegt das Augenmerk auf dem Aufbau des Gesamttextes und dem Grad der Variabilität desselben.

Der Personeneinbezug beschäftigt sich mit der Integration der Sender bzw. der Adressaten in den Gesamttext. In diesem Bereich liegen erfahrungsgemäß große Unterschiede zwischen Einzelsprachen und auch zwischen fachinterner und fachexterner Kommunikation vor.

Metakommunikative und metasprachlichhe Elemente dienen der Erleichterung der Informationsaufnahme und der Rezeptionserleichterung. Traditionell wird hier von gravierenden kulturellen Unterschieden zwischen englisch- und deutschsprachigen Diskursteilnehmern ausgegangen. So findet sich hier noch ein interessanter Ansatz für die Analyse der Texte hinsichtlich des primärkulturellen Einflusses.

Auf der Ebene der Syntax wird die Verwendung von Zeitformen und Passivkonstruktionen sowie die syntaktische Komplexität der Texte (Verhältnis syntaktisch komplexer und einfacher Sätze) untersucht.

Hinsichtlich des Stils steht eine Analyse der verwendeten semantischen und syntaktischen Stilfiguren im Vordergrund. Sie kann Aufschluss über die *reader/writer orientation* in der Fachkommunikation geben, denn ein guter Stil erleichtert die Fachtextrezeption und die Informationsaufnahme, durch Anschaulichkeit und Klarheit.

Ein besonderes Merkmal der untersuchten Texte ist ihr hoher Anteil mathematisch geprägter formalisierter Fachsprache. Abhängig vom Thema des jeweiligen Fachtextes sind beispielsweise mathematische Gleichungen und Beweise, logische Ausdrücke oder Funktionsdefinitionen enthalten. Diese aus linguistischer Sicht bislang weitgehend vernachlässigten Textteile genauer zu untersuchen, ist ein weiteres Anliegen dieser Arbeit. Dabei werden unterschiedliche Arten formalisierter Sprache, wie Beweisführungsketten, Erläuterung mathematischer Gleichungen u. a., klassifiziert und Regelmäßigkeiten und Besonderheiten erfasst. Eingegangen wird dabei u. a. auf den jeweiligen Grad der Formalisierung, auf typische Formulierungen sowie syntaktische und stilistische Besonderheiten.

Im untersuchten Korpus ist das Textmerkmal der visuellen Elemente von hoher Relevanz. Diese veranschaulichen bzw. ergänzen die verbal dargestellten Informationen und kommen besonders in naturwissenschaftlichen Texten häufig zum Einsatz. Hier werden neben der Vorkommenshäufigkeit der Bilder auch die Frequenz und die Art der Verweise auf die visuellen Elemente ermittelt.

Anschließend werden die Fachtexte durch die Analyse intertextueller Bezüge in den Gesamtzusammenhang der jeweiligen wissenschaftlichen Kommunikation eingeordnet. Hierdurch soll eine Einordnung in das Gesamtbild der fachlichen Kommunikation ermöglicht werden. In diesem Zusammenhang liegt noch Forschungsbedarf für Fachtexte vor, da Intertextualität bislang vorrangig in den Literaturwissenschaften untersucht wurde.

Im dritten Teil der Arbeit wird eine Umfrage unter Informatikern und Physikern zu ihren Publikationsgewohnheiten ausgewertet, um die durch die Fachtextanalyse ermittelten Ergebnisse in die richtige Beziehung zueinander setzen und Zusammenhänge zum Prozess der Fachtextproduktion ermitteln zu können.

Zum Abschluss werden die gewonnenen Erkenntnisse in Kapitel 12 zusammengefasst.

1 Die Fachsprachenforschung

Im Folgenden wird ein Überblick über die wichtigsten theoretischen Grundlagen der vorliegenden Untersuchung gegeben.

1.1 Fachsprache – Definitionsansätze

Da fachsprachliche Texte als Manifestation von Fachsprache den Gegenstand der vorliegenden Untersuchung bilden, soll zunächst der Begriff der Fachsprache näher betrachtet werden.

Eine einheitliche Definition des Terminus Fachsprache liegt nicht vor, stattdessen gibt es aus unterschiedlichen Perspektiven der Fachsprachenforschung verschiedene Definitionsansätze. Ziel dieses Kapitels ist, einen Überblick über einige der grundlegenden Definitionsansätze zu geben (Spillner 1983b; Baumann 1992b; Kalverkämper 1997; Hoffmann 2004; Busch-Lauer 2009, Gnutzmann 2009):

Von den Anfängen der Fachsprachenforschung bis in die späten 1970er Jahre bezieht sich der Begriff „Fachsprache" lediglich auf deren lexikalisch-semantischen Gesichtspunkte, d. h. die fachsprachliche Terminologie. So definieren *terminologische* Ansätze die Fachsprachen vor allem über den in Fachtexten enthaltenen Terminologieanteil. In den 1980er Jahren erfolgt eine Erweiterung des Begriffes um syntaktische, funktionalstilistische und textuelle Aspekte. Aus funktional-stilistischer Sicht werden anhand von syntaktischen und stilistischen Eigenschaften verschiedene Fachstile unterschieden. Dabei wird anhand der Funktion der Sprache (kommunikativ, praktisch speziell, theoretisch speziell oder ästhetisch) zwischen Alltags-, Sach- und Wissenschaftssprache sowie poetischer Sprache differenziert.

Insbesondere im Zusammenhang mit der kommunikativ-pragmatischen Wende Ende der 1970er bzw. Anfang der 1980er Jahre kommt der Verwendung fachsprachlicher Elemente in der Kommunikation größere Aufmerksamkeit zu. Damit werden zunehmend auch pragmatische und kommunikative Fragestellungen einbezogen. Der *kommunikativ-pragmatische* Ansatz definiert dementsprechend unter Einbezug des Empfängers Fachsprache über Kommunikationssituation und -zweck, dabei wird angenommen, dass es auf allen sprachlichen Ebenen Unterschiede zur Allgemeinsprache geben kann.

So beschreibt C. Gnutzmann Fachsprache als Kontrast zur Allgemeinsprache (2009). Sie wird in der schriftlichen und mündlichen Kommunikation von den Fachleuten innerhalb einer Disziplin oder disziplinenübergreifend öffentlich oder supra-regional verwendet. Sie weist keine eigene Grammatik auf, stellt aber eine spezifische Auswahl hinsichtlich Verwendung und Frequenz grammatikalischer Strukturen (z.B. Passivkonstruktionen, Nominalisierungen und komplexe Nominagruppen) der entsprechenden Allgemeinsprache dar. In der Fachsprache sind starke Tendenzen zur Standardisierung in Terminologie und Diskursstruktur zu erkennen. Im Unterschied zur Allgemeinsprache weist Fachsprache einen hohen Anteil fremdsprachiger Terminologie (meist aus dem Lateinischen oder Griechischem stammend) auf und allgemeinsprachige Wörter werden mit einer klar definierten Bedeutung verwendet.

Seit Beginn der 1990er Jahre werden auch semiotische Fragen berücksichtigt, d. h. auch fachliche Bilder, Zeichen usw. werden unter dem Begriff der Fachsprache bzw. Fachkommunikation zusammengefasst. Dadurch wird eine Definition noch schwieriger. Dies ist beispielsweise aus der Kritik von H.-R. Fluck ersichtlich, der den Begriff Fachsprache beschreibt als eine

> häufig verwendete Bezeichnung, die alle möglichen, verbalen und nichtverbalen [...] (Text-) Formen der fachbezogenen Verständigung (Fachkommunikation, Fachdiskurs) meint und oft in einem Gegensatz zum Begriff der üblicherweise verwendeten „Gemein-“ oder „Standardsprache“ gestellt wird (Fluck 1997, 14).

Er bemerkt weiterführend, dass Fachsprache „nur innerhalb eines bestimmten Sprachmodells“ existiert, da es keine allgemeingültige Definition gibt (Fluck 1997, 16). Überdies zeigt sich hier die Problematik einer klaren Abgrenzung zwischen Fach- und Allgemeinsprache. Diese ist kaum möglich, da die Übergänge zwischen Fach- und Allgemeinsprache fließend stattfinden und teilweise dieselben lexikalischen und syntaktischen Mittel verwendet werden.

Ein weiterer Ansatz, der vor allem seit Mitte der 1960er Jahre an Einfluss gewinnt, ist der **kognitive** Ansatz. Hier werden verstärkt kognitive Gesichtspunkte der Sprachverwendung und (Fach-)Textproduktion in die Textlinguistik einbezogen, um das Verhältnis zwischen Denken und (Fach-)Sprache näher zu untersuchen (Figge 2000).

Interdisziplinäre Untersuchungen versuchen gegen Ende der 1980er Jahre linguistische und nichtlinguistische Methoden und Beschreibungsmöglichkeiten ergänzend einzusetzen, um unterschiedliche Ansätze zu vereinen und ein umfassenderes und vielschichtigeres Bild von Fachtexten zeichnen zu können (Baumann 1992b, 30f).

Fachsprachen werden ferner als Subsprachen verstanden, die als Bestandteile des Gesamtsprachensystems betrachtet werden (Hoffmann 2004). Dabei steht vor allem der Kommunikationsgegenstand im Zentrum der Betrachtungen, die Kommunikationssituation und der Kommunikationszweck treten in den Hintergrund. Texte werden dementsprechend einem bestimmten Sach- oder Fachgebiet bzw. Kommunikationsbereich zugeordnet. Subsprachen sind von einem klar beschränkten Kommunikationsgegenstand und eine auf das jeweilige Sachgebiet beschränkte Lexik, Semantik und Syntax gekennzeichnet. Daher wird auch von einem reduzierten Sprachgebrauch gesprochen. Weiterhin treten bestimmte sachgebietstypische Konstruktionen besonders häufig auf. Auch die Verwendung von Sonderzeichen und -symbolen (wie z. B. Rechenzeichen, etc.) kann für eine bestimmte Subsprache charakteristisch sein.

Entsprechend der Theorie von den Subsprachen definiert L. Hoffmann Fachsprache wie folgt:

> Die Gesamtheit aller sprachlichen Mittel, die in einem fachlich begrenzbaren Kommunikationsbereich verwendet werden, um die Verständigung zwischen den in diesem Bereich tätigen Menschen zu gewährleisten (Hoffmann 1976, 170).

Diese Definition lokalisiert den fachlichen Kommunikationsbereich und damit den Kommunikationsgegenstand.

B. Spillner stellt fest, dass Fachsprache keine bloße Erweiterung der Allgemeinsprache ist, sondern sich von ihr auf allen Sprachebenen unterscheidet, dass Fachsprache einzelsprachenabhängig ist und dass es keine allgemeine Fachsprache gibt, sondern nur Fachsprachen einzelner Disziplinen (Spillner 1983b).

B. Spillner sieht demzufolge in dem Begriff „Fachsprache“ eine „im strengen Sinne unzulässige Verallgemeinerung“ (Spillner 1996, 105), da je nach Kommunikationsmedium, Fachtextsorte, Fachlichkeitsgrad etc. große Unterschiede zwischen einzelnen Fachsprachen bzw. Fachsprachenausprägungen entstehen können. Er weist in diesem Zusammenhang darauf hin, dass nicht nur zwischen Fach- und Allgemeinsprache und Fachsprachen unterschiedlicher Disziplinen, sondern auch zwischen den Textsorten eines bestimmten Faches differenziert werden muss (Spillner 1983a).

Fachsprachen sind nach Auffassung von B. Spillner „prinzipiell einzelsprachenabhängig“ (Spillner 1983a, 112) und trotz einer zunehmenden Tendenz zur internationalen Standardisierung, insbesondere im Bereich der Terminologie, muss die Fachsprachenforschung dies in all ihren Untersuchungen entsprechend berücksichtigen. Denn – so B. Spillner – „internationale fachsprachliche Standardisierungen dürfen nicht darüber hinwegtäuschen, dass es Kontraste durch interlingual unterschiedliche Konventionalisierungen gibt, von deren Kenntnis der Erfolg der fachsprachlichen Kommunikation zu einem guten Teil abhängt“ (Spillner 1984, 123).

1.2 Fachtexte – Definitionsansätze

Ebenso schwierig wie die Definition des Fachsprachenbegriffs gestaltet sich die Definition des Textbegriffes und damit auch der Termini ‚Fachtext‘ und ‚Fachtextsorte‘. Auch hier liefern unterschiedliche Ansätze unterschiedliche Perspektiven der Begriffsfassung, so dass keine einheitliche, allgemein akzeptierte Definition existiert. Einen Versuch, die unterschiedlichen Textdefinitionen nach inhaltlichen Gesichtspunkten zu ordnen, unternimmt M. Klemm, er erhebt dabei jedoch keinen Anspruch auf Vollständigkeit (2002a, 19ff.). In seiner Einteilung werden unterschiedliche Sichtweisen auf den Text deutlich, so betrachten beispielsweise einige Definitionen Text als sprachliches Zeichen bzw. als Verkettung sprachlicher Einheiten, weitere sehen Text als sprachliches Gebilde, das Inhalt übermittelt, komplexere Definitionen definieren Text über die Realisierung von Textualitätskriterien usw.

Die zahlreichen verschiedenen Textdefinitionen (und das schlägt sich naturgemäß auch auf Fachtextdefinitionen nieder) beziehen meist nur einzelne Textmerkmale ein, so dass in der Textlinguistik eine Zeit lang eine lebhafte Kontroverse darüber bestand, welche Definitionen entscheidend sind (Adamzik 2004). Seit den 1980er Jahren ist die bis dahin durchaus präsente Forderung nach einer einheitlichen (Fach)Textdefinition in den Hintergrund getreten, da die Unmöglichkeit, diese zu finden, immer deutlicher zu Tage trat. Stattdessen fand eine zunehmende Hinwendung zu einem prototypischen Textbegriff statt (vgl. Ansatz von B. Sandig unten).

Im Folgenden werden beispielhaft einige Fachtextdefinitionen kurz vorgestellt. R. Gläser beispielsweise betrachtet Fachtexte aus funktional-stilistischer Sicht und akzentuiert den Fachtext als Ergebnis der Textproduktion:

> Als *Ergebnis* einer *kommunikativen Handlung* ist der Fachtext eine zusammenhängende, sachlogisch gegliederte und abgeschlossene komplexe sprachliche Äußerung, die einen tätigkeitsspezifischen Sachverhalt widerspiegelt, situativ adäquate sprachliche Mittel verwendet und durch visuelle Mittel, wie Symbole, Formeln, Gleichungen, Graphika und Abbildungen ergänzt sein kann (Gläser 1990, 18).

Demgemäß definiert sie Fachtextsorten wie folgt:

> Die Fachtextsorte ist ein Bildungsmuster für die geistig-sprachliche Verarbeitung eines tätigkeitsspezifischen Sachverhalts, das in Abhängigkeit vom Spezialisierungsgrad von kommunikativen Normen bestimmt ist, die einzelsprachlich unterschiedlich ausgeprägt sein können. Die für das Textbildungsmuster (Textbauplan, Textablaufschema, Makrostruktur) heutiger Textsorten geltenden Konventionen und Normen sind häufig das Resultat einer historischen Entwicklung (Gläser 1990, 29).

L. Hoffmann fasst Fachsprache als Subsprache auf und stellt in seiner Fachtextdefinition strukturelle und funktionelle Merkmale einander gegenüber. Er betont den Tätigkeitsaspekt der Textproduktion:

> Der *Fachtext* ist Instrument bzw. Resultat der im Zusammenhang mit einer spezialisierten gesellschaftlich-produktiven Tätigkeit ausgeübten sprachlich-kommunikativen Tätigkeit. Er bildet eine strukturell-funktionale Einheit (Ganzheit) und besteht aus einer endlichen, geordneten Menge pragmatisch, semantisch und syntaktisch kohärenter (Sprachhandlungen, Äußerungen oder) Sätze (Texteme) oder satzwertiger Einheiten, die als komplexe sprachliche Zeichen komplexen Aussagen im Bewußtsein des Menschen und komplexen Sachverhalten in der objektiven Realität entsprechen (Hoffmann 1997, 471f).

Unter Betonung der Fachlichkeit versteht er Fachtextsorten als „eine spezielle Klasse von Textsorten, für deren Produktion und Rezeption zusätzlich zum Alltagswissen noch Fachwissen nötig ist" (Hoffmann 1997, 476). Der Fachtext ist somit das Ergebnis einer sprachlich-kommunikativen Tätigkeit, die mit einer gesellschaftlich-produktiven Tätigkeit verbunden ist (Hoffmann 1988).

W. und M. Heinemann stellen verschiedene Textdefinitionen unterschiedlicher Ansätze einander gegenüber und kommen zu dem Schluss, dass es aufgrund der Heterogenität der Betrachtungsweisen kaum möglich ist, diese nach übergeordneten Gesichtspunkten zusammenzufassen (Heinemann/Heinemann 2002, 98ff). Sie verweisen deshalb auf einen prototypischen Textbegriff, wonach Texte entsprechend der Textfunktion und Verwendungsperspektive unterschiedliche Merkmale aufweisen.

Ein prototypischer Textbegriff trägt der Tatsache Rechnung, dass Texte je nach ihrer konkreten Kommunikationssituation sehr variabel und vielfältig sein können (Sandig 2000). Aus diesem Grund sind sie nicht für alle spezifischen Umstände eindeutig definierbar. Dadurch entsteht eine Vielzahl unterschiedlicher z. T. widersprüchlicher Textdefinitionen, die sich jeweils auf verschiedene Gesichtspunkte beziehen.

Die Prototypentheorie stammt ursprünglich aus der Kognitionspsychologie. Angewandt auf den Textbegriff besagt sie, dass es verschiedene Kategorien von Texten gibt, die nicht klar umgrenzt sein müssen. Diese Kategorien werden durch die Ausprägung bestimmter beschreibender Merkmale konstituiert, wobei nicht zwangsläufig alle Merkmale einer Kategorie in jedem Text vorhanden sein müssen. So ergeben sich Texte, die mehr oder weniger effektive Vertreter einer bestimmten Textkategorie sind bzw. Merkmale mehrerer Kategorien aufweisen. Die Kategorienzugehörigkeit ersetzt in diesem Ansatz die konkrete Text(sorten)definition.

Prototypische Textmerkmale sind nach B. Sandig (ausgehend von de Beaugrande/Dressler 1981): Kohäsion, Intentionalität, Situationalität, Thema und Kohärenz. Diese Merkmale sind hierarchisch abgestuft. Um einen Text als solchen identifizieren zu können, ist die Kohärenz entscheidend. So ist es möglich, dass ein Text außer dem der Kohärenz alle anderen Merkmale nicht erfüllt.

Je nach Textprototyp können unterschiedliche Merkmale eine zentrale Rolle spielen, bei Fachtexten ist in der Regel die Textfunktion (bzw. Intentionalität) ausschlaggebend, bei literarischen Texten ist es das Thema.

Auf unterschiedlichen Differenzierungsebenen gibt es verschiedene Textprototypen und Texte, die für ihre jeweilige Kategorie mehr oder weniger prototypisch sind (s.o.).

B. Sandig schließt die Möglichkeit einer einheitlichen textsortenübergreifenden Textdefinition aus: „Ein ‚einheitlicher Textbegriff' [...] ist also ein prototypischer und dadurch gekennzeichnet, dass er nicht ‚einheitlich' ist" (Sandig 2000, 109).

Doch auch hinsichtlich der anzuwendenden Textualitätskriterien besteht keine Einigkeit bzw. sind diese nicht absolut und allgemein gültig, wie M. Klemm (2002b, 145ff.) demonstriert. Er zählt folgende Textualitätskriterien auf:

1. Texte sind Kombinationen sprachlicher Zeichen (zum Beispiel Sprache und Bild in einem Werbetext). Allerdings kann hier eine so starke Reduktion stattfinden, dass die Textualität zweifelhaft wird.
2. Texte sind abgeschlossene, autonome Ganzheiten. Dieses Kriterium wird von bestimmten Textsorten, wie beispielsweise Forumsdiskussionen im Internet, die theoretisch unbegrenzt fortgesetzt werden können, nicht erfüllt.

3. Texte haben einen strukturellen und inhaltlichen Zusammenhang. Dieser ist im Wesentlichen von Kontext und Perspektive abhängig und stellt kein absolutes Merkmal dar.
4. Texte haben ein erkennbares Thema. Hier schlägt M. Klemm eine graduelle Abstufung von themazentrierten zu themalosen Texten vor (ein Beispiel für themalose Texte stellen Nonsens-Gedichte dar).
5. Texte haben einen Verfasser und einen Rezipienten. Als Gegenbeispiel hierfür nennt M. Klemm unter anderem Selbstgespräche. Allerdings ließe sich dagegen argumentieren, dass Verfasser und Rezipient durchaus identisch sein können und damit dennoch vorhanden sind (als weitere Beispiele, bei denen Verfasser und Rezipient identisch sind, können Merkzettel oder unter Umständen Einkaufslisten genannt werden).
6. Texte haben eine kommunikative Funktion und einen sozialen Sinn. Dieses Merkmal ist nach M. Klemm am wenigsten verzichtbar, er merkt jedoch an, dass Funktion und Sinn von Texten manchmal kaum zu erschließen sind (z.B. Nonsens-Gedicht) und dass es oft von der Rezeptionssituation abhängt, ob die Funktion und der Sinn eines Textes erfüllt werden.

M. Klemm schlussfolgert aus diesen Überlegungen, dass keines der genannten Textualitätskriterien Text und Nicht-Text effektiv unterscheiden kann. Demzufolge ist eine Kombination dieser Merkmale notwendig, um Texte zu erkennen. Dies spricht für einen prototypischen, abgestuften Textbegriff. Dementsprechend schlägt M. Klemm neue Perspektiven für die Herangehensweise an Texte vor (2002, 153 ff.):

- Text als Prozess: Statt Texte nur auf das vorliegende Textprodukt zu reduzieren, fordert M. Klemm, dass auch Textproduktions- und Rezeptionsprozesse stärker berücksichtigt werden.
- Text als Kommunikat: Hier geht es um das gedankliche Konstrukt, das der Textrezipient erzeugt, das als Kommunikat gegenüber dem vom Autor erzeugten, speicherbaren Textprodukt abzugrenzen ist. Somit wird hier

eine stärkere Betonung der Rezipientenrolle mit Interpretationsvorgängen usw. gefordert.

- Für ein umfassendes Textverständnis ist weiterhin die Berücksichtigung des gesellschaftlichen Zusammenhangs, in den ein Text eingebettet ist, also der großen, allgemeinen Diskurssituation, in Verbindung mit Textanalysen notwendig.
- Um dies zu ermöglichen, fordert M. Klemm mehr Interdisziplinarität der Textlinguistik, durch deren Öffnung für andere relevante Disziplinen, wie Psychologie, Soziologie usw.

U. Fix, K. Adamzik et al. (Adamzik 2002, 181f.) fragen, ob ein neuer Textbegriff notwendig ist und gelangen zu der Erkenntnis, dass ein einheitlicher, übergreifender Textbegriff weder gefunden werden kann noch muss. Stattdessen scheint ein prototypischer Textbegriff, der je nach konkretem Forschungsinteresse weiter oder enger gefasst wird, am sinnvollsten.

In der neueren Fachsprachenforschung wird immer weiter von der Betrachtung von Einzeltext(sort)en abgerückt. Stattdessen werden im Sinne der Intertextualität verschiedene miteinander in Beziehung stehende Texte bzw. Textsorten untersucht (siehe Kap. 10). Diese Beziehungen können sich in Form thematischer oder funktionaler Zusammenhänge ausprägen.

Dabei werden auch hierarchische Modelle thematisch zusammenhängender Textsorten entwickelt, denen gegenüber K. Adamzik jedoch Einwände hegt (2011). Sie bevorzugt das Konzept der Textsortennetze, die sie insbesondere in der Fachsprachenforschung für relevant hält. Dies kann durch die in dieser Arbeit aufgezeigten Zusammenhänge zwischen Letters und Fachzeitschriftenartikeln bestätigt werden.

Es gibt K. Adamzik zufolge (Adamzik im Druck, S. 13) auch keine klare Einteilung oder Gliederung von Fachtextsorten, sondern nur unvollständige Grobeinteilungen (vgl. Gläser 1990, Göpferich 1995). Diese beziehen aber bereits Sekundärtextsorten (z. B. Rezensionen) mit ein, wodurch Intertextualität im Ansatz mitberücksichtigt wird.

Abschließend bleibt festzuhalten, dass ein prototypischer Textbegriff die einzige Möglichkeit zu sein scheint, Texte mit ihrer Vielfalt an Funktionen, Ausprägungen und Situationen umfassend zu beschreiben. Er ermöglicht textlinguistischen Untersuchungen einen weiten Handlungsrahmen, ohne sie hinsichtlich der Untersuchungsobjekte einzuschränken.

1.3 Die Fachtextlinguistik – Entwicklung

Die frühen Wurzeln der Fachsprachenforschung finden sich im Mitteleuropa des 19. Jahrhunderts, als versucht wurde, die Lexik alter, aussterbender wissenschaftlicher Felder zu bewahren (Gnutzmann 2009). Deshalb haben die frühen Ansätze der Fachsprachenforschung die Terminologieforschung zum Mittelpunkt; ab den 1960er Jahren bzw. den frühen 1970er Jahren stehen grammatikalische Aspekte im Zentrum. Später nimmt die Prager Schule[2] großen Einfluss auf die Disziplin, nun werden auch Diskurs und Kommunikationsfunktion mit einbezogen.

Die heutige Fachtextlinguistik ist eine Teildisziplin der Textlinguistik. Die Textlinguistik wiederum ist eine Teildisziplin der Linguistik. Sie entstand in den 1960er Jahren aus der Forderung nach einer textorientierteren Linguistik. In ihrer Geschichte lassen sich drei Hauptphasen unterscheiden, die durch Perspektivwechsel und Schwerpunktverlagerungen entstanden sind (Adamzik 2004):

1. Der **transphrastische Ansatz**. Hier werden die sprachlichen Mittel untersucht, die verwendet werden, um Sätze zu verbinden und so einen Text zu bilden.

2 Die Prager Schule verfolgt eine funktionalistische Sprachtheorie, die Sprache als System funktioneller formaler Elemente (Phoneme, Morpheme, etc.) betrachtet, die zur Kommunikationsbildung dienen.

2. Der **kommunikativ-pragmatische Ansatz** betrachtet den Text als Ganzheit mit einer bestimmten Kommunikationsfunktion.
3. Der **kognitivistische Ansatz** untersucht Textproduktions- und Rezeptionsprozesse.

Die Textlinguistik betrachtet also den Text als dem Satz übergeordnete Einheit und oberste Beschreibungsebene, während die Linguistik (insbesondere die strukturalistische Richtung) bis dato (1960er Jahre) den Satz als Untersuchungsgegenstand voranstellt.

Es gibt in der Textlinguistik zahlreiche unterschiedliche Ansätze und Perspektiven, da bei der Definition des Untersuchungsgegenstandes Uneinigkeit besteht (siehe voriges Kapitel). Diese können hier nicht umfassend dargestellt werden, deshalb muss eine überblicksweise, beispielhafte Vorstellung verschiedener Perspektiven ausreichen (Adamzik 2004):

- Text ist Sprachverwendung (hier gibt es unterschiedliche Strömungen, da es auch unterschiedliche Definitionen von Sprache gibt)
- Text ist Sinnträger (in dieser Betrachtungsweise werden seine sprachlichen Eigenschaften zugunsten inhaltlicher Gesichtspunkte vernachlässigt)
- Text ist eine strukturierte Ganzheit (dieser Ansatz konzentriert sich auf die Texten innewohnenden Regeln und Strukturen der Texterstellung)
- Text ist das Ergebnis mentaler Prozesse (kognitivistische Perspektive)
- Text ist eine Folge von Sätzen (dieser Ansatz geht aus der Linguistik (insbesondere Grammatik) hervor)

Die Methodik und die Herangehensweise an den Untersuchungsgegenstand ändern sich mehrfach, dieser Prozess spiegelt sich in der Entwicklung der Fachtextlinguistik wider. Diese wird im Folgenden skizziert.

Bis Mitte der 1960er Jahre liegt der primäre Fokus der Linguistik auf der Terminologieforschung und der Transphrastik, also der Forschung auf Satzebene. Texte stehen zu diesem Zeitpunkt noch nicht im Mittelpunkt des Interesses.

In den 1970er Jahren werden zunehmend pragmatische Aspekte einbezogen und die Untersuchungen entwickeln sich hin zur Betrachtung von ganzen Texten/globalen Textstrukturen. Texte werden dabei als komplexe Systeme mit kontextuellem Zusammenhang betrachtet, auch Kommunikationsfunktion (das Ziel der gesamten Kommunikationssituation) und Textfunktion (die Funktion des konkreten Textes) werden berücksichtigt.

In den 1980er Jahren verstärken sich Einflüsse aus den Kognitionswissenschaften. Infolgedessen wird wissensverarbeitenden Prozessen bei Fachtextrezeption und -produktion mehr Aufmerksamkeit zuteil.

Seit Beginn der 1980er Jahre liegt weiterhin ein verstärkter Fokus der Linguistik auf den Fachsprachen und ihrer Erforschung, so dass die Fachsprachenforschung umgekehrt durch die Eröffnung neuer Perspektiven verstärkten Einfluss auf die Entwicklung der Fachtextlinguistik ausübt, insbesondere auf die funktional orientierte Fachtextlinguistik (Baumann 1992a, 106f; Baumann 2008).

Da sich die Fachtextlinguistik als Teildisziplin bzw. Erweiterung der Textlinguistik versteht, vereint sie Ansätze aus Linguistik und Angewandter Linguistik und setzt sie in einen engen Zusammenhang (Baumann 2008, 109). Seit Mitte der 1980er Jahre hat sich die Fachtextlinguistik immer mehr von der Linguistik emanzipiert. Dabei legt die Fachtextlinguistik den Fokus verstärkt auf Fachtexte als Ganzes. Zur Anwendung kommen in diesem Zusammenhang verschiedene sich ergänzende Methoden aus Terminologiewissenschaft, Funktionalstilistik usw. in diachronen und synchronen Untersuchungen. Von der Untersuchung einzelner Fachtexte findet eine zunehmende Hinwendung zur Analyse von Fachtextsorten und Fachtextsortennetzen statt.

Da sich die Fachsprachenforschung aus unterschiedlichen Teildisziplinen (z. B. Terminologiearbeit, Funktionalstilistik, Übersetzungswissenschaft usw.) der

Linguistik entwickelt hat, verfügt sie über eine breit gestreute Palette an Methoden (Hoffmann 2005).

Während vor der kommunikativ-pragmatischen Wende terminologische und syntaktische Analysen im Vordergrund stehen, rücken danach die kommunikativ-pragmatische Sprachbeschreibung und kommunikativ-funktionale Sprachbetrachtung in den Vordergrund, bei denen Kommunikationsverfahren und -absichten im Zentrum der Betrachtung stehen. Den Untersuchungsgegenstand bilden seither Fachtexte und Fachtextsorten, die als kommunikative Einheiten betrachtet werden. So werden die funktionalen Beziehungen zwischen Sprache und Tätigkeit zum Untersuchungsgegenstand. Dementsprechend erweitert sich auch das methodologische Herangehen. Es werden die sprachlich-kommunikativen Handlungen untersucht, die sich durch Subjektbezogenheit auszeichnen.

K.-D. Baumann beschreibt die Erkenntnisziele der Fachtextlinguistik im Rahmen seines integrativen Ansatzes folgendermaßen:

> Die *Fachtextlinguistik* versucht, auf der Grundlage induktiv-empirischer Untersuchungen von repräsentativen Fachtextkorpora aus verschiedenen Einzelsprachen und Kommunikationsbereichen das funktionale Zusammenwirken von Fachtextinterna und Fachtextexterna zu analysieren, um fachübergreifende *Fachtextsorten* (komplexe Bildungsmuster der Fachkommunikation) charakterisieren zu können (Baumann 1997, 408).

Hier wird die Fachtextsorte als Untersuchungsgegenstand im Gegensatz zur Untersuchung von Einzeltexten oder Teiltexten betont. Hauptziel dieser interdisziplinär ausgerichteten Herangehensweise ist deshalb die Differenzierung von unterschiedlichen Fachtextsorten. Dabei werden kommunikative Faktoren berücksichtigt, wie Fachgebiet, Fachlichkeitsgrad etc. Auch kognitive Gesichtspunkte bei der Wissensverarbeitung werden einbezogen.

Ein weiteres wichtiges Erkenntnisinteresse sind funktionale Zusammenhänge zwischen fachtextinternen und -externen Faktoren. Auf der Grundlage induktiv-empirischer Fachtextanalyen werden Fachtextsorten charakterisiert und gegeneinander abgegrenzt, so dass eine Klassifizierung von Fachtextsorten vorgenommen werden kann.

Weitere wichtige Forschungsansätze bestehen in interdisziplinären Fragestellungen bezüglich der Zusammenhänge zwischen Fachsprache/Fachkommunikation und Fachdenken bzw. Fachstil. Diesen wird durch integrative interdisziplinäre Untersuchungen nachgegangen, die Ansätze und Methoden aus Psychologie, Soziologie usw. einbeziehen.

K. Adamzik plädiert in ihren Überlegungen zur zukünftigen Entwicklung der Textsortenlinguistik für eine „Abwendung vom klassifikatorischen Ansatz hin zur Beschreibung thematisch-funktionaler Zusammenhänge von Text(sort)en im Rahmen bestimmter Interaktionsbereiche" (Adamzik 2001, 29).

Ihrer Ansicht nach bieten klassische vergleichende Beschreibungs- und Klassifizierungsversuche zu wenig relevante Erkenntnismöglichkeiten. Zudem ist es nicht möglich, allgemein verbindliche Klassifizierungskategorien zusammenzustellen, die sich auf jegliche Texte in jeglicher Kommunikationssituation anwenden lassen. Statt einer Typologisierung von Texten und Textsorten fordert sie deshalb deren Beschreibung. Dabei sollte die Auswahl der Beschreibungsmerkmale vom jeweiligen Objekt, d. h. dem zu beschreibenden Text, abhängen. So fordert sie eine induktive Vorgehensweise der Textbeschreibung, damit jene Merkmale untersucht werden, die relevante Ergebnisse liefern, da sonst die Gefahr trivialer Textbeschreibungen besteht. Weiterhin verlangt sie eine Abkehr von der Betrachtung hochgradig standardisierter Texte hin zur Erforschung komplexer Texte. Dabei legt sie einen besonderen Fokus auf die Intertextualität von Fachtextsorten, also auf die Verkettung unterschiedlicher Texte (bzw. Textsorten) mit thematischem Zusammenhang. Sie verweist in dieser Hinsicht auf die besondere methodologische Aufmerksamkeit, die Textsortennetze in der Textlinguistik zukünftig verdienen.

In der vorliegenden Arbeit wird demgemäss eine induktiv-empirische Herangehensweise gewählt, die eine vergleichende Beschreibung komplexer Fachtexte bzw. Fachtextsorten zum Gegenstand hat.

1.3.1 Fachsprachenmodelle

Als Instrumentarium zur Klassifizierung von unterschiedlichen Fachtextsorten werden unterschiedliche Fachsprachen- bzw. Fachtextmodelle herangezogen. Im Folgenden werden exemplarisch einige Ansätze vorgestellt, die von unterschiedlichen Herangehensweisen an den Begriff Fachsprache bzw. Fachtext geprägt sind.

1.3.2 Fachsprachenmodell nach L. Hoffmann

L. Hoffmann definiert Fachsprache als „die Gesamtheit aller sprachlichen Mittel, die in einem fachlich begrenzbaren Kommunikationsbereich verwendet werden, um die Verständigung zwischen den in diesem Bereich tätigen Menschen zu gewährleisten“ (Hoffmann 1976, 170). Dabei ist die Fachsprache an die Verwendung durch Fachleute gebunden, da sie bei der Verwendung durch Laien „ihre unmittelbare Bindung an das fachliche Denken“ und damit ihre Fachlichkeit verliert (Hoffmann 1976, 31).

Aus der Sicht L. Hoffmanns stellen „die Fachsprachen eine besondere Auswahl sprachlicher Mittel aus dem Gesamtbestand der Sprache“ dar,

> die zu einem speziellen, von der fachlichen Aussage her bedingten kommunikativen Zweck erfolgt. Reichen die bisherigen Mittel der Sprache nicht aus, so schaffen sich die Fachsprachen neue; sie halten sich im Wesentlichen an die im sprachlichen System gegebenen Modelle (Hoffmann 1976, 104).

Wenn sich demzufolge die Fachdisziplin weiterentwickelt, entwickelt sich auch die Fachsprache weiter, da sie immer neue Ausdrucksmöglichkeiten finden muss, um die neuen, differenzierteren Sachverhalte adäquat darzustellen. Damit spiegelt sich die Entwicklung eines Faches in der jeweiligen Fachsprache wider (vgl. Hornung 1983, 202).

Zwischen Fach- und Allgemeinsprache kann keine klare Grenze gezogen werden (Hoffmann 2005, 1390), stattdessen gibt es fließende Übergänge. Um diese darzustellen, entwickelt L. Hoffmann ein Modell der horizontalen Gliederung nach fachlichen Disziplinen und mit einer vertikalen Schichtung auf fünf Ebenen mit abnehmendem Fachlichkeitsgrad (Hoffmann 1976).

Als Kriterien zur Einordnung verwendet er dabei den Abstraktionsgrad, die äußere Sprachform (Verwendung von künstlicher Symbolik, Fachterminologie und Syntax), das Milieu, in dem die Fachsprache gebraucht wird, und die Kommunikationsteilnehmer.

Die oberste Ebene ist Schicht „A. Sprache der theoretischen Grundlagenwissenschaften" (Hoffmann 1976, 192): Sie weist den höchsten Abstraktionsgrad und den Einsatz von „künstliche[n] Symbole[n] für Elemente und Relationen" (Hoffman 1976, 185) auf und ist der Kommunikation zwischen Experten vorbehalten. Darauf folgt Schicht „B. Sprache der experimentellen Wissenschaften" (Hoffmann 1976, 192). Auch sie weist einen hohen Abstraktionsgrad auf und dient ebenfalls der Kommunikation zwischen Fachleuten. Die in der vorliegenden Arbeit untersuchten Fachtexte sind den Schichten A und B zuzuordnen, wobei sich insbesondere die Textsegmente formalisierter Sprache, mit denen sich Kapitel 8.6 beschäftigt, auf Schicht A befinden.

L. Hoffmanns offenes Modell spannt sich über die Schichten C („Sprache der angewandten Wissenschaft und Technik") und D („Sprache der materiellen Produktion") bis hinunter zur Schicht „E. Sprache der Konsumtion" (Hoffmann 1976, 192), womit die Kommunikation zwischen Laien gemeint ist.

Der Übergang zwischen den einzelnen Schichten erfolgt fließend, da nach Auffassung von L. Hoffmann auch in einem Text sehr hohen Fachlichkeitsgrads stark abstrahierte Segmente (wie mathematische oder chemische Formeln, logische Formalismen etc.) „mit den Mitteln der natürlichen Sprache" (Hoffmann 1976, 188) erläutert werden. So kann innerhalb eines Fachtextes Fachsprache mehrerer verschiedener fach(sprach)licher Schichten auftreten.

1.3.3 Integratives Fachtextmodell nach K.-D. Baumann

K.-D. Baumann versteht in einer weit gefassten Definition Fachsprache als aus den „Elemente[n] der verschiedenen sprachlichen Ebenen [bestehend], die eine Verständigung zwischen Menschen mit einem unterschiedlichen oder gleichen Wissensniveau aus einem bzw. mehreren abgrenzbaren Kommunikationsbereichen ermöglichen" (Baumann 1992a, 1).

Im Rahmen eines integrativen Ansatzes versteht K.-D. Baumann Fachtexte als „Fachtexte-in-Funktion“, die von sozialen, situativen und thematischen Faktoren geprägt sind und sich aus textstrukturellen, stilistischen und formalen Merkmalen zusammensetzen (Baumann 1992a, 9). Er vertritt damit eine strukturell-funktionale Herangehensweise an den Text, die „auf einem dynamischen Zusammenschluß von spezifischen linguistischen und nichtlinguistischen Beschreibungsmöglichkeiten“ basiert (Baumann 1992a, 7).

Ein wichtiges Merkmal, nach dem Fachtexte differenziert werden können, ist ihr Fachlichkeitsgrad. K.-D. Baumann versteht die Fachlichkeit von Texten als „Ergebnis eines komplexen Zusammenwirkens von außersprachlichen, innersprachlichen und funktionalen Faktoren“ (Baumann 1992a, 153). Zu diesen Faktoren gehören unter anderem die Kommunikationssituation, die Kommunikationsteilnehmer, deren Wissensniveau und die sprachliche Gestaltung des Fachtextes.

Die Fachlichkeit ergibt sich also durch das Zusammenwirken von Inhalt (Abstraktionsniveau des fachwissenschaftlichen Gegenstandes), Form (Art der sprachlichen Realisierung des fachwissenschaftlichen Sachverhaltes) und Funktion (Fachtext-in-Funktion) (Baumann 1992b, 33).

K.-D. Baumann unterscheidet acht (nicht-)sprachliche Ebenen (Baumann 1992b, 34–44), die wichtige Bestandteile der Fachtextanalyse bilden:

1. die soziokulturelle Dimension (kulturspezifische Kommunikations- und Textstrukturen),
2. die soziale Dimension (situativer Rahmen der Kommunikationspartner),
3. die kognitive Dimension (Verständlichkeit des Textes, Denkstile),
4. die inhaltlich-gegenständliche Dimension (komparable Textgegenstände),
5. die funktionale Dimension (Explizitätsgrad),
6. die textuelle Dimension (Übereinstimmung zwischen Absatz und Teiltext),
7. die stilistische Dimension und
8. die semantische Dimension.

Dementsprechend haben unterschiedliche Fachtextsorten einen unterschiedlich hohen Fachlichkeitsgrad. Durch die Beschreibung der Fachlichkeit bzw. der Fachsprachlichkeit kann der Grad der Übereinstimmung von Fachtextsorten in unterschiedlichen Einzelsprachen bestimmt werden (Baumann 1992b, 33).

Um die vielschichtigen Beziehungsgefüge zwischen Fachtexten/Fachtextsorten vollständig darlegen zu können, sind interdisziplinäre Untersuchungen notwendig. Deshalb gewinnen interdisziplinäre Fragestellungen zunehmend an Bedeutung. Um auch diese beantworten zu können, erweitert K.-D. Baumann sein Modell auf 14 Ebenen, die sprachliche und nicht-sprachliche Dimensionen umfassen, und wendet es auch auf „Fachtexte-in-Vernetzung“ (Baumann 2008, 112) an. Dieser Ansatz legt zugrunde, dass Fachtexte, Fachtextsorten und Fachsprachen untereinander und mit Fachtexten, Fachtextsorten und Fachsprachen ähnlicher Objektbereiche vernetzt sind und von diesen beeinflusst werden, sodass ein enges Beziehungsgefüge entsteht. Fachtexte werden demzufolge in diesem Zusammenhang nicht als in sich abgeschlossene, für sich stehende Einheiten betrachtet. Diese Beeinflussung erfolgt sowohl seitens des Fachtextproduzenten wie des -rezipienten. Dies wird besonders in Quellenangaben und Zitaten deutlich, durch die sich ein Fachtext auf andere Fachtexte bezieht und diese in sein eigenes Informationsangebot einbindet.

Die Hinwendung zu Fachtexten-in-Vernetzung ermöglicht die Untersuchung der vielschichtigen Beziehungen zwischen Fachtexten und stellt den logischen weiterführenden Schritt von der Analyse von Einzelfachtexten und Fachtextsorten dar, die gegenwärtig den wesentlichen Untersuchungsgegenstand der Fachtextlinguistik bilden.

1.3.4 Modell der gleitenden Fachsprachlichkeit nach H. Kalverkämper und S. Göpferich

Angesichts der Unmöglichkeit, zwischen Allgemeinsprache und Fachsprache eine deutliche Grenze zu ziehen, schlägt H. Kalverkämper in seinem integrierenden Ansatz vor, Texte bzw. Textsorten auf einer gleitenden Fachsprachlichkeitsskala einzuordnen (siehe Abb. 1).

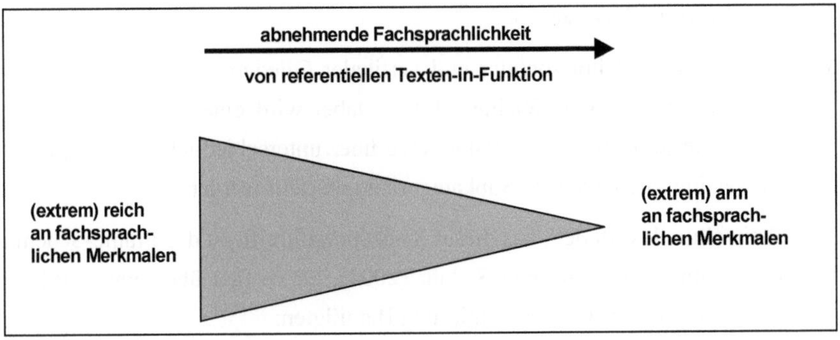

Abb. 1: Fachsprachlichkeitsskala von H. Kalverkämper (1990, 112)

Dabei differenziert er zwischen Fachlichkeit und Fachsprachlichkeit (Kalverkämper 1996). Fachlichkeit definiert H. Kalverkämper als das fachliche Handeln, das durch spezielle Kenntnisse, Fähigkeiten usw. bestimmt wird. Unter Fachsprachlichkeit versteht er die sprachliche Repräsentation von Fachsprache, sie entsteht demnach durch Kommunikation über fachliche Inhalte bzw. kann auch Fachlichkeit schaffen.

Die Texte werden dabei anhand des Vorhandenseins fachsprachlicher Mittel eingeordnet: Je mehr fachsprachliche Merkmale ein Text aufweist, desto weiter links wird er auf der Skala angesiedelt. Dadurch werden alle Fachlichkeitsabstufungen, die durch verschiedene Kommunikationsfaktoren beeinflusst werden können, abgebildet. Statt allgemeinsprachlichen oder fachsprachlichen Texten gibt es nach diesem Modell Texte mit wenigen oder vielen fachsprachlichen Merkmalen. So wird neben der fachinternen auch die fachexterne und interfachliche Kommunikation berücksichtigt.

S. Göpferich greift diesen Ansatz auf und erweitert ihn, um auch auf Merkmale eingehen zu können, die hinsichtlich der Fachlichkeit neutral sind (1995). Dadurch erhält sie ein Spektrum an (Fach-)Textsorten, die sowohl fachsprachliche, als auch nicht-fachsprachliche Merkmale in unterschiedlicher Ausprägung besitzen.

Die unterschiedlichen Textsorten werden dadurch charakterisiert, welche Merkmale in welcher Kombination ausgeprägt sind. So entsteht eine fein abgestufte Textsortentypologie.

1.3.5 Weitere Ansätze

Weitere Modelle mit horizontaler und vertikaler Gliederung setzen häufig das Schema-Konzept ein (vgl. Wichter 2009). Dabei wird eine Kategorialstruktur verwendet, die je nach Erkenntnisinteresse über unterschiedlich viele Superkategorien verfügt, die jeweils in Subkategorien unterteilt werden.

Ein relativ aktuelles Modell, das dieses Konzept aufgreift, ist das Frame-Schema für die Wissensvermittlung von S. Jahr (2004). Es verfügt über eine vertikale Gliederung der an der Wissensvermittlung Beteiligten:

- Experten
- Fachleute
- Laien
- Öffentlichkeit/Gesellschaft

Wissen wird über diese Ebenen absteigend vermittelt. Dabei sind Experten diejenigen, die neues Wissen generieren und dieses (in Form von Fachtexten) an die Fachleute weitergeben. Fachleute sind beispielsweise in der Wissensvermittlung tätig, sie sind Experten gegenüber Rezipienten und bereiten das erhaltene Wissen auf (z. B. populärwissenschaftlich). Sie treten damit den Laien gegenüber als Produzenten bzw. Kommunikatoren auf und stellen so eine Art Schnittstelle im Wissenstransferprozess dar.

Auf horizontaler Ebene wird nach weiteren Merkmalen, wie Person, Ort, Vermittler, Vermittlungsform usw. differenziert. Mit diesem Modell sollen Wissenstransferprozesse in ihrer kompletten Breite abgedeckt und Vergleiche erlaubt werden.

So zeigt sich, dass das Schema-Konzept gut für Vergleiche unterschiedlicher Wissenskomplexe geeignet ist und sich insbesondere für Probandenbefragungen eignet (Wichter 2009).

2 Interkulturelle Fragestellungen in der Fachkommunikation

Für die vorliegende Arbeit sind insbesondere interkulturelle Fragestellungen in der Fachkommunikation von Interesse. Die Grundlagen ihrer Erforschung liegen in der Denkstilforschung, die bereits in den 1930er Jahren durch L. Fleck begonnen wurde (Fleck 1980). Er vertritt die Auffassung, dass sich der Denkstil von Wissenschaftlern durch kulturelle und historische Einflüsse entwickelt. Der Denkstil bestimmt die Wahrnehmung der Mitglieder des entsprechenden Denkkollektivs und determiniert so deren fachliches Denken und Handeln. In diesem Zusammenhang sind wissenschaftliche Termini mit Konnotationen belegt, so dass sie neben inhaltlichen Informationen auch die jeweiligen Anschauungen des Denkkollektivs vermitteln. Dadurch kann es zu Schwierigkeiten bei der Kommunikation zwischen unterschiedlichen Denkkollektiven kommen. L. Fleck betont, dass Denkstile nicht statisch sind, sondern sich im Zuge der wissenschaftlichen Tätigkeit immer weiterentwickeln, d.h. an neue Erkenntnisse angepasst werden und wachsen.

Die Fachtextlinguistik wird hinsichtlich des Einflusses des kulturellen Hintergrundes der Textverfasser auf die untersuchten Fachtexte grundsätzlich von zwei polarisierenden Standpunkten geprägt. Die Verfechter der Universalitätshypothese vertreten den Standpunkt, dass der kulturell-sprachliche Hintergrund keinen Einfluss auf die Fachtextproduktion hat. Die Vertreter des Ansatzes von der Kulturgebundenheit von Fachtexten sind dagegen der Ansicht, dass jede Fachtextproduktion und -rezeption entscheidend durch kulturelle und muttersprachliche Einflüsse determiniert wird. Im Folgenden werden beide kurz dargelegt.

2.1 Die Universalitätshypothese

Einer der wichtigsten Vertreter der Universalitätshypothese ist der Linguist Henry G. Widdowson (1979). Seiner Auffassung zufolge ist der wissenschaftliche Diskurs **universal** und damit **unabhängig** vom kulturellen System der jeweiligen Sprachgemeinschaft. H. G. Widdowson unterscheidet demgemäss zwischen der primären und der sekundären Sozialisation eines Wissenschaftlers. Die primäre Sozialisation erfolgt in der entsprechenden Sprach- und Kulturgemeinschaft durch Erziehung und schulische Bildung. Das sekundäre kulturelle System eines Wissenschaftlers wird bei der sekundären (wissenschaftlichen) Sozialisation durch das Erlernen und die Anwendung von wissenschaftlichen Methoden und Terminologie vermittelt. Diese sind H. Widdowson zufolge nur von der wissenschaftlichen Disziplin abhängig, nicht vom kulturellen Hintergrund des Wissenschaftlers, der sie anwendet. Der wissenschaftliche Diskurs ist deshalb von der Einzelsprache, in der er realisiert wird, unabhängig, also universell.

Wissenschaftler unterschiedlicher Nationalität haben demnach eine gemeinsame, sekundäre Kultur als Wissenschaftler, sie bilden eine Diskursgemeinschaft. H. Widdowson formuliert dies folgendermaßen:

> I assume that the concepts and procedures of scientific inquiry constitute a secondary cultural system which is independent of primary cultural systems associated with different societies. So although for example, a Japanese, and a Frenchman, have very different ways of life, beliefs preoccupations, preconceptions, and so on deriving from the primary cultures of the societies they are members of, as scientists they have a common culture (Widdowson 1979, 51).

Nach H. Widdowson entsteht diese Universalität weil der wissenschaftlichen Arbeit universelle grundlegende kognitive und methodologische Prozesse zugrunde liegen. Die kommunikativen Handlungen, die in der wissenschaftlichen Kommunikation verwendet werden – wie das Beschreiben, Schlussfolgern oder Aufstellen von Hypothesen – sind deshalb unabhängig von der jeweiligen Einzelsprache, in der sie realisiert werden. Nach H. Widdowson wird Sprache im wissenschaftlichen Kontext demnach verwendet als: „realizations of universal sets of concepts and methods or procedures which define disciplines or areas of inquiry independently of any particular language“ (Widdowson 1979, 24).

Als Beispiele für die Universalität des wissenschaftlichen Diskurses führt H. Widdowson insbesondere nonverbale Elemente, wie chemische Formeln, Abbildungen oder Diagramme an, die nach kulturübergreifend festgelegten Regeln und Darstellungskonventionen erstellt und interpretiert werden (Widdowson 1979, 53f.).

Die Universalitätshypothese wurde lange Zeit stillschweigend akzeptiert ohne in Frage gestellt oder überprüft zu werden (vgl. Oldenburg 1992a). In den 1980er Jahren gewannen jedoch kontrastive empirische Fachtextanalysen zunehmend an Bedeutung, die eine Kulturgebundenheit der untersuchten Fachtexte an nationale Denk- bzw. Vertextungsstile nachweisen konnten. Dennoch kann die Universalitätshypothese nicht endgültig widerlegt werden, da auch neuere Untersuchungen immer wieder universelle Tendenzen belegen können.

So fördert die Dominanz des Englischen als Lingua franca in der (natur-)wissenschaftlichen Kommunikation einheitliche Trends. Insbesondere wegen der starken internationalen Orientierung der Naturwissenschaften und der Zusammenarbeit in sprachübergreifenden Forschungsgruppen kann davon ausgegangen werden, dass hier universelle Diskursmuster überwiegen.

Dementsprechend beobachtet J. Swales universelle Tendenzen im wissenschaftlichen Diskurs, die sich durch den internationalen wissenschaftlichen Austausch und dadurch entstehende „invisible colleges“ bilden (Swales 1990, 65). J. Swales schränkt dies jedoch auf den Diskurs in der Forschung ein. Die Lehre schließt er aus, da nationale Unterschiede des Bildungssystems auch Unterschiede im Diskurs der Lehre bedingen.

G. Graefen (1994, 150) hebt die homogenen Zielsetzungen, Denkinhalte und Tätigkeitsmerkmale der Wissenschaften bzw. von Wissenschaftlern aus verschiedenen Sprachgemeinschaften hervor, durch die ebenfalls die Bildung universeller Sprachausprägungen begünstigt wird: Ziele, Tätigkeitsmerkmale, Denkinhalte und Zweck des sprachlichen Handelns sind über unterschiedliche Sprachen hinweg weitgehend gleich. Die Produktion und Rezeption von wissenschaftlichen Texten ist demnach „keine für eine einzelne Kultur spezifische Tätigkeit“ (ebd.).

Diese Ansicht wird auch von R. Buhlmann und A. Fearns (2000, 52) geteilt: Die grundlegenden naturwissenschaftlichen Arbeitsmethoden (Experimentieren, Vergleichen, Folgern) können vom primären kulturellen System unabhängig sein und bilden eine für jede Disziplin charakteristische Art, über die Fachgegenstände zu kommunizieren – den wissenschaftlichen Diskurs. R. Buhlmann und A. Fearns betonen: „Dieser wissenschaftliche Diskurs ist unabhängig von seiner sprachlichen Einzelrealisierung in einer bestimmten Sprache; er ist die universelle Art und Weise, sich in einem Fach zu verständigen“ (ebd.).

2.2 Kulturgebundenheit von Fachtexten

Als sich in den 1980er Jahren die kontrastiven Fachtextanalysen als Untersuchungsmethode immer weiter etablieren, nahm die Kritik an der Universalitätshypothese zu. H. Widdowson wird unter anderem vorgeworfen, sich bei seinen Analysen nur auf naturwissenschaftliche Fachtexte konzentriert und andere wissenschaftliche Disziplinen außen vor gelassen zu haben. Die Gegner der Universalitätshypothese vertreten den Standpunkt, dass die Fachtextproduktion fest in das kulturelle Umfeld des jeweiligen Fachtextverfassers eingebunden ist.

Im Folgenden werden die wichtigsten Standpunkte hinsichtlich der Kulturgebundenheit von Fachtexten vorgestellt.

2.2.1 Robert B. Kaplan

Bereits in den 1960ern findet Robert B. Kaplan Hinweise auf die Kulturgebundenheit in der Organisation von Fachtexten anhand der Struktur und Abfolge von Absätzen und entwickelt daraus die „contrastive rhetoric“ (Kaplan 1966). Beim Vergleich von englischsprachigen Essays, die von englischsprachigen Studenten und Nichtmuttersprachlern verfasst wurden, stellt er fest, dass die Texte der Nichtmuttersprachler nicht den angloamerikanischen Konventionen und Normen der Textsorte entsprechen. Anhand der Strukturierung und Absatzgestaltung der von Nichtmuttersprachlern verfassten Texte unterscheidet er vier grundlegende Diskursmuster neben dem englischen Stil: semitisch, orientalisch, romanisch und russisch-slawisch. Dabei werden die Texte der englischen Muttersprachler durch eine lineare Abfolge der Absätze gekennzeichnet. Texte, die im semitischen Stil verfasst werden, zeigen eine parallele Struktur. Der orientalische Stil dagegen zeichnet sich durch eine indirekte Annährung an das Thema von verschiedenen Seiten her aus. Der romanische und der russische Stil weisen zahlreiche Diskurse auf (vgl. Abb. 2).

Die Existenz dieser verschiedenen Stile in der Textorganisation sieht R. Kaplan in national unterschiedlichen Denkstilen begründet, die vorrangig durch (institutionelle) Bildung und Erziehung vermittelt werden.

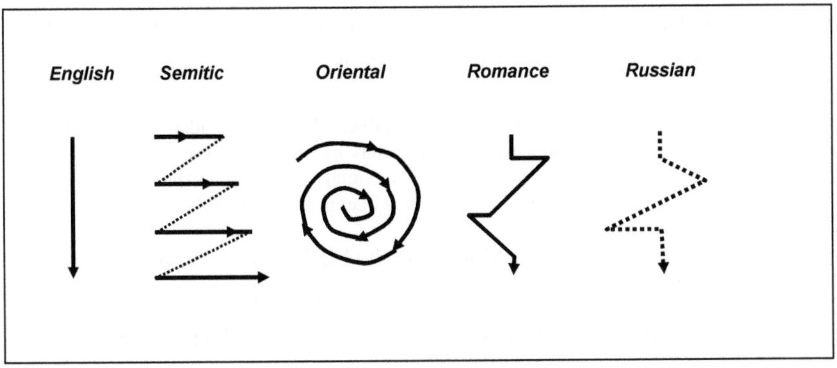

Abb. 2: Nationalstile im Textaufbau nach R. Kaplan (1966, 15)

Trotz der verschiedenen Kritikpunkte, die gegen diese Denkstilunterscheidung hervorgebracht werden können (vgl. Oldenburg 1992a, 32), ist es R. Kaplan gelungen nachzuweisen, dass bei der Fachtextproduktion in der Fremdsprache eine Beeinflussung durch die muttersprachlichen Diskursmuster stattfindet und dass diese Diskursmuster kulturabhängig sind.

Auch in späteren kontrastiven Untersuchungen wissenschaftlicher Fachtexte stellt R. Kaplan fest, dass die interessantesten interkulturellen Unterschiede auf dem *rhetorical level* auftreten, also auf der Organisationsebene eines Fachtextes (Kaplan 1987). Dazu gehören unter anderem die Art wie das Thema eines Fachtextes identifiziert wird, wie es durch Beispiele oder Definitionen dargestellt wird, in welcher Form Beweise geführt werden und welche Informationen überhaupt als themenrelevant betrachtet werden (Kaplan 1987, 9 und Kaplan/Grabe 1991). R. Kaplan betont dabei, dass es notwendig ist, lange Fachtextsegmente zu untersuchen, um gültige Aussagen hierüber treffen zu können. Er stellt allerdings auch fest, dass noch kein fundiertes theoretisches Modell zur Analyse geschriebener Fachtexte existiert (Kaplan 1987, 19).

Die oben genannten Divergenzen sind nicht nur oberflächlicher Natur, sondern werden durch zugrundeliegende kulturelle und historische Unterschiede verursacht (Grabe/Kaplan 1996, 180). Denn die Verwendung von Sprache ist nach W. Grabe und R. Kaplan kulturbedingt: „language exists within various cultural systems" (Grabe/Kaplan 1996, 177). Dieser Umstand schlägt sich in verschiedenen rhetorischen Vorlieben bei der Organisation von Diskursen nieder:

> The shaping of a written text by a writer reflects deeply embedded cultural and rhetorical assumptions about what material may be presented, how it is to be organized, and how it may be presented in a maximally acceptable way – not necessarily in a way which is objectively most transparent (Kaplan/Grabe 1991, 200).

Diese kulturellen Einflüsse der Muttersprache bleiben auch beim Erlernen einer Fremdsprache bestehen und nehmen Einfluss auf die Texte, die in der Fremdsprache produziert werden (Kaplan/Grabe 1991, 197). Es kommt dann zu Interferenzen, die den Kommunikationsprozess stören können.

Jedoch ist Englisch heutzutage in vielen Disziplinen die führende Sprache der Wissenschaft, darum ist der größte Teil weltweit verfügbarer wissenschaftlicher und technischer Informationen auf Englisch festgehalten und entsprechend englischer Normen organisiert. Auch finden wissenschaftliche Diskussionen im internationalen Raum häufig auf Englisch statt, ohne dass Bezug auf die Muttersprache der Teilnehmer genommen wird. Dadurch verlieren, so W. Grabe und R. Kaplan, intersprachliche Unterschiede zunehmend an Bedeutung, was zur Entwicklung einer neuen Loyalität der wissenschaftlichen Gemeinschaft gegenüber führt (Kaplan/Grabe 1991, 205). Infolgedessen wird die Organisation eines Fachtextes oder die Art, wie eine Argumentation geführt wird, nicht mehr ausschließlich von der Kultur des Fachtextverfassers bestimmt, sondern auch von der zugehörigen globalen wissenschaftlichen Gemeinschaft (ebd.). Sie legt fest, was relevante Erkenntnisse sind und welches die akzeptierte Form, darüber zu berichten, ist.

Demnach findet in der Fachtextproduktion eine Entwicklung hin zu universellen Ausprägungen statt. Dies legt den Schluss nahe, dass sich die Theorien von Universalität bzw. Kulturgebundenheit von Fachtexten nicht zwangsläufig ausschließen, sondern beide Gültigkeit besitzen.

2.2.2 Johan Galtung

In seinem auch heute noch viel zitierten Essay „Struktur, Kultur und intellektueller Stil“ von 1985 unterscheidet J. Galtung zwischen vier unterschiedlichen intellektuellen Stilen mit folgenden Zentren: Dem sachsonischen Stil in Großbritannien und Amerika, dem teutonischen Stil in Deutschland, Österreich und der Schweiz, dem gallischen Stil in Frankreich und dem nipponischen Stil in Japan. Diese werden im Folgenden kurz vorgestellt.

J. Galtung differenziert die vier genannten intellektuellen Stile nach der unterschiedlich großen Bedeutung, die der Paradigmenanalyse, Thesenproduktion, Theoriebildung und dem Kommentar über andere Intellektuelle zukommt (Galtung 1985, 156).

Die intellektuellen Stile haben zwar ihr Zentrum in oben genannten Ländern, aber sie dehnen sich auch auf deren Peripherie aus. So erstreckt sich zum Beispiel der Einfluss des gallischen Stils über alle romanischen Länder.

	Sachsonisch	Teutonisch	Gallisch	Nipponisch
Paradigmen-analyse	schwach	stark	stark	schwach
Beschreibungen:				
Thesen-produktion	sehr stark	schwach	schwach	stark
Erklärungen:				
Theorie-bildung	schwach	sehr stark	sehr stark	schwach
Kommentar über andere Intellektuelle:				
- Paradigmen - Thesen - Theorien	stark	stark	stark	sehr stark

Abb. 3: J. Galtungs Übersichtstabelle über die intellektuellen Stile (Galtung 1985, 156)

Der Kommentar über andere Intellektuelle spielt in allen vier Stilen eine wichtige Rolle. Nach J. Galtung ist die Gruppe der Intellektuellen „eine geschlossene Gesellschaft, die [...] von sich selber zehrt" (Galtung 1985, 157). Daher ist für die meisten Intellektuellen die meist kritische Beurteilung der Arbeit anderer Intellektueller von besonderer Bedeutung. Allerdings findet diese Beurteilung in den einzelnen Stilen auf sehr unterschiedliche Weise statt.

Im sachsonischen Stil, der noch in die US- und UK-Variante unterteilt wird, herrscht nach Auffassung von J. Galtung ein gewisser Teamgeist vor. Debatten werden zwar durchaus scharf geführt, aber sie werden stets mit einer höflichen Versicherung der Wertschätzung eingeleitet und mit einer schmeichelhaften Äußerung beendet. Die US-Variante ist nach J. Galtungs Ansicht noch großzügiger als die UK-Variante. Ein amerikanischer Professor, so J. Galtung, wird „sein Bestes tun, um selbst in der miserabelsten Darbietung doch jenes kleine Körnchen Gold zu finden" (Galtung 1985, 157). In beiden Varianten ist es Ziel einer Debatte, verschiedene Meinungen zur Sprache zu bringen und am Ende vielleicht einen neuen Konsens oder eine Annährung zu erreichen.

Seine Beobachtungen in Debatten bezieht J. Galtung auch auf Fachzeitschriften. Anders als in den anderen Kulturen sind ihm zufolge amerikanische Zeitschriften sehr umfassend und lassen alle Beteiligten eines bestimmten Fachgebiets zu Wort kommen. Dadurch herrscht hier ein „gewisser sanftmütiger Ton" vor (Galtung 1985, 161).

Im Gegensatz dazu beschreibt J. Galtung wissenschaftliche Debatten im teutonischen und gallischen Stil als „stark darwinistische Kämpfe, in denen nur die Stärksten überleben, abgehärtet und befähigt die Bedingungen des nächsten Kampfes zu diktieren" (Galtung 1985, 166). Es gibt hier keine Höflichkeitsfloskeln und die Diskussion konzentriert sich auf die schwächsten Punkte eines Beitrags. Ziel der Debatte ist es, die eigene Meinung zu behaupten.

Die Teilnehmer an einer teutonischen oder gallischen Debatte sind von vornherein wesentlich homogener zusammengesetzt, es gibt eine geringere Meinungsstreuung. Eine Diskussion zwischen stark unterschiedlichen Standpunkten wird als Zeitverschwendung betrachtet.

Im nipponischen intellektuellen Stil dagegen wird J. Galtung zufolge genau darauf geachtet, bestehende soziale Beziehungen nicht zu verletzen. Der Respekt vor dem Meister als übergeordnete Autorität beeinflusst die Debatte. Dadurch findet vorrangig eine Etikettierung, eine Einordnung in bestimmte intellektuelle Schulen statt, so dass die Debatte mehr einen gesellschaftlichen als intellektuellen Akt darstellt.

Weiterhin ist die Thesenproduktion im sachsonischen Stil sehr stark ausgeprägt. Das wichtigste Kriterium für Wissenschaftlichkeit ist die gewissenhafte Erforschung und Darstellung der Quellen und Daten. Dabei bedienen sich die Amerikaner besonders der Statistik, während die Briten die Dokumentierung bevorzugen.

Da Theoriebildung und Paradigmenanalyse im sachsonischen Stil nur schwach ausgeprägt sind, sind die aus den Daten abgeleiteten Theorien weniger umfassend. J. Galtung vergleicht sachsonische Theorien mit „kleine[n], in der Landschaft verstreute[n] Pyramiden“ (Galtung 1985, 162).

Im teutonischen und gallischen Stil haben Paradigmenanalyse und Theoriebildung dagegen eine große Bedeutung, während die Thesenproduktion nur schwach vorhanden ist. Gesammelte Daten dienen hier dazu, aufgestellte Theorien zu unterstützen; sollte sich ein Widerspruch zwischen Theorie und Daten ergeben, wird zunächst die Richtigkeit der Daten in Zweifel gezogen. Die Theoriebildung erfolgt in teutonischer und gallischer Wissenschaft auf deduktive Weise. Aus den akzeptierten Prämissen werden Theorien logisch geschlossen.

Durch strenge Anwendung dieses Verfahrens entstehen die Theoriegebilde im teutonischen Stil, die J. Galtung mit riesigen Pyramiden aus eng miteinander verschränkten Einheiten vergleicht.

In der gallischen Theoriebildung spielt laut J. Galtung zusätzlich der ästhetische Aspekt eine große Rolle, ein guter Stil ist ebenso entscheidend wie die vorgebrachten Argumente. Eine gallische Theorie vergleicht er mit einer Hängematte, die, kunstvoll gewoben, zwei gegensätzliche Pole miteinander verbindet.

Im nipponischen Stil ist die Thesenproduktion stark vertreten, während Theoriebildung und Paradigmenanalyse schwach ausgeprägt sind. J. Galtung führt das auf den Unwillen zurück, absolute oder kategorische Aussagen zu machen, den er in der Mehrdeutigkeit des Japanischen begründet sieht.

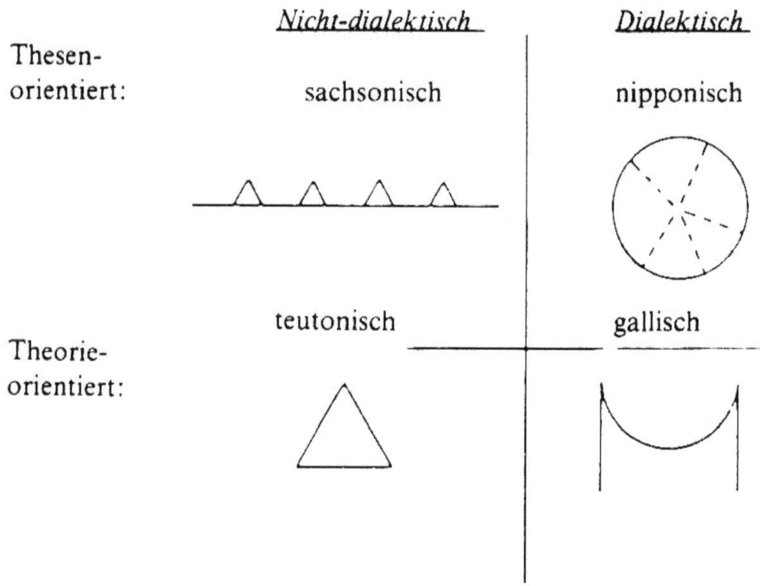

Abb. 4: Darstellung intellektueller Stile nach J. Galtung (1985, 174)

Für J. Galtung liegen die unterschiedlichen intellektuellen Stile in den verschiedenen gesellschaftlichen Strukturen und Bildungssystemen begründet.

Die Struktur des deutschen Wissenschaftsbetriebes beschreibt er daher als strenge pyramidenförmige Hierarchie. Je höher die Stufe ist, auf der ein Wissenschaftler darin steht, desto höher ist das Niveau seiner Thesen, empirische Arbeit bleibt den Studenten, der Pyramidenbasis, überlassen.

Mit steigendem Rang nimmt jedoch auch das intellektuelle Risiko zu: Wenn eine These oder Prämisse falsch ist und die Theoriepyramide einstürzt, verliert der

Wissenschaftler seine Glaubwürdigkeit und sein Ansehen. In keinem der anderen intellektuellen Stile wären die Folgen so verheerend.

Auch die wissenschaftliche Gemeinschaft in Frankreich ist elitär geprägt. Aber während J. Galtung das Verhältnis zwischen deutschen Professoren und Assistenten bzw. Studenten als Meister-Jünger-Verhältnis bezeichnet, hält sich seiner Meinung nach im gallischen Stil jeder selbst für einen Meister mit ganz individuellem Stil.

Die sachsonische wissenschaftliche Gemeinschaft prägt dagegen eine weniger elitäre Grundhaltung. Dort treffen sich mehr oder weniger Gleichgestellte, so dass eine horizontale Beziehung entsteht. Daher beteiligen sich amerikanische Studenten äußerst aktiv an den Seminaren und der Professor richtet sich vornehmlich an die schwachen Teilnehmer.

Ein weiterer Faktor, der den intellektuellen Stil beeinflusst, ist die jeweilige Sprache, denn die „intellektuelle Tätigkeit ist eine primär sprachliche Tätigkeit“ (Galtung 1985, 177). Für J. Galtung „besteht kaum ein Zweifel daran, daß die deutsche Sprache für den teutonischen intellektuellen Stil ebenso geeignet ist wie die Japanische (sic) Sprache für den nipponischen Stil“ (ebd.).

Abschließend weist J. Galtung auf die Weiterentwicklungen der intellektuellen Stile hin. Die Entwicklung und Verbreitung von Computern vereinfacht das Sammeln und Verarbeiten von großen Datenmengen. Dieser Umstand begünstigt den sachsonischen Stil, der dadurch an Einfluss gewinnt. J. Galtung vermutet, dass deshalb auch innerhalb der anderen intellektuellen Stile datenorientierte Subkulturen entstehen.

Außerdem weist er auf die Eignung des sachsonischen Stils für die UN hin, da er eine gute Basis für Debatten unter gleichberechtigten Mitgliedern darstellt.

Die Frage, ob sich ein intellektueller Weltstil entwickelt verneint er jedoch. Wegen der großen kulturellen Vielfalt und den Unterschieden zwischen den verschiedenen Ländern werden die Unterschiede zwischen den intellektuellen Stilen auch weiterhin erhalten bleiben.

2.2.3 Michael Clyne

Einer der bedeutendesten Vertreter der These der Kulturgebundenheit von Texten ist M. Clyne. Er weist auf unterschiedliche wissenschaftliche Stile hin, die er mit unterschiedlichen **kulturellen Hintergründen und Bildungstraditionen** in Verbindung bringt.

Bei mehreren Analysen von Fachtexten der Linguistik und der Soziologie deutsch- und englischsprachiger Autoren, beobachtet M. Clyne folgende Unterschiede (Clyne 1987, 1991, 1994):

Während Fachtexte englischsprachiger Autoren linear aufgebaut sind, weisen Fachtexte deutschsprachiger Autoren häufig Exkurse auf, die dazu dienen, zusätzliche Informationen, historische Überblicke oder ähnliches zu geben, damit das Thema möglichst umfassend behandelt wird. Durch die zahlreichen Exkurse wird es notwendig, die bisher gewonnenen Erkenntnisse und Argumente zu rekapitulieren wenn wieder zum Hauptgegenstand des Fachtextes zurückgekehrt wird. Dadurch kann die Struktur eines deutschen Fachtextes sehr unübersichtlich werden, M. Clyne vergleicht sie sehr bildhaft mit gekochten Spaghetti (Clyne 1981, 63). Weiterhin erschwert die grammatische Struktur des Deutschen, insbesondere die häufige Verwendung von Partizipialkonstruktionen, einen linearen Aufbau der Fachtexte (Clyne 1987).

Die Fachtexte deutscher Autoren sind außerdem weniger symmetrisch, einige Fachtextsegmente unterscheiden sich in ihrer Länge deutlich von anderen, zum Teil wird das ebenfalls durch Exkurse bedingt.

Weiterhin weisen M. Clynes Untersuchungen zufolge deutsche Fachtexte eine höhere Diskontinuität auf, d. h. eine neue Argumentationslinie wird begonnen, bevor die vorhergehende beendet ist.

Englische Autoren verwenden häufiger *advance organizers* zur Strukturierung des Fachtextes und setzen diese bereits am Fachtextanfang ein. Deutschsprachige Autoren dagegen verwenden *advance organizers* deutlich seltener und später im Fachtext. Weiterhin definieren englische Autoren wesentliche Termini bereits am Anfang des Fachtextes, während deutsche Autoren eine Definition erst im Laufe des Fachtextes entwickeln.

Statistiken, Beispiele und Zitate sind meist in die Fachtexte englischsprachiger Autoren integriert, deutschsprachige Autoren dagegen präsentieren sie häufig im Anhang, in Tabellenform oder als Fußnoten. Außerdem weisen Fachtexte deutscher Autoren einen höheren Abstraktionsgrad auf, je höher der Abstraktionsgrad, desto wissenschaftlich glaubwürdiger erscheint der Fachtext (Clyne 1987, 214).

Durch diese Faktoren sind die Fachtexte englischer Autoren insgesamt übersichtlicher und geordneter, wodurch der Leser ihnen besser folgen kann. M. Clyne erklärt das mit unterschiedlichen Einstellungen zur *reader/writer responsibility*:

> Knowledge is idealized in the German tradition. Thus, texts are written to transmit knowledge, and the onus is on the reader to make the effort to understand them [...] In English-speaking countries, most of the responsibility falls on writers to make their texts readable (Clyne 1991, 65).

Weiterhin hat M. Clyne seinen Korpus auf Heckenausdrücke (*hedging*) hin untersucht. Er erläutert, dass Heckenausdrücke den Aussagegehalt relativieren und so den Autor von der Verantwortung für seine Aussagen entlasten (Clyne 1991, 57). In den Fachtexten deutschsprachiger Autoren findet M. Clyne wesentlich mehr Heckenausdrücke als in den Fachtexten englischsprachiger Autoren. Zum Teil werden sogar mehrere Varianten des *hedging* in einem Satz gebraucht. Um dies zu erklären, schließt er sich J. Galtungs Darstellung des teutonischen Denkstils an (Clyne 1991, 65). Da deutschsprachige wissenschaftliche Diskurse eher als Monologe zur Behauptung des eigenen Standpunkts gestaltet sind, ist größere Vorsicht beim Formulieren von Standpunkten geboten, weshalb Heckenausdrücke als Schutz vor Kritik dienen. Der saxonische Diskurs dagegen findet in Form eines Dialogs statt, der zu einer Annäherung unterschiedlicher Standpunkte führen soll, daher ist nicht dasselbe Maß an Vorsicht notwendig.

Die oben aufgeführten Unterschiede beobachtet M. Clyne, teilweise sogar verstärkt, auch in englischen Fachtexten deutschsprachiger Autoren. Die deutschen Autoren behalten ihre kulturell geprägten Diskursmuster auch beim Schreiben in der Fremdsprache bei, „bilinguals are not necessarily bicultural“, wie M. Clyne betont (Clyne 1991, 63). Dass einige der deutschen Diskursmuster in den englischen Fachtexten deutschsprachiger Autoren sogar noch deutlicher auftreten, erklärt M. Clyne mit der größeren Schwierigkeit, die das Schreiben in einer Fremdsprache darstellt (Clyne 1987).

Der englischsprachige Diskurs ist M. Clyne zufolge formorientiert (Clyne 1994, 187), wodurch formale Aspekte eine wichtige Rolle bei der Strukturierung und Bewertung von Fachtexten spielen. Abweichungen von der Norm können den Zugang zum Inhalt des Fachtextes erschweren.

Der deutschsprachige wissenschaftliche Diskurs ist dagegen inhaltsorientiert. Die Form des Fachtextes wird dem Inhalt untergeordnet, Ziel des Fachtextes ist es, Denkanstöße zu geben und Wissen bzw. Theorien zu vermitteln. Nach M. Clyne geht die Betonung des Inhalts mit einer kulturellen Idealisierung von Wissen und der Bildung einer kulturellen Elite einher (Clyne 1994). Deutschen Wissenschaftlern fällt es daher meist schwer, die strikten Regeln des englischen Diskurses zu meistern.

Die Prägung auf bestimmte Diskursmuster findet bereits im Schulunterricht statt und ist damit fest in die Kultur der Sprachgemeinschaft integriert. In einer 1980 durchgeführten Untersuchung englisch- und deutschsprachiger Schulaufsätze und deren Bewertung durch den Lehrer stellt M. Clyne fest, dass englischsprachige Lehrer bei der Bewertung größeren Wert auf den Stil, deutschsprachige Lehrer jedoch auf den Inhalt legen. Außerdem beobachtet er in englischsprachigen Schulen eine insgesamt stärkere Betonung des Geschriebenen während des Unterrichts und bei Prüfungen auch in den nicht-sprachlichen Fächern (Clyne 1993). Der englische akademische Stil wird also bereits während der Schulbildung vermittelt. Der deutsche akademische Stil jedoch wird erst durch das Lesen von akademischen Fachtexten in der Oberstufe oder während des Studiums erlernt.

Aufgrund der großen kommunikationsbehindernden Wirkung, die die Unkenntnis fremder Diskursmuster haben kann, fordert M. Clyne, dass kulturspezifische Diskursstrukturen bereits im Fremdsprachenunterricht vermittelt werden.

M. Clyne betont, dass die kulturellen Unterschiede im wissenschaftlichen Diskurs die internationale Kooperation zwischen Wissenschaftlern erschweren können, da sie die Beurteilung eines Fachtextes stark beeinflussen und „Abweichungen von der eigenen Norm [...] vielfach als logische Fehler betrachtet" werden (Clyne 1993, 4).

Er weist ebenfalls darauf hin, dass deutschsprachige Autoren, die sich des Englischen bedienen müssen, um ihre Fachtexte einem internationalen Publikum zugänglich zu machen, benachteiligt sind, da ihre englischsprachigen Kollegen Anstoß am deutschen Wissenschaftsstil nehmen. Es besteht die Gefahr, dass ihre wissenschaftlichen Leistungen nicht genügend anerkannt werden, weil sie die englischen Diskursnormen nicht einhalten. Dies illustriert er am Beispiel der Reaktionen englischsprachiger Kritiker auf Veröffentlichungen deutscher Autoren, die besonders fehlende Linearität bemängeln und die Struktur der Fachtexte als chaotisch und schlecht organisiert beschreiben (Clyne 1981).

2.3 Annäherung beider Standpunkte

Immer wieder haben verschiedene Fachtextanalysen gezeigt, dass **beide** oben beschriebene Ansätze zur Kulturgebundenheit von Fachtexten (vgl. Kapitel 2.1 und 2.2) ihre Berechtigung haben. Deshalb ist eine differenziertere Herangehensweise an die Thematik notwendig, die auch eine Unterscheidung nach Fachtextsorte, Adressatenkreis usw. berücksichtigt.

So macht C. Gnutzmann den Grad der Kulturgebundenheit eines Fachtextes von der jeweiligen fachlichen Disziplin abhängig:

> Je mehr ein Fachgebiet kulturübergreifenden bzw. kulturunabhängigen Charakter hat – wie beispielsweise die Naturwissenschaften –, d. h. sein eigentlicher Gegenstandsbereich nicht in der Primärkultur liegt und er somit weniger „gesellschaftsbezogen" ist, desto größer ist die Verwendung ähnlicher bzw. identischer Diskursmuster (Gnutzmann 1992, 268).

Das Ausmaß der Kulturgebundenheit eines Fachtextes ist damit abhängig vom jeweiligen Fachtextgegenstand, dessen Verankerung in der Primärkultur des Fachtextproduzenten sich in der Versprachlichung entsprechend niederschlägt.

Wenn die Themen eher von nationalem Interesse sind, bleibt auch die Fachkommunikation darüber eher im nationalen Bereich. Im Rückgriff auf Widdowsons Unterscheidung zwischen der Primär- und der Sekundärsozialisation von Wissenschaftlern geht C. Gnutzmann davon aus, dass sowohl fach- als auch kulturbedingte Diskursmuster bei der Produktion von wissenschaftlichen Fachtexten zum Einsatz kommen (1990, 122). Je geringer deshalb die Bindung eines Faches an die nationale Kultur der Fachtextproduzenten ist, desto mehr überwiegen die fachbedingten Diskursmuster.

C. Gnutzmann hat diesen Ansatz im Rahmen von kontrastiven Teiltextanalysen aus verschiedenen Fachgebieten überprüft. So ergab eine Analyse der Kommunikationsstruktur von deutschen und englischen Einleitungen von Zeitschriftenaufsätzen zur Linguistik und Pädagogik, dass in den Fachtexten zur Linguistik sowohl intralinguale, als auch sprachübergreifende Kompositionsprinzipien verwendet werden (Gnutzmann/Lange 1990). Das stützt C. Gnutzmanns Hypothese, da die Linguistik einen mittleren Abstraktionsgrad (nach L. Hoffmanns Modell der Fachsprachen, siehe Kapitel 1.3.2) aufweist. Die Pädagogik hat dagegen einen niedrigeren Abstraktionsgrad und die untersuchten Fachtexte zeigen dementsprechend deutlich weniger sprachübergreifende Muster.

Dabei stellt C. Gnutzmann fest, dass die internationale Fachkommunikation, die er die „internationale Dimension" der Wissenschaften nennt (Gnutzmann 1992, 271), zu einer Angleichung der Diskursmuster und sprachübergreifenden Gemeinsamkeiten führt.

Im Rahmen ihrer Analyse der Publikationsgewohnheiten von Wissenschaftlern aus verschiedenen Fachgebieten kommt S. Skudlik zu dem Schluss, dass die Naturwissenschaften weitgehend von der Allgemeinsprache unabhängig sind, weil – sobald ein gewisser Erkenntnisstand erreicht ist – über Erkenntnisse als Gegenstände kommuniziert wird, die von allen Kommunikationspartnern gleichermaßen akzeptiert werden. Dadurch wird die internationale Kommunikation über Naturwissenschaften vereinfacht. In den Geisteswissenschaften ist das nicht der Fall, da ihre Gegenstände im weitesten Sinne kultureller Art und damit stets von der Allgemeinsprache und der damit verbundenen Kultur abhängig sind (Skudlik 1990, 224f.).

S. Skudlik (1990, 87f.) unterscheidet dementsprechend die anglophonen Wissenschaften, wie die Naturwissenschaften, in denen Englisch als einziges Kommunikationsmedium, sowohl im internationalen Diskurs als auch auf Kongressen verwendet wird. Demgegenüber stehen die nationalsprachlich geprägten Wissenschaften, deren Fachgegenstand eng mit der jeweiligen Sprache und Kultur verbunden ist (z. B. beschäftigen sich die Rechtswissenschaften mit dem nationalen Recht). Eine Zwischenposition nehmen die anglophon geprägten Wissenschaften (u. a. die angewandten Naturwissenschaften, z. B. Geowissenschaften) ein. Dort erfolgt die eigentliche Forschung und Lehre vorwiegend in der Landessprache, für den internationalen Diskurs wird jedoch das Englische verwendet.

Diese Abhängigkeit vom Fachgegenstand beobachtet auch J. Swales aus der englischen Perspektive:

> ...research fields relying on localized input (archaeology, agriculture, literature, religious studies) are more likely to resist or escape the domination of English than those that do not (chemistry, genetics, physics etc.) (Sawles 1990, 99f.).

Bereits in den 1980ern stellt B. Spillner fest, dass

> der internationale wissenschaftliche Informationsaustausch in den betreffenden Fachsprachen zu einer Angleichung etwa in der Argumentationsstrukturen (sic), der Textgliederung, der Zitierweise etc. geführt hat (Spillner 1983a, 113).

> Durch die zunehmende internationale fachliche Kommunikation zeigen die Fachsprachen der Wissenschaft und der Technik Tendenzen der Annährung in ihren sprachlichen Konventionen (Spillner 1983b, 22).

So findet durch den zunehmend internationalen wissenschaftlichen Austausch schrittweise eine Standardisierung der Nomenklatur, Argumentationsmuster und Darstellungskonventionen statt, zum Beispiel durch Vorgabe von Verlagsrichtlinien oder Style sheets (Spillner 1996, 105). Durch solche Konventionen, entstehen innerhalb verschiedener Textsorten bestimmte Stilmuster, die bei der Fachtextproduktion die Auswahlmöglichkeiten einschränken. Obwohl solche Konventionen oft kulturabhängig von rhetorischen und akademischen Traditionen oder anderen kulturbedingten Faktoren bestimmt werden, wird durch das Anwenden von sprachenunabhängigen, fachspezifischen Argumentationstypen und Kommunikationsverfahren (z. B. logisches Schließen, Deduzieren usw.) eine fachinterne internationale Angleichung erreicht (Spillner 1996). Dies wird durch die Notwendigkeit einer konstanten Terminologie und der damit einhergehenden Verwendung von Universalien noch verstärkt.

Die obigen Ausführungen zeigen, dass in der Frage nach der Kulturgebundenheit eines Fachtextes die fachliche Disziplin, in welche der Text einzuordnen ist, und damit auch der Textgegenstand eine Schlüsselrolle spielen.

In den stärker formalisierten Wissenschaften, wie beispielsweise den Naturwissenschaften, in denen wichtige Sachverhalte in international verstandenen mathematischen Formalismen ausgedrückt werden, erfolgt der Übergang von der nationalen in eine internationale Kommunikationssituation mit Verwendung einer fremden Wissenschaftssprache leichter als in den stark deskriptiv geprägten Wissenschaften. Dort ist es von höherer Bedeutung, Feinheiten und Nuancen genau ausdrücken zu können, deshalb sind diese Fächer deutlich stärker muttersprachlich geprägt. Zudem ist hier der Einfluss der Ausgangskultur auf die Disziplin als solche wesentlich stärker.

Allerdings darf auch im Hinblick auf die Fachkommunikation in den Naturwissenschaften nicht angenommen werden, dass diese stets universell ausgeprägt ist. Nach ihrer umfangreichen Analyse verschiedener Textsorten zu Naturwissenschaft und Technik stellt S. Göpferich fest, dass interkulturelle Gemeinsamkeiten bzw. Unterschiede stets nur hinsichtlich einiger bestimmter Kriterien feststellbar sind (1995, 447). So merkt sie an, dass es auch in den Naturwissenschaften und der Technik bestimmte Sachverhalte gibt, die stark in der Primärkultur verankert sind. Das ist insbesondere dann der Fall wenn hohe **Anwendungsorientierung und Praxisbezug** vorliegen (1995, 450f), da die Ausgangskultur erheblichen Einfluss auf den Praxisalltag ausübt.

Dieser Zusammenhang hebt erneut hervor, welche große Bedeutung der Textgegenstand bei der Frage nach der Kulturgebundenheit von Fachtexten spielt.

3 Dominanz des Englischen in der wissenschaftlichen Kommunikation

3.1 Situation und Ursachen

Da die vorliegende Arbeit einen intralingualen Vergleich englischsprachiger Fachtexte von Englisch-Muttersprachlern und Nicht-Muttersprachlern zum Gegenstand hat, wird an dieser Stelle auf die Dominanz des Englischen in der naturwissenschaftlichen Fachkommunikation näher eingegangen.

In der internationalen Fachkommunikation nimmt das Englische eine herausragende **Führungsposition** ein, denn etwa 70 Prozent aller wissenschaftlichen Texte werden in Englisch veröffentlicht (Ammon 1990, 68).

Durch Mehrsprachigkeit erhalten Wissenschaftler Zugang zu mehr Wissen, da sie so auch auf Forschung von Kollegen aus fremden Sprachräumen zugreifen können. Dies ist jedoch mit einem hohen Aufwand für den Spracherwerb verbunden (Ammon 1996). Deshalb bilden sich einige große Wissenschaftssprachen heraus, die den internationalen Diskurs dominieren, so dass die Kenntnis von ein oder zwei Fremdsprachen ausreichend ist, um zu fast allen wissenschaftlichen Texten Zugang zu erhalten. Auch der direkte, schnelle globale Informationsaustausch, erfordert ein gemeinsames Mittel zur internationalen Verständigung und begünstigt so die zunehmende Verwendung des Englischen in der wissenschaftlichen Kommunikation.

Die Dominanz des Englischen als internationale Sprache der Wissenschaft hat sich im Laufe des zwanzigsten Jahrhunderts entwickelt und lässt sich an der Anzahl der auf Englisch erschienenen Publikationen im Vergleich zu Publikationen in anderen Sprachen belegen (Ammon 2001, 343ff; Swales 1990, 96ff.).

Verschiedene Faktoren haben zur Etablierung der Vorrangstellung des Englischen als Wissenschaftssprache beigetragen.

Eine wichtige Ursache sind historische Ereignisse und Entwicklungen (Görlach 2000): So hat sich im Zuge der Kolonialisierung im 16./17. Jh. die englische Sprache durch britische Siedler über die ganze Welt verbreitet. In den meisten ehemaligen Kolonien ist Englisch auch heute noch Erst- oder Zweitsprache. Dazu kommt, dass Englisch in vielen Ländern als Fremdsprache erworben wird.

Anfang des 20. Jahrhunderts begann das Englische in zahlreichen Staaten das Französische als Sprache der Diplomatie und Kultur und als erste Fremdsprache im Schulunterricht sowie Deutsch als Sprache der Wissenschaft abzulösen. Die Rolle des Englischen als internationales Kommunikationsmittel wuchs somit weiter.

Mit der Verbreitung des Englischen in der Kolonialzeit steht die hohe Anzahl seiner Sprecher in Zusammenhang. Es ist in über einem Viertel aller Staaten der Welt Amtssprache. Mit schätzungsweise 300 bis 400 Millionen Sprechern ist Englisch nach Chinesisch die weltweit meistgesprochene Sprache (Weber 1995). Deutsch sprechen dagegen „nur" etwa 120 Mio. Menschen.

Eine weitere Ursache liegt in der führenden Position, die der englischsprachige Raum hinsichtlich wissenschaftlicher Leistungen und Entwicklungen seit Mitte des 20. Jahrhunderts einnimmt und die zwangsläufig ein erhöhtes Publikationsvolumen im Englischen bewirkt. Auch diese Führungsrolle liegt teilweise in der Geschichte begründet, da im Zuge des zweiten Weltkrieges viele Spitzenwissenschaftler aus Nazideutschland nach Amerika flohen. Außerdem ist die wissenschaftliche Führungsrolle, die die USA noch heute einnehmen, auch an wirtschaftliche Ressourcen gebunden, da die USA eine der stärksten Wirtschaftsmächte der Welt darstellen.

3.2 Bedeutungsverlust des Deutschen

Die im Vergleich zum Englischen geringe internationale Stellung des Deutschen hat unterschiedliche, ebenfalls größtenteils historische Gründe. So war Deutschland im 17. Jahrhundert noch kein Nationalstaat und konnte im Gegensatz zu

England kaum Kolonien erwerben, deshalb erlangte die deutsche Sprache keine große Geltung im Bereich der Politik und Diplomatie (Viereck 1997).

Dennoch waren die deutschen Länder Ende des 19. Jahrhunderts bis zum Ende der 1920er Jahre führend in Wissenschaft und Technik, so dass Deutsch Ende des 19. Jahrhunderts die führende Wissenschaftssprache war. In dieser Zeit (ca. 1830–1940) fanden viele deutsche Fachwörter als Entlehnungen ihren Weg in den englischen Sprachschatz (Viereck 1997, 766f).

Ab der ersten Hälfte des 20. Jahrhunderts verlor Deutsch als Wissenschaftssprache aufgrund von historischen Ereignissen jedoch zusehends an Bedeutung. So wurde nach dem ersten Weltkrieg Deutsch lange nicht als Sprache auf wissenschaftlichen Konferenzen zugelassen und viele Wissenschaftler sind vor und während des Zweiten Weltkriegs aus Deutschland nach Amerika ausgewandert (Ammon 2001, 344).

Auch nach der Wiedervereinigung Deutschlands erlebte die deutsche Sprache im internationalen Bereich keinen Aufschwung. Ursache hierfür sind neben arbeitspraktischen Erwägungen auch politische Entscheidungen (siehe Ammon 2007).

Seit der ersten Hälfte des 20. Jahrhunderts ist somit ein Wechsel von verschiedenen nationalen Wissenschaftssprachen hin zum Englischen als internationale Wissenschaftssprache zu beobachten. Ein Wechsel der Wissenschaftssprachen vollzieht sich damit jedoch nicht zum ersten Mal. Es gab im 18. Jahrhundert bereits den Wechsel vom Lateinischem als universelle Wissenschaftssprache zum Deutschen bzw. den anderen Nationalsprachen (Pörksen 1998, Schiewe 2000). Damals fand eine Nationalisierung der Wissenschaften statt. Der Wechsel zum Englischen, macht diesen Prozess gewissermaßen rückgängig, indem er eine erneute Internationalisierung der Wissenschaften bewirkt. Demnach erfolgen Sprachenwechsel jeweils gemäß der aktuellen Aufgaben und Anforderungen.

3.3 Konsequenzen

Die Vorrangstellung des Englischen in der internationalen wissenschaftlichen Kommunikation stellt nicht-englischsprachige Wissenschaftler zum Teil vor große Herausforderungen. Um von einem internationalen Publikum beachtet zu werden, sind sie gezwungen auf Englisch zu publizieren, auch auf Konferenzen ist Englisch häufig die einzige zugelassene Sprache. Dadurch muss zusätzliche Zeit für den Spracherwerb aufgewendet werden. Außerdem sinken für nicht-englischsprachige Wissenschaftler die Chancen veröffentlicht zu werden, wenn ihre Texte sprachlich nicht akzeptabel sind. Es ist schwieriger, in einer Fremdsprache Nuancen richtig zu treffen als in der Muttersprache, dadurch können auch auf inhaltlicher Ebene Probleme entstehen.

Auf dem Fachzeitschriftenmarkt verlieren Zeitschriftenverlage, die nicht auf Englisch publizieren, weite Marktanteile und sind gezwungen sich anzupassen (Ammon 2001, 352). Dieser **Anpassungsprozess** lässt sich besonders deutlich daran beobachten, dass viele vormals deutschsprachige Fachzeitschriften englische Titel annehmen und nur noch englischsprachige Beiträge zulassen, um auf dem internationalen Markt konkurrenzfähig zu bleiben (Beispiele siehe Ammon 2000, 2188). Das führt jedoch zu zusätzlichen Kosten für die Verlage, da muttersprachliche Reviewer, Übersetzer usw. notwendig werden. Dennoch gelten Texte von nicht englischsprachigen Wissenschaftlern oft als in sprachlicher Hinsicht minderwertig.

Einige Wissenschaftler fürchten außerdem, dass durch eine Monoglossierung der Wissenschaften, ein Verlust der Vielfalt hinsichtlich der Erkenntnis- und Theoriebildungsprozesse auftritt, da diese zu einem gewissen Grad sprachgebunden sind (Skudlik 1990, 226f.; Gauger 2000). So können sich unterschiedliche Wissenschaftssprachen gegenseitig anregen und bereichern, weil sie in unterschiedlichen Kulturen verankert sind und dadurch unterschiedliche Sichtweisen bieten können (Pörksen 2001).

Andererseits können durch die Verwendung einer universellen Wissenschaftssprache in manchen Disziplinen (z. B. der Physik) empirisch oder experimentell erworbene Ergebnisse schneller verbreitet werden. Dadurch wird Doppelforschung vermieden und damit Aufwand und Geld gespart (Skudlik 1990, 228). Diese Entwicklung birgt also auch Vorteile.

Die Dominanz des Englischen in der wissenschaftlichen Fachkommunikation ist in den Naturwissenschaften besonders deutlich zu beobachten. Da die naturwissenschaftlichen Fächer stärker formalisiert und weniger deskriptiv sind, vollzieht sich der Übergang zur englischen Wissenschaftssprache hier schneller, als in den geistes- oder sozialwissenschaftlichen Fächern. Zudem sind die Sozial- und Geisteswissenschaften stärker in den jeweiligen Ausgangskulturen verankert, als die Naturwissenschaften, da sie stärker vom ausgangskulturellen Input abhängen.

4 Zur Textproduktion

Da Gegenstand dieser Arbeit ein intralingualer Vergleich von englischen Fachtexten ist, die von Muttersprachlern und Nicht-Muttersprachlern verfasst wurden, soll an dieser Stelle näher auf die Mechanismen eingegangen werden, die bei der Textproduktion in der Mutter- und in einer Fremdsprache zum Einsatz kommen.

4.1 Die Textproduktionsforschung

Zunächst ein kurzer Überblick über die Entwicklung und Aufgaben der Textproduktionsforschung: In den 1970er Jahren wurde in den USA bekannt, dass ein großer Anteil der Bevölkerung eine unzureichende Schreibkompetenz aufwies. Dies führte zur *literacy crisis,* die der amerikanischen Schreibforschung höhere Relevanz verlieh. Die Textproduktionsforschung hat sich aus dieser amerikanischen Schreibforschung entwickelt (Baurmann 1989), sich jedoch seit den 1990er Jahren durch neue Fragestellungen und neue Erkenntnismethoden immer stärker von dieser emanzipiert. Sie ist eine interdisziplinär geprägte Fachrichtung, in die auch Ansätze und Fragestellungen aus Rhetorik, Stilistik, Didaktik, Textlinguistik u. a. einfließen. Dabei lassen sich drei wesentliche Forschungsparadigmen der Textproduktionsforschung ausmachen (Antos 2000):

Erstens das didaktische Paradigma, das Textprodukte unter primär entwicklungspsychologischen Gesichtspunkten untersucht.

Zweitens das kognitive Paradigma, welches ab 1980 verstärkt in den Fokus des Interesses rückt. Es beschäftigt sich mit dem Schreibprozess und betrachtet diesen vorrangig als kognitiven Problemlösungsprozess. Um diesen zu erläutern und darzustellen, werden verschiedene text- und psycholinguistische Modelle konstruiert. Auf einige von diesen wird im Folgenden einzugehen sein.

Drittens das sozio-kognitive Paradigma. Seit den 1990ern wird dem Einfluss sozialer, kultureller, fachbedingter etc. Faktoren auf das Schreiben höhere Bedeutung beigemessen. In diesem Zusammenhang wird der Einfluss von Diskursgemeinschaften auf die Textproduktion untersucht.

4.2 Textproduktionsmodelle

Die Textproduktion ist ein komplexer kognitiver Prozess, bei dem erworbenes Wissen und Erfahrungen eine wichtige Rolle spielen. Dabei kommen in der mündlichen Textproduktion andere Mechanismen zum Einsatz als in der schriftlichen Textproduktion. Für die vorliegende Arbeit ist deshalb nur die Produktion von komplexen schriftlichen Texten von Interesse. Die Textproduktionsforschung hat eine lange Tradition, die sich bis zur aristotelischen Rhetorik zurückführen lässt. Hier wird aus Gründen der Vollständigkeit auf einige grundlegende Darstellungen eingegangen.

Das kognitive Schreibprozessmodell von L. Flower und J. R. Hayes versucht die kognitiven Vorgänge, die ein Autor beim Schreiben bewältigt, darzustellen (Flower/Hayes 1981). Es versteht das Schreiben als Problemlöseprozess. Dabei wird die schriftliche Textproduktion als nicht-linearer (Denk-)Prozess aufgefasst, der aus mehreren rekursiven Phasen besteht, die hierarchisch strukturiert sind (siehe Abb. 5). L. Flower und J. Hayes unterscheiden dabei drei Hauptphasen bei deren Durchführung der Textproduzent auf sein Sach- und Textwissen zurückgreift: Die Planungsphase, die Translationsphase und die Revisionsphase. Der Schreibprozess wird dabei entscheidend von der spezifischen Schreibaufgabe bzw. den Schreibzielen determiniert, die den Rahmen für die Textproduktionsprozesse bildet.

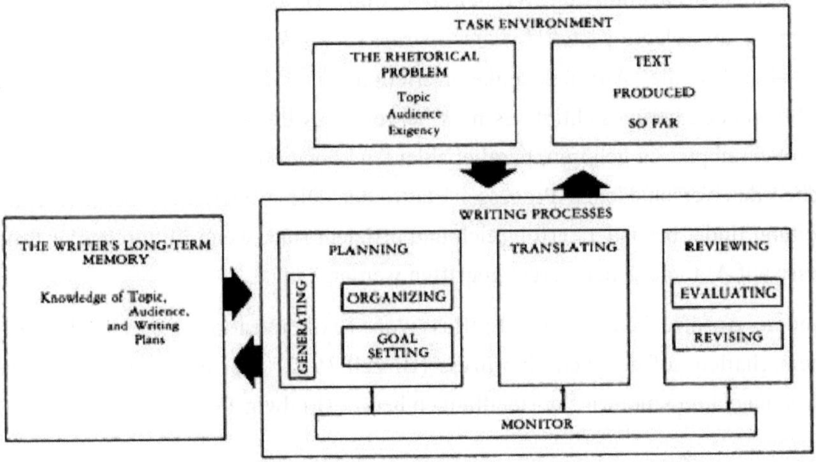

Abb. 5: Das dynamische Schreibprozessmodell nach Flower/Hayes (1981, 370)

In der Planungsphase wird eine interne Repräsentation des Wissens erstellt, das für die Texterstellung notwendig ist. Dazu wird wiederholt auf das Gedächtnis des Schreibenden zugegriffen. Die Planungsphase setzt sich aus den Teilschritten Zielsetzung, Ideenentwicklung und Organisation zusammen.

Die Translationsphase betrifft den eigentlichen Versprachlichungsprozess. In dieser Phase werden die in der Planungsphase entwickelten Gedanken bzw. Ideen in konkrete sprachliche Äußerungen und Zeichen übertragen.

Die Revisionsphase beinhaltet die Teilschritte Evaluierung und Korrektur. Sie kann zu jeder Zeit des Schreibprozesses auftreten und dabei andere Phasen unterbrechen. Sie führt häufig zum Beginn einer neuen Planungsphase.

Diese Phasen und Teilschritte verlaufen nicht linear geordnet, sondern können jeweils wiederholt auftreten. Dabei beobachtet sich der Schreibende kontinuierlich selbst (Monitor) und entscheidet, ob er einen Prozess abschließt und zum nächsten übergeht oder ob eine Phase wiederholt wird.

Dieses dynamische Modell wurde häufig weiterentwickelt und ergänzt, somit bildet es den Ausgangspunkt für die Mehrzahl der Textproduktionsmodelle in der aktuellen Fachliteratur (Wrobel 2000, 460). Dazu gehört unter anderem das kognitiv ausgelegte *parallel-stage interactive model* nach R. de Beaugrande (1984), das die Aufmerksamkeitsverteilung und Gedächtnisbelastung des Schreibenden berücksichtigt. Es hebt hervor, dass Prozesse, die zu verschiedenen Schreibphasen gehören, parallel ablaufen können, wobei ein Austausch zwischen den verschiedenen Prozessen stattfindet. Diese interaktive Parallelverarbeitung findet besonders erfolgreich und effizient statt, wenn für einige der Prozesse auf Automatismen zurückgegriffen werden kann.

Andere Ansätze betonen den Einfluss von Textkonventionen und Diskursgemeinschaften auf den Schreibprozess (Bizzell 1982) oder heben motivationale Grundlagen und motorische Handlungen hervor (Ludwig 1983).

Aufbauend auf dem Schreibprozessmodell nach L. Flower und J. Hayes beschreiben M. und W. Heinemann die schriftliche Textproduktion unter besonderer Einbeziehung der Kommunikationssituation und den damit verbundenen Kommunikationsfaktoren wie folgt (Heinemann/Heinemann 2002, 180ff.):

1. Planungsphase: Am Beginn des Textproduktionsprozesses steht die Festlegung der Kommunikationsaufgabe, diese determiniert die wesentlichen Kommunikationsfaktoren wie Textgegenstand, Adressaten usw.

Anschließend folgt die Kognizierung von Situation und Partner, bei der Wissen über die Kommunikationspartner abgerufen wird und Annahmen über ihr Textverstehen und ihr Textwissen getroffen werden. Bei der Produktion von Fachtexten gehören dazu insbesondere auch Annahmen über das vorhandene Fachwissen der Kommunikationspartner.

Nachdem die Kommunikationssituation konkretisiert wurde, folgt die eigentliche Textplanungsphase. Da die Besonderheiten bei der Produktion schriftlicher Texte zum Einen in der Herauslösung der sprachlichen Äußerungen aus ihrem Entstehungszusammenhang und zum Anderen in der Anpassung an eine zukünftige, anonyme Leserschaft bestehen, ist eine umfangreichere Planungsphase als bei der mündlichen Kommunikation notwendig und möglich (Wrobel 2000). Die

Textplanung beinhaltet die Organisation der Textstruktur unter Zuhilfenahme von Diskurs- und Textsortenwissen. Zusätzlich wird auf allgemeines Textwissen hinsichtlich der geeigneten Lexik und Syntax sowie auf das mit dem Textgegenstand verbundene Fachwissen zurückgegriffen. So entsteht ein globaler Textplan, der sich aus kleineren Text-Planungseinheiten zusammensetzt.

2. Formulierungsphase: Ist die Planungsphase abgeschlossen, folgt die Phase der Transformation bzw. die Formulierungsphase. Sie besteht nach Heinemann/Heinemann aus der Umwandlung „des mentalen Planungskonstrukts in *sprachliche Signalketten*" (Heinemann/Heinemann 2002, 181; Hervorhebung im Original). Sie stellt somit den eigentlichen Versprachlichungsprozess dar, hier werden kognitive Inhalte bzw. Kommunikationsabsichten in sprachliche Strukturen verwandelt. Dabei werden die mit dem Text verfolgten inhaltlichen und kommunikativen Ziele sprachlich realisiert.

Die Formulierung erfolgt typischerweise schrittweise, es werden noch nicht verschriftlichte Vorstufen des Textes erzeugt, die, so A. Wrobel, „im Formulierungsprozeß tentativ gebildet, erprobt, den globalen oder lokalen Formulierungsanforderungen angepaßt und schließlich zu inskriptionsfähigen Textäußerungen ausgeformt werden" (Wrobel 2000, 464).

3. Inskribierung: Diese Phase beinhaltet die eigentliche Textherstellung mit dem physischen Vorgang des Schreibens. Von dieser Phase aus kann jederzeit in die Formulierungsphase zurückgekehrt oder zur Kontrollphase fortgeschritten werden.

4. Kontrollphase: An den eigentlichen Schreibvorgang schließt sich eine Kontrollphase an, in der der produzierte Text überprüft und korrigiert wird. Die Möglichkeit, Korrekturen beliebigen Umfangs vorzunehmen ist eine Besonderheit der schriftlichen Textproduktion, die sie von der mündlichen Textproduktion unterscheidet.

Der Textproduktionsprozess ist nicht starr sondern flexibel, deshalb können die einzelnen Phasen einander überlappen und beeinflussen, es ist auch möglich, dass in frühere Phasen zurückgekehrt und einzelne Phasen ganz oder teilweise wiederholt werden. Die Textproduktionsaufgabe bestimmt entscheidend wie ausführlich und in welcher Form die einzelnen Phasen ablaufen.

4.3 Textproduktion in einer Fremdsprache

Die oben vorgestellten Textproduktionsmodelle beziehen sich auf die Textproduktion in der Muttersprache. Die Erforschung der Textproduktion in einer Fremdsprache ist ein eigenes Erkenntnisinteresse.

W. Börner passt das Schreibprozessmodell von L. Flower und J. Hayes unter didaktischen Gesichtspunkten an die Textproduktion in der Fremdsprache an. Dabei berücksichtigt er insbesondere den Einfluss des Sprachlehrers und die spezielle Schreibumgebung „Übung".

W. Börners „fremdsprachendidaktisch interpretierte[s] und erweiterte[s] Modell" (1989b, 359) umfasst drei Ebenen: Erstens die Ebene des Schreibprozesses, die im Wesentlichen unverändert von Flower/Hayes übernommen wurde. Insbesondere in der Planungsphase und bei der Selbstkontrolle weist W. Börner auf den Einfluss der Muttersprache oder einer Interimssprache (d. h. einer meist noch fehlerhaften Textversion in der Fremdsprache) hin.

Zweitens die Ebene der Schreibumgebung. Diese beinhaltet wie bei Flower/Hayes die Wissensorganisation und die Festlegung der Schreibaufgabe. Fremdsprachendidaktisch wichtig ist die Erweiterung zur Einbeziehung von Intertexten. Zu diesen gehört ein Ausgangstext, der die Basis für die Schreibaufgabe darstellt und vom Schreibenden weiterverarbeitet wird (z. B. beim Erstellen einer Zusammenfassung, Interpretation usw. des Ausgangstextes). Diese Vorgehensweise stellt eine kognitive Entlastung des Schreibers dar, da inhaltliches Wissen von außen zur Verfügung gestellt wird und der Ausgangstext als Formulierungshilfe dienen kann. Ein weiterer Intertext ist der Korrekturtext, der die Verbesserungen des Lehrenden (nicht die Korrekturen des Schreibenden) enthält. Durch dieses Feedback wird der Lern- und Übungseffekt wirksam ermöglicht. Hier wird die für eine Schreibübung typische Interaktion zwischen Lehrendem und Lernendem dargestellt.

Die dritte Ebene bilden die Lehrziele und -methoden, die den Rahmen der Schreibübung bilden.

Die im Rahmen dieser Arbeit untersuchten Texte sind jedoch nicht in einer Übungssituation beheimatet, sondern müssen in einer realen Kommunikationssituation funktionieren. Deshalb interessieren hier vorrangig die Besonderheiten der Textproduktion in der Fremdsprache auf der Ebene des eigentlichen Schreibprozesses.

Dabei ist grundsätzlich davon auszugehen, dass bei der Textproduktion in einer Fremdsprache die gleichen Abläufe stattfinden wie bei der Textproduktion in der Muttersprache. Allerdings ist anzunehmen, dass zusätzliche Anforderungen an den Textproduzenten gestellt werden. So ist offensichtlich zunächst ein ausreichender Grad der Sprachbeherrschung eine notwendige Voraussetzung, um komplexe schriftliche Texte in der Fremdsprache überhaupt produzieren zu können. Dabei bestimmt die Sprachbeherrschung entscheidend die Qualität des produzierten Textes.

Zusätzlich müssen sprachspezifische Besonderheiten hinsichtlich Textkomposition und Textkonventionen in der Fremdsprache berücksichtigt werden. Dadurch ist in der Planungsphase eine zusätzliche Wissensorganisation des Sprach- und Textwissens notwendig.

Die Formulierungsphase dauert in der Fremdsprache in der Regel länger als in der Muttersprache. Hier muss besonders auf die korrekte Lexik und Grammatik in der Fremdsprache geachtet werden. Je nachdem wie hoch das Fremdsprachniveau des Textproduzenten ist, kann der Text entweder direkt in der Fremdsprache formuliert werden oder es findet zunächst eine Vorformulierung in der Muttersprache statt, die in einer zweiten Formulierungsphase in die Fremdsprache übertragen wird.

Auch die Kontrollphase erfordert bei der Textproduktion in einer Fremdsprache ein höheres Maß an Sorgfalt, da es im Allgemeinen schwieriger ist, mögliche Fehler aufzufinden und zu korrigieren.

Selbst bei Textproduzenten mit einem hohen Grad der Fremdsprachbeherrschung wurden in den verschiedenen Phasen der Textproduktion wiederholte Rückkopplungsprozesse zur Muttersprache beobachtet (Bohn 2001). Eine Textproduktion ganz ohne Einfluss der Muttersprache scheint demnach nicht möglich.

Verschiedene Experimente ermöglichen empirische Einblicke in Textproduktionsprozesse und die Wechselwirkungen zwischen Mutter- und Fremdsprache. Diese Studien verwenden in der Regel introspektive Verfahren (z. B. Protokolle lauten Denkens, Interviews etc.) und erhalten so verbale Daten durch die Probanden.

Solche Studien zur Erforschung des Schreibprozesses bei der Textproduktion in der Muttersprache und der Fremdsprache (Börner 1989a, Wolff 1989, Krings 1994) zeigen, dass Probanden den Schreibprozess jederzeit unterbrechen, um Planungsphasen einzufügen. Dabei werden in der Muttersprache größere Texteinheiten am Stück produziert als in der Fremdsprache, d. h. die Textproduktion verläuft flüssiger mit weniger Pausen für die Planung. Die Planung erfolgt dabei hauptsächlich auf Satzebene. Weiterhin wird beobachtet, dass die Muttersprache eine wichtige Rolle bei der Textplanung spielt, da die Probanden fremdsprachliche Texte meist ähnlich aufbauen wie ihre Texte in der Muttersprache.

Auf die Muttersprache wird auch bei der Formulierung zurückgegriffen, häufig formulieren Testpersonen Texteinheiten zunächst in der Muttersprache vor und übersetzen diese dann in die Fremdsprache. Dies zeigt nachweislich, dass der Einfluss der Muttersprache auf die Textproduktion in der Fremdsprache entscheidend ist.

Ein weiteres Experiment, in dem Studenten in ihrer Muttersprache und in der Fremdsprache Textpläne zu einem bestimmten Thema erstellen sollen, weist den Zusammenhang zwischen Sprache und Wissen über den Textgegenstand nach

(Friedlander 1990). So erstellen die Probanden bessere Textpläne und anschließend bessere Texte wenn sie die Sprache verwenden, in der zuvor das entsprechende Wissen zum jeweiligen Textgegenstand erworben wurde, unabhängig davon, ob es sich um die Mutter- oder Fremdsprache handelt. Daraus lässt sich schließen, dass sich ein Rückgriff auf die Muttersprache bei der Wissensorganisation und anschließend bei der Textplanung und -produktion in der Fremdsprache positiv auswirken kann, wenn das Wissen zum Textgegenstand in der Muttersprache erworben wurde. A. Friedlander vertritt weiter die Ansicht, dass das fremdsprachliche Textprodukt dadurch nicht beeinflusst wird, sofern ein ausreichendes Maß an Sprachbeherrschung vorhanden ist. Dabei lässt er aber mögliche kulturelle Unterschiede in den Textkonventionen außer Acht, die durch Rückgriffe auf die Muttersprache bei der Textplanung nicht berücksichtigt werden, und so zu Interferenzen führen können.

Es konnte weiterhin durch Studien gezeigt werden, dass bei der Textproduktion in der Fremdsprache vorrangig mit dem Spracherwerb in Zusammenhang stehende Probleme auftreten (Börner 1989a, Krings 1989). Dies sind in der Regel orthografische Probleme, die bei der Inskribierung zu Tage treten, und Probleme mit Lexik und Wortfindung, die in der Formulierungsphase auftreten. Auch Planungsprobleme, insbesondere an den Übergängen zwischen Sätzen oder Abschnitten, wurden beobachtet. Letztere sind jedoch nicht direkt sprachenabhängig, sondern stehen mit der allgemeinen Schreibkompetenz des Probanden im Zusammenhang.

Planungsprobleme treten bei der fremdsprachlichen Textproduktion offenbar vor allem dann auf, wenn semantische Einheiten aus der Muttersprache nicht in die Fremdsprache übertragen werden können (Krings 1989). Hier zeigt sich erneut der muttersprachliche Einfluss auf die Planung und Formulierung bei der fremdsprachlichen Textproduktion.

Am häufigsten treten Probleme orthographischer, grammatikalischer und stilistischer Natur auf. Dabei kann festgestellt werden, dass die grammatikalischen

Probleme zugunsten lexikalischer und stilistisch-pragmatischer Schwierigkeiten zurückgehen, je weiter fortgeschritten der Sprachverwender ist (Krings 1989).

Zur Lösung dieser Probleme wird von den Probanden hauptsächlich ein zweisprachiges Wörterbuch verwendet, aus dem passende fremdsprachliche Ausdrücke gemäß dem muttersprachlichen Ausdrucksplan ausgewählt werden. Die Muttersprache fungiert somit als Steuerungselement für den Problemlösungsprozess. Auch Vermeidungsstrategien, in deren Zusammenhang die Äußerungsabsicht an die Äußerungsmöglichkeiten des Schreibenden angepasst wird oder sogar ganz auf die Äußerung verzichtet wird, werden angewandt.

Bei der Textproduktion in der Muttersprache verbalisieren die Probanden meist weit weniger Probleme als bei der Textproduktion in der Fremdsprache. Versprachlichungsprozesse sind demzufolge in der Muttersprache hochgradig automatisiert. Wenn dort Probleme auftreten, dann im Zusammenhang mit Revisionen oder Auswahlentscheidungen. Zudem erfolgt die Textproduktion in der Muttersprache beinahe doppelt so schnell wie in der Fremdsprache. Es treten weiterhin weniger konkurrierende Pläne auf. Durch diese hohe Automatisierung der muttersprachlichen Textproduktion drängen sich immer wieder muttersprachliche Versprachlichungsprozesse in die Plangenerierung bzw. Textproduktion in der Fremdsprache. Dadurch entstehen Probleme bei der Planrealisierung, wie fehlerhafte grammatikalische oder lexikalische Strukturen oder Verstöße gegen Vertextungskonventionen.

All dies zeigt, dass die grundlegenden Textproduktionsprozesse in der Fremdsprache ähnlich denen in der Muttersprache, doch zumeist langsamer und mit mehr Problemen verlaufen. Außerdem haben die zitierten Studien gezeigt, dass die fremdsprachliche Textproduktion stets unter Rückgriff auf die Muttersprache und nicht von dieser gelöst erfolgt.

5 Vorgehensweise

In der vorliegenden Arbeit werden englischsprachige Fachzeitschriftenartikel und Letters zur Informatik und Physik, die von amerikanischen, britischen und deutschsprachigen Autoren verfasst wurden, in **induktiv-empirischer** Herangehensweise miteinander verglichen. Ziel dabei ist es festzustellen, in welchen Merkmalen sich die Fachtexte ähneln und wo sie sich unterscheiden. Daraus sollen Rückschlüsse auf kulturelle Unterschiede des Wissenschaftsstils gezogen werden und es soll festgestellt werden, inwieweit die in bereits durchgeführten interlingualen Vergleichen (vgl. beispielsweise Clyne 1987, 1991, 1993) festgestellten Unterschiede zwischen deutsch- und englischsprachigen Wissenschaftsstilen Einfluss auf den englischen Stil der deutschsprachigen Autoren nehmen. Weiterhin soll zwischen dem amerikanischen und britischen Wissenschaftsstil differenziert werden.

Außerdem soll ein Vergleich der Texte zur Physik, als einer tradierten und etablierten wissenschaftlichen Disziplin, mit den Texten zur Informatik, einer relativ jungen Disziplin, vorgenommen werden.

Linguistische Fachtextuntersuchungen beschäftigen sich auch heute in der Regel vorwiegend mit geisteswissenschaftlichen Fachtexten, während naturwissenschaftliche Fachtexte im Vergleich dazu oft vernachlässigt werden. Durch die Analyse von Fachtexten zweier naturwissenschaftlicher Disziplinen sollen die Besonderheiten der naturwissenschaftlichen Fachsprache herausgearbeitet und so eine Erkenntniserweiterung für die Linguistik erreicht werden. Da die naturwissenschaftliche Vorgehensweise beim Erkenntnisgewinn und der Textproduktion sich von der geisteswissenschaftlichen unterscheidet (zum Beispiel durch die Erhebung objektiver Daten und geringere Bedeutung des Individuums bei der Fachtextverfassung), ist zu erwarten, dass sich dies auch in der Vertextung niederschlägt.

Zusätzlich soll zwischen den Fachtextsorten Fachzeitschriftenartikel und Letter differenziert werden.

Der Vergleich ist Disziplinen übergreifend eine der wichtigsten wissenschaftlichen Untersuchungsmethoden, für H. Kalverkämper liegt im Vergleich sogar „der Kern der Wissenschaften“ (Kalverkämper 1992b, 61).

In der Fachsprachenforschung stellt der Vergleich eine der am häufigsten angewandten Untersuchungsmethoden dar, mit deren Hilfe strukturelle und funktionale Gemeinsamkeiten und Unterschiede von Fachtexten ermittelt werden können (Baumann 1992b, 29).

Bei kontrastiven Vergleichen ist im Besonderen darauf zu achten, dass nur vergleichbare Merkmale untersucht werden, die in einen gemeinsamen theoretischen Bezugsrahmen gesetzt werden können, und dass der Vergleich hinsichtlich einer festgelegten Vergleichsgröße (*Tertium comparationis*) erfolgt. Je komplexer der zu untersuchende Gegenstand ist, desto komplexer muss auch das *Tertium comparationis* gewählt werden. Daher wird beim Vergleich von Texten häufig eine Zusammensetzung mehrerer Vergleichsgrößen, bestehend aus verschiedenen sprachlichen Merkmalen, verwendet (Gläser 1992, 80).

A. Minogue und S. Weber heben hervor, dass Vergleiche von Texten in ihrer Durchführung stark durch das jeweilige Erkenntnisziel determiniert werden. Sie unterscheiden daher zwischen fünf verschiedenen Arten des Fachtextvergleichs, die je nach Erkenntnisinteresse variiert durchgeführt werden können (Minogue/Weber 1992, 53–59): Beginnend mit dem Vergleich unterschiedlicher Textsorten, gelangen sie zum Vergleich der Umsetzung einer Textsorte in konkrete Makrostrukturen. Weiterhin können sich Vergleiche mit der Realisierung von bestimmten Textsortenmerkmalen befassen.

Der Vergleich in Bezug auf interkulturelle Aspekte, mit dessen Hilfe „kulturbedingte Unterschiede im Hinblick auf die geistig-sprachliche Bewältigung der jeweils gestellten Kommunikationsaufgabe“ ermittelt werden sollen (Minogue/Weber 1992, 58), ist für die vorliegende Arbeit von besonderem Interesse. A. Minogue und S. Weber gehen hierbei von interlingualen Vergleichen aus, aber da sich ein besonderes Augenmerk der vorliegenden Arbeit auf kulturbedingte Interferenzen bei der Textproduktion in der Fremdsprache richtet, wird ein intralingualer Vergleich durchgeführt.

Ein weiteres Erkenntnisinteresse von Textvergleichen besteht in diachronischen Untersuchungen.

Die kontrastive Linguistik beschäftigt sich vornehmlich mit grammatischen und phonetischen Vergleichen, da aber auch auf der Textebene einzelsprachbedingte Unterschiede und verschiedene Vertextungskonventionen auftreten, entwickelte sich die Kontrastive Textlinguistik, um diese zu untersuchen.

B. Spillner nennt sechs verschiedene Vergleichsmethoden der kontrastiven Textlinguistik (Spillner 1978):

- den textlinguistischen Systemvergleich,
- den Frequenz- und Normvergleich,
- die textlinguistische Fehleranalyse,
- den Übersetzungsvergleich,
- die Paralleltextanalyse und
- den Vergleich der normativen Rhetorik und Stilistik.

Die Paralleltextanalyse, die den Vergleich von Texten darstellt, „die nicht in Translat-Relation zueinander stehen, wohl aber aus textthematischen und textpragmatischen Gründen vergleichbar sind", unterteilt er noch in den Vergleich von Textadaptionen, in den situationsäquivalenten Textvergleich und in die Textsortenkontrastierung (Spillner 1978, 241).

Im vorliegenden intralingualen Vergleich besteht Situationsäquivalenz. Der Ort der Veröffentlichung ist gleich, nämlich eine hochspezialisierte, international erscheinende Fachzeitschrift bzw. ein international erscheinendes Letters Journal. Die Texte wurden in einem relativ kurzen Zeitraum (2005–2007) veröffentlicht, so dass eine synchrone Analyse durchgeführt werden kann. Der Kommunikationszweck besteht bei allen untersuchten Fachtexten darin, andere Fachleute über eigene Erkenntnisse zu informieren. Fachleute sind damit sowohl Sender als auch Adressaten.

Deshalb eignet sich der situationsäquivalente Textvergleich, der Texte „ähnlicher Thematik in äquivalenten Sprechsituationen“ vergleicht, als Methode am besten (Spillner 1978, 242).

Durch den Vergleich der Gemeinsamkeiten und Unterschiede hinsichtlich verschiedener Kriterien lässt sich feststellen, inwieweit kulturelle Prägungen der Autoren Einfluss auf die Textproduktion nehmen. Auftretende Unterschiede zwischen den Texten lassen sich als kulturbedingt interpretieren, da durch die Situationsäquivalenz andere Ursachen für die Unterschiede ausgeschlossen sind.

Um einzelne Textanalysen miteinander in Bezug setzen und vergleichen zu können, entwickelt H. Kalverkämper einen hierarchisch geordneten Rahmen aus sechs verschiedenen Ebenen (Kalverkämper 1992b, 68ff). Die erste Ebene ist die Ebene des Sprachsystems: Es muss geklärt werden, auf welcher Sprachebene die Analyse vorgenommen wird. Auf der zweiten Ebene befinden sich die Sprachvarietäten, die u. a. Fachsprachen unterschiedlicher Disziplinen beinhaltet. Auf der dritten Ebene wird eine vertikale Schichtung in Anlehnung an L. Hoffmanns Modell der Fachsprachen (Hoffmann 1976, siehe auch Kap. 1.3.2) vorgenommen. Die vierte Ebene betrifft das Kommunikationsmedium, also die schriftliche oder mündliche Kommunikation.

Da sich die ersten vier Ebenen auf intralinguale Untersuchungen beziehen, macht die fünfte Ebene den Schritt zur Interlingualität. Die sechste Ebene unterscheidet zwischen synchronen und diachronen Analysen.

Angewandt auf die vorliegende Arbeit ergibt sich Folgendes: Untersuchungsgegenstand sind Fachtexte-in-Funktion, genauer Fachzeitschriften-artikel bzw. Letters zur Informatik und Physik, die einen hohen Fachlichkeitsgrad aufweisen. Die Analyse beschränkt sich somit auf die schriftliche Kommunikation. Sie wird unter synchronem Aspekt durchgeführt, die untersuchten Fachtexte sind in einem Zeitraum von drei Jahren (2005–2007) erschienen.

Wie bereits in Kapitel drei dargelegt, nimmt das Englische in der naturwissenschaftlichen Fachkommunikation eine herausragende Stellung ein und sowohl Fachzeitschriftenartikel als auch Letters werden vorwiegend auf Englisch veröffentlicht, um weltweit rezipierbar zu sein. Der Anteil des Deutschen an der fachinternen naturwissenschaftlichen Fachkommunikation ist deshalb vernachlässigbar gering, dadurch liegt es nahe, einen intralingualen Vergleich durchzuführen. Es findet somit zwar kein interlingualer Vergleich statt, aber ein interkultureller, da die Autoren unterschiedliche kulturelle Hintergründe besitzen. Es werden infolgedessen *American English, British English* und *International English* miteinander verglichen. Wobei *International English* in Bezug auf R. Gläser verstanden wird als ein Text, der „von einem Nichtmuttersprachler in Englisch als der international führenden Sprache der Fachkommunikation abgefasst ist“ (Gläser 1990, 53). In der vorliegenden Untersuchung sind Nichtmuttersprachler ausnahmslos deutschsprachige Autoren.

Dementsprechend werden zunächst situationsäquivalente intralinguale Vergleiche innerhalb der vier Teilkorpora „Fachzeitschriftenartikel zur Informatik (bzw. Physik)“ und „Letters zur Informatik (bzw. Physik)“ vorgenommen. Daran anschließend werden die einzelnen Teilkorpora zueinander in Beziehung gesetzt und verglichen, so dass ein Textsortenvergleich zwischen den beiden Fachtextsorten Fachzeitschriftenartikel und Letter, sowie ein interdisziplinärer Vergleich dieser Textsorten hinsichtlich der beiden Wissenschaften Informatik und Physik vorgenommen werden kann.

In der Sprachwissenschaft finden vielfältige Untersuchungsmethoden Anwendung (vgl. Bartschat 1996). Diese werden dem Erkenntnisinteresse und Untersuchungsgegenstand entsprechend ausgewählt und angepasst. Dementsprechend werden in der vorliegenden Untersuchung die Fachtextkorpora hinsichtlich verschiedener (textinterner) Merkmale empirisch untersucht. Dabei wird für jeden Einzeltext zunächst die absolute Häufigkeit der Merkmalkomponenten ermittelt, aus dieser wird dann die relative Häufigkeit (entweder als Prozentwert oder

Texthäufigkeit[3]) gebildet, um die Vergleichbarkeit zwischen den Einzeltexten zu gewährleisten.

Anschließend werden die Daten einander kontrastiv gegenübergestellt. Aus den empirischen Daten bzw. dem Vergleich der Daten werden Rückschlüsse gezogen, so dass ein empirisch-induktives Vorgehen vorliegt. Wo angezeigt, werden die Daten bzw. Schlussfolgerungen anhand von Beispielen **exemplarisch** erläutert.

Der textbezogenen Analyse liegt ein kommunikativ-pragmatischer Ansatz zugrunde, deshalb werden neben der Untersuchung mehrerer gleichgeordneter textinterner Kriterien auch textexterne Kriterien berücksichtigt (Kommunikationsteilnehmer, Kommunikationssituation usw.).

Um die in der Fachtextanalyse gewonnen Ergebnisse auch in die Gesamtkommunikationssituation einordnen zu können, wird die Fachtextanalyse durch eine Befragung der Kommunikationsteilnehmer ergänzt. Auf die Vorgehensweise bei der Befragung wird an entsprechender Stelle (Kap. 11.2) eingegangen.

3 Texthäufigkeit = absolute Häufigkeit: Anzahl der Druckseiten.

6 Das Korpus

6.1 Das Untersuchungskorpus

Das verwendete Korpus besteht aus 24 Fachtexten, die insgesamt ca. 322 Normdruckseiten[4] (1800 Zeichen pro Seite)[5] umfassen. Dabei handelt es sich um je zwölf englischsprachige Fachzeitschriftenartikel und Letters zur Informatik und Physik, die von amerikanischen, britischen und deutschsprachigen Wissenschaftlern verfasst wurden. Etwa 100 Seiten entfallen jeweils auf die Fachzeitschriftenartikel aus Informatik bzw. Physik und jeweils ca. 60 Seiten auf die Letters beider Disziplinen. Insgesamt wurden also zwölf Teilkorpora auf drei Ebenen untersucht, die für den Textsortenvergleich und die Differenzierung zwischen den wissenschaftlichen Disziplinen wieder zu übergeordneten Teilkorpora zusammengefasst werden (siehe Tabelle 1).

Da das Fachzeitschriftenartikelkorpus zur Informatik zunächst deutlich mehr als 100 Druckseiten umfasste und so ein Ungleichgewicht zu den Fachzeitschriftenartikeln zur Physik entstanden wäre, mussten die Texte leicht gekürzt werden. Dazu wurden zufällig gewählte Textabschnitte aus verschiedenen Textbereichen von der Analyse ausgeschlossen, Anhänge wurden nicht untersucht. Bei der Untersuchung der Makrostruktur und der visuellen Elemente wurden die Artikel jedoch ungekürzt betrachtet, um vollständige Aussagen treffen zu können.

Bei der Auswahl der Texte wurde soweit wie möglich darauf geachtet, dass die Autoren zumindest ihr Studium gemäß der entsprechenden Korpora in den USA, Großbritannien bzw. Deutschland absolviert haben, also auf die jeweiligen wissenschaftlichen Diskursmuster geprägt sind (siehe Clyne 1993).

---

4 Nach Angaben des BdÜ besteht eine Normdruckseite aus 1800 Zeichen (www.vbdu.de/archiv/BDU-StellungnahmeJVEG.pdf).

5 Dabei wurden die Texte exklusive Literaturangaben gezählt.

Sowohl die Informatik als auch die Physik sind in hohem Maße internationalisiert. Dies wird unter anderem durch die internationale Verteilung wissenschaftlicher Ressourcen (z. B. Forschungseinrichtungen, Labore etc.) gefördert. Deshalb werden auch Fachzeitschriftenartikel und Letters beider Wissenschaften vorrangig in internationaler Zusammenarbeit erarbeitet. Aus diesem Grund sind relativ selten Artikel zu finden, die ausschließlich von Amerikanern, Briten oder Deutschen verfasst wurden. Bei der Zusammenstellung des Korpus war es dadurch nicht möglich, die untersuchten Texte auf ein bestimmtes wissenschaftliches Teilgebiet zu beschränken. Es wurden jedoch keine Fachtexte mit starker interdisziplinärer Ausrichtung verwendet.

	Fachtexte zur Informatik						**Fachtexte zur Physik**					
	FZA			**Letters**			**FZA**			**Letters**		
	AE	**BE**	**IE**	**AE**	**BE**	**IE**	**AE**	**BE**	**IE**	**AE**	**BE**	**IE**
Anzahl Druckseiten	34,5	33	33	18,2	24	19,1	23,2	32	44,7	17	26,1	16,2
	100,5			61,3			99,9			59,3		
	161,8						159,2					

Tab. 1: Übersicht über das Untersuchungskorpus

6.2 Abgrenzung der untersuchten wissenschaftlichen Disziplinen

Zusätzlich zum intralingualen Fachtextvergleich und zur Fachtextsortendifferenzierung ist auch eine Differenzierung der untersuchten Texte anhand der beiden Wissenschaften vorgesehen. Dazu ist es zunächst notwendig, die beiden Disziplinen mit ihren jeweiligen Charakteristika und Erkenntnismethoden zu beschreiben.

Im Folgenden werden die Entwicklung und die zentralen Aufgabengebiete beider Disziplinen umrissen.

6.2.1 Die Informatik

Die Informatik ist „die Wissenschaft von der systematischen und automatischen Verarbeitung und Weiterleitung (Transfer) von Informationen, insbesondere mithilfe von Rechenanlagen“ (Breuer 1995, 13)[6].

Der Begriff Informatik setzt sich zusammen aus den Begriffen Information und Mathematik bzw. Automatik. Im Februar 1968 wurde er nach einem internationalen Kolloquium als offizieller Begriff ins Deutsche übernommen.

Die Informatik besteht aus vier Teilgebieten, die unterschiedliche Schwerpunkte setzen. Die theoretische, praktische und technische Informatik bilden dabei die sogenannte Kerninformatik. Der vierte Teilbereich ist die angewandte Informatik.

Die theoretische Informatik zeigt eine große Nähe zur Mathematik, deren Methoden und Modelle zur Formulierung von Algorithmen verwendet werden. Wichtige Bestandteile der theoretischen Informatik sind unter anderem die Automatentheorie sowie die Theorie der formalen Sprachen und der Berechenbarkeit.

Die praktische Informatik legt den Schwerpunkt auf die Entwicklung von Programmiersprachen, Betriebssystemen und Software, um Algorithmen auf dem Rechner bearbeiten zu können.

Die technische Informatik befasst sich mit der Funktionsweise und der Entwicklung von Computern und zugehörigen Peripheriegeräten, also mit der Hardware.

Die angewandte Informatik beschäftigt sich mit der Anwendung der (Kern-) Informatik in anderen Bereichen und Fachgebieten. Dazu gehört die Entwicklung von Problemlösungen für andere Wissenschaften und die Entwicklung passender Software (z. B. Wirtschafts- oder Bioinformatik).

Bedingt durch ihre Aufgabenstellungen weist die Informatik eine enge Verwandtschaft mit der Mathematik und den Technikwissenschaften auf. Diese interdisziplinäre Ausrichtung wird durch den praktischen Einsatz von Computertechnologie

---

6 Weitere Definitionen siehe Wichter 1997, 1173 f.

in faktisch allen wissenschaftlichen Disziplinen (und weiten Teilen des Alltagslebens) weiter verstärkt. Dadurch ist mit einer Beeinflussung der Fachsprache der Informatik durch andere Disziplinen und umgekehrt zu rechnen.

Bereits in der Antike wurde mit dem Abakus die erste Rechenmaschine entwickelt, die es auch ermöglichte, Daten zu speichern.

Doch in Europa wurde erst im 16. Jahrhundert eine vollständige Automatisierung des Rechenprozesses möglich, als sich dank Adam Riese die Dezimalrechnung durchsetzte.

Im Jahre 1623 entwickelte dann Wilhelm Schickard für Johannes Kepler die erste Rechenmaschine, die in der Lage war, die vier Grundrechenarten durchzuführen. Unabhängig von ihm konstruierte auch Blaise Pascal ab 1641 eine mechanische Rechenmaschine.

Ein halbes Jahrhundert nach W. Schickard befasste sich Gottfried Wilhelm Leibniz mit der binären Darstellung von Zahlen und konstruierte ebenfalls eine Rechenmaschine für die Grundrechenarten, sie wurde 1673 fertiggestellt. Ab 1818 wurden Rechenmaschinen nach dem Vorbild von Leibniz' Gerät serienmäßig hergestellt und weiterentwickelt.

Zu Beginn des 19. Jahrhunderts wurden die Lochkarten und Lochstreifen erfunden. Herman Hollerith standardisierte sie Ende des 19. Jahrhunderts und entwickelte 1886 in den USA die ersten Lochkartenmaschinen, die bei Volkszählungen ihren Einsatz fanden und noch weiterentwickelt wurden.

Im Jahre 1936 entwarf Alan Turing die nach ihm benannte Turingmaschine, ein mathematisches Modell eines universellen Rechenautomaten, der mathematische und logische Probleme löst.

Konrad Zuse begann 1934 mit der Entwicklung der ersten programmgesteuerten Rechenmaschine, 1937 wurde Anlage Z1 fertiggestellt, sie arbeitete noch vollständig mechanisch. Das System wurde weiter verbessert, bis 1941 die elektromechanische Anlage Z3 fertiggestellt wurde, auch sie verwendete Lochkarten und war der erste voll funktionsfähige, programmgesteuerte, digitale Rechner der Welt, seine Multiplikationszeit betrug drei Sekunden.

Fünf Jahre später entwickelten John Eckert und John Mauchly den ersten vollständig elektronischen Röhrenrechner ENIAC, der bis 1955 im Einsatz war. Seine Multiplikationszeit betrug nur noch drei Millisekunden.

In Princeton wurde von 1946 bis 1951 der erste Von-Neumann-Rechner entwickelt. Auch heute noch basieren die meisten modernen Computer auf John von Neumanns Architekturprinzipien.[7]

Seit 1951 werden Computer industriell produziert und dabei ständig weiterentwickelt und verbessert.

Die Entwicklung der Programmiersprachen verlief parallel zur technologischen Entwicklung der Rechner. Während zunächst nur im Maschinencode programmiert wurde, entstanden zunehmend nutzerorientierte Programmiersprachen mit hoher Kommunikationsfähigkeit.

Die erste höhere Programmiersprache wurde 1946 von K. Zuse entwickelt und trägt den Namen „Plankalkül."

Bis in die 1960er Jahre wurde die Informatik nicht als eigenständige Wissenschaft, sondern als Teilgebiet der Disziplinen in denen sie ihre Wurzeln hat (Mathematik, Logik, Elektrotechnik), betrachtet. Das änderte sich jedoch als Ende der 1960er Jahre zahlreiche Universitäten und Fachhochschulen weltweit den Studiengang Informatik einführten.

Die Informatik ist demnach eine sehr junge Wissenschaft, obwohl sie über relativ frühe Wurzeln verfügt. Durch die ständige technologische Weiterentwicklung der Computertechnik erweitert und verändert sich auch stetig ihr Einsatzgebiet, wodurch sich immer neue Aufgaben und Problemstellungen ergeben. Auch aus sprachwissenschaftlicher Sicht ergeben sich daher immer neue Fragestellungen.

---

7 Ein Von-Neumann-Rechner besteht aus fünf Hauptelementen: Steuerwerk, Rechenwerk, Speicher, sowie Ein- und Ausgabewerk. Gesteuert wird der Rechner durch Programme, die zusammen mit den Daten im Speicher abgelegt werden. Die Daten werden binär codiert.

6.2.2 Die Physik

Die Physik ist die „Wissenschaft von solchen Naturvorgängen, die experimenteller Erforschung, messender Erfassung und mathematischer Darstellung zugänglich sind und allgemein gültigen Gesetzen unterliegen“ (Brockhaus 2005). Dies umfasst folglich sowohl die Beobachtung und Beschreibung von physikalischen Erscheinungen als auch die Formulierung von Gesetzmäßigkeiten und die Entwicklung von theoretischen Modellen zur Erklärung der beobachteten Phänomene.

Die physikalische Arbeitsweise ist deshalb von der Dualität zwischen experimentellem und theoretischem Vorgehen geprägt. Dementsprechend wird die Wissenschaft in zwei große Bereiche, die experimentelle und die theoretische Physik, unterteilt.

Während die Experimentalphysik durch Messungen und experimentelle Reproduktion von Naturerscheinungen empirische Daten erhebt, beschäftigt sich die theoretische Physik mit den Naturgesetzen und der Entwicklung von formellen Beschreibungen. Dabei wird versucht, für die empirischen Daten der Experimentalphysik gültige Erklärungen zu finden.

Eine weitere Unterteilung besteht in der mathematischen und der angewandten Physik. Erstere wird als Teilgebiet der theoretischen Physik betrachtet. Letztere ist mit der Experimentalphysik verwandt und beschäftigt sich mit der Anwendung physikalischer Methoden und Erkenntnisse auf meist nicht-physikalische Probleme.

Die wichtigsten physikalischen Teildisziplinen der Physik sind Mechanik, Akustik, Thermo- und Elektrodynamik, Optik, Astrophysik, Atomphysik und Quantenphysik (Göbel 2005, Kuhn 2006).

Die Physik nimmt eine zentrale Position ein, da alle exakten Naturwissenschaften auf physikalischen Gesetzmäßigkeiten als Verständnisgrundlage aufbauen. Sie ist eine Grundlagenwissenschaft, die in anderen wissenschaftlichen Disziplinen angewandt wird, so dass Spezialgebiete entstehen. Eine eindeutige Abgrenzung zu anderen Wissenschaften ist somit unter Umständen schwierig, da die Übergänge fließend stattfinden können (z.B. Biophysik etc.).

Die Physik hat sehr frühe historische Wurzeln. Es gibt Aufzeichnungen über Naturbeobachtungen der Ägypter und Babylonier, die beispielsweise die Mondphasen zur Festlegung der Jahreszeiten nutzten, sich anhand von Fixsternen orientierten und Mondfinsternisse vorhersagen konnten. Diese frühen physikalischen Anfänge versuchten jedoch nicht Naturgesetze zu finden, sondern beschränkten sich auf das reine Beobachten.

Dies begann sich in der griechischen Naturphilosophie der Antike zu ändern. Die griechischen Naturforscher suchten nach Zusammenhängen und Gesetzmäßigkeiten in den Naturbeobachtungen. So stellt beispielsweise Aristoteles' Bewegungslehre eine Vorform der Dynamik dar, Euklid legte die Grundlagen der Optik, insbesondere der Berechnung der Spiegelung und Archimedes entdeckte den Auftrieb und die Hebelgesetze.

In der Neuzeit begründeten Kopernikus und Kepler mit ihren Entdeckungen ein neues Weltbild. Galileo, Descartes und Newton werden im Allgemeinen als Begründer der experimentellen und exakten Methodik der Physik betrachtet, die die Unterscheidung zwischen experimenteller und theoretischer Physik begründet. Insbesondere Newton prägte die klassische Physik mit den Newtonschen Gesetzen wesentlich.

Demnach hat sich die Physik über Jahrhunderte hinweg über vorwissenschaftliche Erfahrungen und Naturbeobachtungen weiterentwickelt bis mit der Quantentheorie Anfang des 20. Jahrhunderts die sogenannte „Moderne Physik" begründet wurde.

Der Wechsel von der klassischen zur modernen Physik fand um die Wende des 19. und 20. Jahrhunderts statt. Neue Erkenntnisse, wie die Quantentheorie oder das Bohrsche Atommodell, hoben wichtige Konzepte der klassischen Physik auf. Hierauf gründet sich die historische Einteilung in klassische und moderne Physik.

Wie der kurze historische Überblick zeigt, ist die Physik im Vergleich zur Informatik weitaus tradierter.

7 Textexterne Kriterien

7.1 Die situative Einordnung der Texte

Fachkommunikation findet nicht losgelöst vom situativen Rahmen statt. Deshalb muss bei jeder sprachwissenschaftlichen Fachtextanalyse auch die textexterne Kommunikationssituation berücksichtigt werden, da sie die Kommunikationsfunktion und den Fachlichkeitsgrad eines Textes mitbestimmt.

Die untersuchten Fachtexte weisen jeweils eine sehr hohe thematische Spezialisierung hinsichtlich eines bestimmten Fachgebiets auf.

Die analysierten Fachzeitschriftenartikel sind in Fachzeitschriften zur Informatik bzw. Physik erschienen, die ebenfalls einen sehr hohen Spezialisierungsgrad auf einem bestimmten Forschungsfeld aufweisen. Während sich die Zeitschrift *Solar Physics* (Springer) beispielsweise ausschließlich mit der Erforschung der Sonne befasst, spezialisiert sich *Artificial Intelligence* (Elsevier) auf Forschungen auf dem Gebiet der künstlichen Intelligenz. Die Fachzeitschriften richten sich demnach an ein klar eingegrenztes Fachpublikum, das an einem spezifischen Forschungsfeld thematisch interessiert ist. Durch die hohe Spezialisierung der Fachzeitschriften wird die Wahrscheinlichkeit, dass fachfremde Leser die Fachzeitschriftenartikel rezipieren, minimiert und der Adressatenkreis gestaltet sich relativ homogen.

Die *Letters Journals* dagegen weisen z. T. eine vergleichsweise geringere Spezialisierung auf. Während sich einige, ähnlich wie Fachzeitschriften, auf ein bestimmtes Fachgebiet konzentrieren (z. B. *Atmospheric Science Letters* (Wiley)), behandeln andere (wie zum Beispiel *Physical Review Letters* (APS)) mehrere benachbarte Fachbereiche. Dadurch wird ein breiteres Fachpublikum angesprochen. Allerdings sind auch hier die einzelnen Beiträge auf ihr jeweiliges Gebiet ebenso spezialisiert wie die Fachzeitschriftenartikel, weshalb die Rezipienten anhand der Abstracts wahrscheinlich eine ebenso gezielte Auswahl treffen, welche Texte sie rezipieren.

Von den 24 untersuchten Fachtexten wurden 17 von Autorenkollektiven mit bis zu fünf Mitgliedern verfasst. Die große Mehrheit der Autorenkollektive (13) bestand allerdings aus nur zwei oder drei Mitgliedern. Sieben der untersuchten Texte wurden von Einzelautoren verfasst.

Hinsichtlich der Autorenkollektive ist anzumerken, dass gemäß naturwissenschaftlichem Usus alle Personen, die maßgeblich an dem vorgestellten Forschungsprojekt mitgewirkt und zur Erkenntnisgewinnung beigetragen haben, als Koautoren der Publikation genannt werden. Dabei bleibt das eigentliche Verfassen des Textes in der Regel derjenigen Person vorbehalten, die die Hauptarbeit an der Forschung geleistet hat. Dieser Name steht in der Publikation gewöhnlich an der prestigeträchtigen ersten Stelle (Silyn-Roberts 2000, 22).

Über die meisten Autoren der untersuchten Fachtexte waren genügend biografische Daten verfügbar, die sicher stellen, dass sie zumindest ihren akademischen Werdegang entsprechend dem jeweiligen Korpus in den USA, Großbritannien oder Deutschland absolviert und somit die entsprechende akademische Sozialisation erhalten haben. Wo keine ausreichenden biografischen Daten zur Verfügung standen, mussten anhand der Kontaktdaten, aus der jeweiligen Anstellung und dem Namen des Verfassers entsprechende Rückschlüsse gezogen werden.

Die untersuchten Fachtexte wurden vorrangig im akademischen Bereich verfasst. Dabei gehören die Mitglieder eines Autorenkollektivs im Regelfall unterschiedlichen Universitäten an. In vier Texten zur Informatik und in zehn Fachtexten zur Physik wird darüber hinaus ausdrücklich auf die Zusammenarbeit mit der Industrie und verschiedenen Regierungsbehörden, wie beispielsweise der NASA, hingewiesen. Diese beteiligen sich in der Regel an der Finanzierung und/oder technischen Realisierung der Forschungsprojekte.

An drei Texten zur Informatik waren außerdem Wissenschaftler beteiligt, die an außeruniversitären Forschungseinrichtungen beschäftigt sind. Dies gilt auch für zwei der Texte zur Physik.

Dies verdeutlicht das hohe Maß an interinstitutioneller Zusammenarbeit zwischen akademischen und wirtschaftlichen Instituten im naturwissenschaftlich-technischem Bereich.

Verfasst wurden die Fachzeitschriftenartikel und Letters von Experten, die ein spezialisiertes Fachpublikum weltweit über neuartige Forschungsansätze oder neue Erkenntnisse aus aktuellen Forschungsprojekten informieren. Sie dienen demzufolge der fachinternen Kommunikation und es liegt eine symmetrische Kommunikationssituation zwischen Fachtextproduzent(en) und Fachtextrezipient(en) vor.

Die Fachtexte erläutern die jeweils neuartigen Ansätze näher, d. h. sie behandeln lediglich einen bestimmten Ausschnitt aus dem jeweiligen Problemfeld. Der grundlegende Gesamtzusammenhang dagegen wird als dem Leser geläufig vorausgesetzt. Demzufolge wird ein hohes Maß an Vorkenntnissen über zugrundeliegende Theorien und Termini erwartet. Der Fachlichkeitsgrad ist dementsprechend hoch.

Zudem fungieren die Publikationsorgane für die untersuchten Texte hinsichtlich der Fachlichkeit als Kontrollinstanzen. Die Veröffentlichung garantiert einen hohen Fachlichkeitsgrad, da die Texte in inhaltlicher Hinsicht von fachlich versierten Gutachtern beurteilt werden (Peer-Review-Verfahren) und eine Veröffentlichung nur dann stattfindet, wenn die Fachtexte die Anforderungen der Zeitschriften an das fachliche Niveau erfüllen.

Um die Aktualität der Fachzeitschriften und einen schnellen Informationsfluss zu gewährleisten, werden die Artikel meist in einem relativ engen Zeitrahmen verfasst, veröffentlicht und rezipiert.

7.2 Differenzierung der untersuchten Fachtextsorten

Sowohl Fachzeitschriftenartikel als auch Letters stellen für ihr Zielpublikum, die internationale Wissenschaftsgemeinschaft, eine wichtige aktuelle Informationsquelle dar. Durch hohe Aktualität und zeitnahe Veröffentlichung sind Fachzeitschriftenartikel und Letters eine optimale **Plattform** zum Austausch von Fachinformationen. Ihr vorrangiges Anliegen besteht darin, neue Erkenntnisse einzuführen und der Wissenschaftsgemeinschaft vorzustellen.

Soweit bekannt wurde bisher noch keine genaue Differenzierung zwischen den Fachtextsorten Fachzeitschriftenartikel und Letter vorgenommen. Eine Unterscheidung ist schwierig, da eine nahe Verwandtschaft zwischen den Fachtextsorten besteht. Insbesondere die Fachtextproduzenten und -rezipienten bezeichnen beide vereinfachend als „Papers". Allerdings weisen die Fachtextsorten klare Unterschiede hinsichtlich ihrer Entstehung und Ausrichtung auf. Zudem zeigt allein schon die Tatsache, dass für beide separate Publikationsorgane existieren, dass eine Differenzierung zwischen den beiden Fachtextsorten notwendig ist.

Im Folgenden erfolgt zunächst eine Beschreibung der Fachtextsorten anhand textexterner Kriterien; die Analyse in den anschließenden Kapiteln trägt zur Differenzierung auf der Grundlage textinterner Kriterien bei.[8]

7.2.1 Die Fachzeitschriftenartikel

Der Fachzeitschriftenartikel ist eine der wichtigsten Formen des schriftlichen wissenschaftsinternen Informationsaustausches; das beweist die große Anzahl hochspezialisierter Fachzeitschriften, die auf dem Markt erhältlich sind. Bedingt durch die z. T. sehr hohe Spezialisierung der einzelnen Fachzeitschriften richten sich Fachzeitschriftenartikel an einen sehr homogenen Adressatenkreis. Folglich gehören die Adressaten und Autoren einer bestimmten Fachzeitschrift alle der gleichen Disziplin an und haben oft gleiche oder verwandte Spezialgebiete.

8 Die untersuchten Fachtexte befinden sich aufgrund ihrer hohen Fachlichkeit auf Schicht A und B von L.Hoffmanns Fachspachenmodell (siehe Kap. 1.3.2).

Ein kurzer Überblick zur historischen Entwicklung der Fachtextsorte Fachzeitschriftenartikel (*research article*) findet sich bei J. M. Swales (1990, 110ff.). Demzufolge entwickelten sich Fachzeitschriftenartikel bereits in der zweiten Hälfte des 17. Jahrhunderts aus der Briefkorrespondenz von Wissenschaftlern untereinander und aus der Beschreibung von Experimenten heraus.

Beispielsweise veröffentlichte der österreichische Astronom Franz Xaver von Zach in den Jahren von 1800–1813 seine Briefkorrespondenz mit Wissenschaftlern wie C. F. Gauß und J. F. Schroeter in einer der ersten astronomischen Fachzeitschriften „Monatliche Correspondenz zur Beförderung der Erd- und Himmelskunde", die er selbst herausgab.

Als die historisch ersten Fachzeitschriften gelten *The Philosophical Transactions of the Royal Society* und das *Journal de Sçavans*, die beide 1665 gegründet wurden.

Je stärker sich die Fachzeitschriften zu einer öffentlichen Diskussionsplattform entwickelten, desto deutlicher entwickelte sich auch das neue Fachtextgenre weiter. Dabei hat im Laufe der Zeit die Länge der Artikel stark zugenommen. Der Stil entwickelte sich vom beschreibenden zum erklärenden Charakter und es kann ein allgemeiner Trend zur Abstraktion beobachtet werden (vgl. diachrone Analyse von Fachzeitschriftenartikeln zur Physik Bazerman 1984; zur diachronen Entwicklung des wissenschaftlichen Denkstils am Beispiel der Medizin vgl. Ylönen 1993).

Zunächst bestand die Aufgabe der Fachzeitschriften vor allem darin, einen allgemeinen Überblick über den aktuellen Forschungsstand zu bieten. Als sich jedoch im Laufe der Wissenschaftsentwicklung immer stärkere Spezialisierungen innerhalb der einzelnen wissenschaftlichen Disziplinen ausprägten, wurden gegenständlich-thematisch auch immer speziellere Fachzeitschriften benötigt (Skudlik 1990, 27).

Die Motivation für das Schreiben von wissenschaftlichen Artikeln sieht G. Graefen im Ausgleich eines Wissensvorsprungs, den der Autor durch seine Forschung gegenüber der Wissenschaftsgemeinschaft errungen hat (Graefen 1997, 57). Das heißt, ein entscheidendes Charakteristikum von Fachzeitschriftenartikeln ist die Vermittlung von neuartigen relevanten Erkenntnissen, die zum Fortschritt der Disziplin führen. Damit dies auch in einem angemessenen Zeitraum möglich ist, ist eine schnelle Publikation zur Verbreitung des neuen Wissens notwendig. Dabei macht es die Publikationsform einer Fachzeitschrift erforderlich, dass der Fachtext präzise und in eindeutigem sowie verständlichem Stil verfasst wird.

Als weitverbreitete Textsorte der fachinternen Kommunikation sind englischsprachige Fachzeitschriftenartikel bereits eingehend für verschiedene wissenschaftliche Disziplinen untersucht worden (z. B. Hyland 1996a und 1996b; Samraj 2002 und 2005; Kanoksilapatham 2005; Vold 2006 etc.), dadurch liegen linguistische Beschreibungen der Textsorte nach unterschiedlichen Gesichtspunkten vor.

Bei der Analyse englischsprachiger Fachzeitschriftenartikel aus verschiedenen Fachgebieten stellt R. Gläser mehrere Fachtextsortenvarianten heraus, die unter der Fachtextsorte wissenschaftlicher Zeitschriftenartikel zusammengefasst werden: Experimentalstudie, erörternder Fachartikel, Fallbericht und Übersichtsartikel über den jeweils aktuellen Forschungsstand (Gläser 1990, 68). Da diese Varianten einen unterschiedlichen Charakter aufweisen – beispielsweise hat der erörternde Fachartikel, anders als die Experimentalstudie, Diskussionscharakter – ist es R. Gläser nicht möglich, einen verbindlichen Textbauplan für die gesamte Textsorte aufzustellen. Sie hebt jedoch hervor, dass die Makrostruktur bei naturwissenschaftlichen Artikeln und Experimentalstudien vereinheitlicht ist, während sie in technik- und gesellschaftswissenschaftlichen Artikeln sehr variabel erscheint.

In allen Fachtextsortenvarianten beobachtet R. Gläser übergreifend eine „Tendenz zu Kürze und Vereinheitlichung“, die sie mit verlegerisch und drucktechnisch bedingten Platzbeschränkungen durch die Publikationsorgane erklärt (Gläser 1979, 86). Außerdem konstatiert sie einen hohen Fachlichkeitsgrad, der beim Adressaten ein großes Hintergrundwissen voraussetzt.

S. Göpferich ordnet die Textsorte Fachzeitenschriftenartikel in ihrer Fachtexttypologie den fortschrittsorientiert-aktualisierenden und publizistisch aufbereiteten Texten zu. Deren kommunikative Funktion besteht in der „Vorantreibung von Wissenschaft und Technik“ (Göpferich 1995, 125). Die dabei vermittelten neuen Erkenntnisse und Forschungsergebnisse werden auf „ansprechende und repräsentative“ Weise dargestellt (Göpferich 1995, 130). Dazu dienen sowohl ein aufwendiges Layout (farbige Abbildungen, besondere Schriftarten, Hochglanzpapier) als auch gut gewählte, wohlgefällige Formulierungen. Hierbei muss jedoch beachtet werden, dass Autoren von Fachzeitschriftenartikeln nur sehr eingeschränkt Einfluss auf das Layout nehmen können. Welches Papier verwendet wird oder ob farbige Abbildungen zugelassen werden, das alles hängt vom jeweiligen Publikationsorgan ab.

Der Grad der Standardisierung von Fachzeitschriftenartikeln variiert in den unterschiedlichen wissenschaftlichen Disziplinen. In den Naturwissenschaften ist er im Allgemeinen höher als in den Geisteswissenschaften. Ein Grund dafür liegt darin, dass in den Naturwissenschaften ein größerer allgemeiner Konsens hinsichtlich der wissenschaftlich akzeptierten Vorgehensweisen, Forschungsmethoden und -ziele besteht. Dieser schlägt sich auch in den Publikationskonventionen nieder (vgl. Swales 1990, 175). Je fester Konventionen etabliert sind, so stellt J. Swales fest, desto klarer ist das Textgenre ausgeprägt und desto deutlicher wird ein Text in feste Teiltexte unterteilt und desto weniger erscheint es den Autoren notwendig, Überzeugungsarbeit zu leisten und ihre Denk- und Argumentationsstrukturen zu offenbaren (ebd.).

Oft erfolgt neben der Veröffentlichung der Fachzeitschriftenartikel in den Printmedien eine zeitgleiche (oder auch schnellere) Veröffentlichung online. Die meisten Fachzeitschriften verfügen seit einigen Jahren über eine umfassende Repräsentation im Internet, wo die aktuellen Ausgaben komplett abgerufen werden können. Ist dies nicht der Fall, kann zumindest ein Inhaltsverzeichnis mit den Abstracts der enthaltenen Artikel online eingesehen werden. So ist ein noch schnellerer und nahezu unbegrenzter Zugriff auf die Texte möglich, wodurch ein sehr großes Publikum erreicht werden kann.

7.2.2 Die Letters

Aus der Briefkorrespondenz von Wissenschaftlern untereinander entwickelten sich im Laufe der Zeit die Fachzeitschriftenartikel (siehe oben). Da sich die Fachzeitschriftenartikel sehr auf das Fachliche konzentrierten, ging mit dieser Entwicklung aber die Möglichkeit zur direkten kritischen Auseinandersetzung mit den Ergebnissen der Kollegen verloren. Damit dieser Austausch im Rahmen einer öffentlichen Debatte auch weiterhin stattfinden kann, führten viele Fachzeitschriften in den 1920er Jahren die Rubrik „Letters to the Editors“ ein. Diese sollte Lesern die Möglichkeit geben, sich (kritisch) zu bereits erschienen Beiträgen zu äußern und eigene Ideen beizutragen.

Da diese Briefe schnell und in der Regel ohne einen aufwendigen Reviewing-Prozess veröffentlicht werden, begannen immer mehr Wissenschaftler sie auch dazu zu nutzen, eigene neue Forschungsansätze bekannt zu machen (Adair 2008, Blakeslee 1994). Demnach fand eine ähnliche Entwicklung wie bei der Entstehung der Fachzeitschriftenartikel statt.

Da wissenschaftliche Erkenntnisse in diesen kürzeren Beiträgen innerhalb deutlich kürzerer Zeit veröffentlicht werden können als in vollständig ausgearbeiteten Fachzeitschriftenartikeln, entscheiden sich immer mehr Wissenschaftler dazu, ihre Entdeckungen in dieser Form zu veröffentlichen und sich so die fachlichen Ansprüche auf ihre Arbeit zu sichern.

Im Laufe der folgenden Jahre nimmt der Andrang auf diese Rubrik immer stärker zu. Außerdem gewinnen die Briefe in einigen Zeitschriften (z. B. in *Physical Review*) durch formale Änderungen einen höheren Stellenwert. Beispielsweise werden die Titel der Letters mit in das Inhaltsverzeichnis der jeweiligen Ausgabe übernommen, die Schriftgröße wird erhöht und die Namen der Autoren rücken vom Ende zum Anfang des Letters (Blakeslee 1994). So nehmen die Letters immer mehr einen den Fachzeitschriftenartikeln ähnlichen Charakter an.

Da der Andrang auf die Sektion „Letters to the Editors“ weiterhin zunimmt, entscheidet sich 1958 der damalige Herausgeber der Fachzeitschrift *Physical Review* (herausgegeben von der American Physical Society), ihr ein eigenständiges Publikationsorgan zu widmen und gründet mit *Physical Review Letters* das erste **Letters Journal**. Im Laufe der Jahre folgen weitere Letters Journals in unterschiedlichen Fachgebieten.

Die Fachtextsorte Letters ist demnach eine vergleichsweise junge Textsorte. Da sie von Beginn an vorrangig in englischsprachigen Letters Journals erschienen ist, gibt es keinen entsprechenden deutschen Begriff für diese Textsorte. In der vorliegenden Arbeit wird deshalb der englische Begriff „Letters“ verwendet.

Viele Fachzeitschriften haben noch immer eine Rubrik „Letters to the Editors“ in der auf bereits publizierte Artikel reagiert wird. Diese Briefe stellen lediglich eine offene Diskussionsplattform dar und es wird keine neue oder innovative Forschung präsentiert (Magnet/Carnet 2006).

Demzufolge befinden sich „Letters to the Editors“ in einer vollkommen anderen Kommunikationssituation, so dass in diesen Texten andere Diskursstrategien zur Anwendung kommen als in den fachlichen Letters, die in speziellen Letters Journals veröffentlicht werden (ebd.; Bloch 2003).

Die hier untersuchten fachlichen Letters dürfen also nicht mit den Stellung nehmenden „Letters to the Editors“ verwechselt werden. Eine Abgrenzung zwischen den Letters und den „Letters to the Editor“ könnte im Hinblick auf die Vermeidung begrifflicher Verwirrung ein mögliches Desiderat für zukünftige Forschung darstellen.

Anders als den Fachzeitschriftenartikeln ist den Letters im Zuge textlinguistischer Analysen bisher kaum Aufmerksamkeit geschenkt worden.

Letters erfüllen eine ähnliche Funktion wie Fachzeitschriftenartikel: Sie informieren zeitnah über neue wissenschaftliche Erkenntnisse und Untersuchungen in der fachinternen Kommunikation. Dabei liegt aber ein noch stärkerer Fokus auf der schnellen Publikation und einem möglichst verdichteten Informationsaustausch als bei den Fachzeitschriftenartikeln. Deshalb werden häufig nur einzelne Untersuchungen oder Experimente vorgestellt, so dass oft Teilergebnisse aus umfangreicheren Forschungsprojekten präsentiert werden.

So stellt ein Letter bisweilen nur eine Vorstufe zu einem vollständig ausgearbeiteten Fachzeitschriftenartikel dar. In den Richtlinien für Autoren über die einzureichenden Texte werden Letters zum Beispiel als „short papers of a preliminary nature"[9] bezeichnet. So können Forscher die Wissenschaftsgemeinde wissen lassen, dass sie an einem bestimmten Thema arbeiten und ihre Fortschritte bekannt machen sowie sich die Ansprüche auf ihre Forschung sichern. Später kann die kurz vorgestellte bzw. angekündigte Forschung in einem ausführlicheren Fachzeitschriftenartikel genauer dargelegt werden. Dies ist aber nicht zwingend der Fall: Abhängig von der Thematik und vom Gelingen der Publikation werden nicht alle Letters zu Fachzeitschriftenartikeln weitergeführt.

Zur Ermöglichung der schnellen Veröffentlichung der Beiträge als Letter stellen die Publikationsorgane explizit die Forderung nach Kürze, da sonst ein längerer Review-Prozess und damit eine längere Zeit bis zur Veröffentlichung benötigt wird.[10]

Außerdem stellen Letters eine alternative Publikationsplattform für Beiträge mit einer Thematik dar, die unter Umständen zu wenig Stoff für einen Fachzeitschriftenartikel liefert, wie beispielsweise die Evaluierung von Programmen, Techniken u.ä. im Hinblick auf Effizienz, Laufzeit, Sicherheit usw.

Letters nehmen somit gegenüber den Fachzeitschriftenartikeln eine Nische bezüglich des geringeren Umfangs und der kürzeren Publikationszeit ein. Außerdem ist durch den geringen Umfang der Beiträge der Arbeitsaufwand für die Autoren geringer, was die Gesamtdauer bis zur Veröffentlichung weiter einschränkt.

9 http://www.informaworld.com/smpp/title~db=all~content=g783603808~tab=submit~mode=paper_submission_instructions (15.09.2009).

10 Im Impressum von *Physical Review Letters* (APS 2007) wird Folgendes verlangt: „Letters intended for this journal must be short and self-contained."

Zudem liegt ein besonders starker Fokus auf der Innovativität und fachlichen Relevanz der veröffentlichten Beiträge. Eine der wenigen Arbeiten, die sich mit Letters aus sprachwissenschaftlicher Sicht beschäftigen, stammt von A. M. Blakeslee (1994). Sie hat drei Letters in *Physical Review Letters* und einen Fachzeitschriftenartikel in *Physical Review* desselben Autors verglichen (Blakeslee 1994) und dabei festgestellt, dass dieser sich bewusst nach den Anforderungen nach Innovation und Relevanz für die gesamte Wissenschaftsgemeinde von *Physical Review Letters* (siehe unten) gerichtet hat. So verweist er in den Letters auf Forschung, die außerhalb seines eigentlichen Spezialgebiets liegt, um sich auch an andere Wissenschaftler zu richten und die Relevanz bzw. Anwendbarkeit seiner Ergebnisse für andere Forschungsbereiche zu verdeutlichen. Zudem verwendet er linguistische Mittel, um gezielt die Neuartigkeit seines Ansatzes hervorzuheben.

In dem Fachzeitschriftenartikel, der im Anschluss an die Letters veröffentlicht wurde, konzentriert sich der Fachtextautor mehr auf die Anwendbarkeit seiner Forschung, als auf deren grundlegende Vorstellung, da er sich die Ansprüche schon in den Letters gesichert hatte. Dadurch wird verdeutlicht, wie eng die beiden Textsorten miteinander verzahnt sind.

Dies zeigt sich auch in der Tatsache, dass es für manche wissenschaftlichen Teilgebiete auch zusammengehörige Fachzeitschriften und Letters Journals gibt, die einander ergänzen. Zum Beispiel wird *The Astrophysical Journal* von *The Astrophysical Journal Letters* ergänzt, wobei bei letzterem der Fokus auf einer schnellen und kompakten Informationsdarstellung liegt. Ein weiteres Beispiel stellen die Fachzeitschriften *Physical Review* und *Physical Review Letters* dar.

Hinsichtlich der Spezialisierung kann zwischen zwei Arten von Letters Journals unterschieden werden: Solche, die sich – wie die meisten Fachzeitschriften – auf ein bestimmtes wissenschaftliches Teilgebiet spezialisieren (zum Beispiel *Pattern Recognition Letters* (Elsevier) oder *Atmospheric Science Letters* (Wiley InterSience)), und solche, die mehrere Gebiete einer Disziplin abdecken und sich dadurch an ein größeres, weniger homogenes Publikum wenden (zum Beispiel

Physical Review Letters (American Physical Society) oder *Applied Physics Letters* (American Institute of Physics)).

Gründe für die geringere Spezialisierung dürften zum einen wirtschaftliche Erwägungen sein, denn durch die geringere Spezialisierung wird ein größerer Adressatenkreis angesprochen, was wiederum den Absatz steigert.

Zum anderen setzen sich einige Letters Journals explizit das Ziel, einen möglichst vollständigen Überblick über die wissenschaftliche Disziplin anzubieten und ihre Leser umfassend zu informieren. Die Zeitschrift *Physical Review Letters* zum Beispiel beschreibt auf der Umschlaginnenseite jeder Ausgabe ihre Aufgabe wie folgt:

> Providing rapid publication of short reports of important fundamental research, with coverage of major advances in all aspects of physics and of developments with significant consequences across subdisciplines (APS 2007).

So ist es den Lesern dieser Letters Journals möglich, sich relativ schnell einen Überblick über die wichtigsten Entwicklungen in der Wissenschaft zu verschaffen. Außerdem haben die Autoren der Beiträge die Möglichkeit, sich auch außerhalb ihres Spezialgebietes vor der gesamten Wissenschaftsgemeinde zu positionieren und Anerkennung zu erringen (Blakeslee 1994).

Für die vorliegende Untersuchung stellt sich die Frage, ob in den Letters kulturspezifische Diskursmuster deutlicher zum Tragen kommen als in den Fachzeitschriftenartikeln. Das wäre der Fall, falls sie schneller und weniger sorgfältig ausgearbeitet werden oder wenn sie nur die Vorstufe zu einem Fachzeitschriftenartikel darstellen.

Dieser Überlegung steht jedoch entgegen, dass auch ein Letter eine Publikation ist, die ein großes Publikum erreichen kann, und damit eine repräsentative Wirkung mit großem Einfluss auf den Ruf des veröffentlichenden Wissenschaftlers hat.

Deshalb wird im Zusammenhang mit den folgenden Analysen eine genauere Fachtextsortendifferenzierung vorgenommen.

7.2.3 Die Publikationsorgane

Fachzeitschriften und auch Letters Journals verstehen sich als „Überblicksmedien“ (Graefen 1997, 102), die eine Übersicht über die Forschungsinteressen und -erkenntnisse einer bestimmten Disziplin geben. Dabei sind sie häufig hochspezialisiert und stellen sich den Anspruch, stets die neuesten Entwicklungen zu präsentieren. Dies bestimmt die Auswahl der zur Veröffentlichung zugelassenen Artikel.

Dabei muss eingeschätzt werden, ob die eingereichten Artikel hinsichtlich der Relevanz und der wissenschaftlichen Qualität den Ansprüchen der Fachzeitschrift genügen. Dies wird durch das Peer-Review-Verfahren gewährleistet, in dem Fachleute die Texte ihrer Kollegen in fachlicher Hinsicht beurteilen (vgl. Kretzenbacher/Thurmair 1992, Adamzik im Druck). Somit fungieren Fachzeitschriften für die Wissenschaftsgemeinde als Filter für fachliche Qualität und Relevanz der Veröffentlichungen (Graefen 1997, 104).

Das Renommee einer Fachzeitschrift ist zudem eng an die Qualität ihrer Beiträge geknüpft. In der Regel fällt daher der Reviewing-Prozess besonders streng aus, um qualitativ geringerwertige Beiträge herauszufiltern. Je renommierter eine Fachzeitschrift ist, desto mehr wird sie gelesen und desto mehr Autoren bemühen sich wiederum um eine Veröffentlichung.

Fast alle Fachzeitschriften und Letters Journals veröffentlichen Style Sheets, in denen sie oft sehr detaillierte Vorgaben betreffs Textumfang, Format und makrostruktureller Gliederung der zu veröffentlichenden Fachtexte machen. Dadurch findet eine gewisse Angleichung der Standards statt, da alle Autoren gleich welcher Nationalität zu ihrer Einhaltung verpflichtet sind (Graefen 1997). Außerdem gehört die Mehrheit der auf dem Markt befindlichen Fachzeitschriften und Letter Journals großen Verlagsgruppen, wie beispielsweise Elsevier oder Springer, an. Deren formale Anforderungen gelten oft übergreifend für zahlreiche Publikationsorgane. Dadurch wird die formale Vereinheitlichung der Texte weiter begünstigt.

In wirtschaftlicher Hinsicht müssen Fachzeitschriften gewährleisten, dass sie einen großen Leserkreis ansprechen. Dabei steigt mit zunehmender Verbreitung auch das Ansehen der Zeitschrift in fachlichen Kreisen. Die großen Fachzeitschriftenverlage setzen sich deshalb das Ziel, global aktiv zu sein und Informationen schnell und effektiv auf der ganzen Welt zu verbreiten. Dabei fördern sie die Zusammenarbeit von Wissenschaftlern unterschiedlicher Nationen. Um die weltweite Rezipierbarkeit zu gewährleisten, wird das Englische als die aktuelle Lingua franca verwendet.

Zusätzlich zu den Printversionen verfügen die meisten Fachzeitschriften und Letters Journals über einen Internetauftritt, wo die einzelnen Ausgaben mit Inhaltsverzeichnis und Abstracts eingesehen und einzelne Artikel kostenpflichtig abgerufen werden können, ohne dass ein teures Abonnement der gesamten Zeitschrift vonnöten ist. Dadurch hat ein größeres Publikum Zugang zu den Texten und Rezipienten können gezielt die Texte auswählen und erwerben, die von Interesse für sie sind.

Das Angebot auf dem Markt befindlicher Fachzeitschriften und Letters Journals ist sehr groß.

Im Bereich der Physik können einige davon auf eine lange Tradition zurückblicken, wie beispielsweise *The Astrophysical Journal*, das schon 1895 gegründet wurde und heute zu den namhaftesten Publikationsorganen auf dem Gebiet der Physik zählt.

Erste Zeitschriften auf dem Gebiet der Informatik wurden Anfang der 1970er Jahre gegründet, da sich die Informatik erst Ende der 1960er als eigenständige Wissenschaft etablierte.

Aufgrund von neuen Ausrichtungen, Differenzierungen oder Erweiterungen von Forschungsgebieten besteht in beiden Disziplinen eine entsprechende Nachfrage nach neuen Publikationsorganen, die den Veränderungen der Forschungsinteressen Rechnung tragen. So werden immer wieder neue Fachzeitschriften oder Letters Journals gegründet (zum Beispiel *Computer Architecture Letters* im Jahr 2002).

Seit der Entwicklung des Internets hat die wissenschaftliche Online-Publikation immer stärker an Bedeutung gewonnen. Sie ermöglicht eine höhere Publikationsfrequenz und ist im Vergleich zu den regulären Printmedien kostengünstiger.

Dementsprechend gibt es inzwischen zahlreiche E-journals, die ganz auf eine gedruckte Version verzichten und ausschließlich über das Internet abrufbar sind. Der Reviewing-Prozess ist für diese kostenpflichtigen E-journals in der Regel der gleiche wie für gedruckte Fachzeitschriften. Damit bleiben auch Umfangsbeschränkungen, inhaltliche und textuelle Anforderungen etc. dieselben.

Die Online-Veröffentlichung bietet aber auch Alternativen zu den etablierten Fachzeitschriften. So gibt es Angebote von wissenschaftlichen Instituten, die von Verlagen unabhängig sind und die wissenschaftliche Kommunikation erleichtern sollen.

Ein relativ bekanntes Beispiel hierfür ist das arXiv, das 1991 von der Cornell University Library gegründet wurde. Das umfassende Online-Archiv versteht sich als Ergänzung zum traditionellen Publikationssystem und ermöglicht die unkomplizierte Online-Veröffentlichung und Archivierung von Artikeln aus verschiedenen naturwissenschaftlich-technischen Disziplinen. Die Texte sind kostenlos abrufbar.

Bevor ein Fachtext in das Archiv aufgenommen wird, prüfen Fachleute, ob er den fachlichen Ansprüchen genügt, d. h. originär und von relevantem Interesse für das Fachgebiet ist, und ob er den für Fachzeitschriftenartikel üblichen Textkonventionen folgt.[11] Die Anforderungen entsprechen demnach weitgehend denen der meisten Fachzeitschriftenverlage, dennoch wird der Reviewing-Prozess mit weniger Aufwand betrieben und nimmt weniger Zeit in Anspruch als es bei

---

11 „Submissions are reviewed by expert moderators to verify that they are topical and refereeable scientific contributions that follow accepted standards of scholarly communication (as exemplified by conventional journal articles)“ http://arxiv.org/help/primer (20.11.10).

Veröffentlichungen in Fachzeitschriften, die auf ihr Renommee bedacht sein müssen, der Fall ist. Ein Erscheinen eines Textes im arXiv, schließt eine spätere Veröffentlichung in einer konventionellen Fachzeitschrift nicht aus.

Das arXiv stellt somit eine Möglichkeit für Autoren dar, auch im Falle einer Ablehnung durch eine etablierte Fachzeitschrift ihre Ergebnisse zu veröffentlichen und so ihre Erkenntnisansprüche zu sichern. Zudem erfolgt die Veröffentlichung im arXiv im Allgemeinen schneller und erreicht viele Nutzer und wird somit umfassend rezipiert. Online-Archive stellen deshalb eine ernstzunehmende Konkurrenz für Fachzeitschriften dar, da Fachtexte, die eher und kostenfrei aus dem Archiv abgerufen werden können, nicht mehr notwendigerweise über Fachzeitschriften erworben werden müssen.

8 Textinterne Kriterien

8.1 Die Makrostruktur

8.1.1 Definition Makrostruktur

Die Makrostruktur eines Fachtextes dient zur **Organisation** der Textinhalte und der Informationsdarstellung, dadurch übt die Makrostruktur eine rezeptionssteuernde Funktion aus. Sie stellt in der Fachtextlinguistik eines der wichtigsten Kriterien der Textsortendifferenzierung dar (Hoffmann 1998). Der Begriff Makrostruktur wurde bereits aus unterschiedlichen Blickwinkeln definiert.[12]

Einen der ersten wichtigen Beschreibungsansätze der Makrostruktur aus semantischen Gesichtspunkten hat T. van Dijk (1976) unternommen, der auch den Begriff „Makrostruktur" einführte. In seinem Propositionsmodell versteht er einen Text als Abfolge von hierarchisch geordneten Propositionen, die untereinander verknüpft sind. Um diese Ebenen zueinander in Beziehung zu setzen, entwickelt T. van Dijk das Modell der Text-Makrostruktur, das auf verschiedenen Ebenen immer größer werdende Texteinheiten zusammenfasst, bis sich auf der obersten Ebene das Textthema ableiten lässt.

Dabei interessieren ihn vor allem die kognitiven Prozesse bei Textrezeption und Textverstehen. Er betrachtet die Bildung von Makrostrukturen als Grundlage der Textrezeption und -produktion, da das menschliche Gedächtnis ohne sie nicht in der Lage wäre, komplexe Texte detailliert zu speichern und wiederzugeben. Demzufolge definiert er Makrostruktur als abstrakte semantische Struktur, die einem Diskurs zugrunde liegt (van Dijk 1976). Da die Makrostruktur damit der kognitiven Informationsverarbeitung dient, ist es nach T. van Dijk irrelevant, ob die Makrostruktur eines Textes nach grammatikalischen oder kognitiven Gesichtspunkten untersucht wird. Um diese kognitiven Vorgänge besser verstehen

12 Einen relativ frühen Beschreibungsversuch aus logischer Sicht zum Beispiel, unternimmt T. Ballmer (Ballmer 1976). Er unterscheidet zwischen linearen und nichtlinearen Makrostrukturen. Sein vornehmliches Ziel ist es dabei, einen abstrahierten formalen Ablaufplan für Texte zu entwickeln.

und erklären zu können, entwirft T. van Dijk eine Reihe von Regeln, die Makroregeln (*macro-rules*), die die kognitiven Vorgänge bei der Erfassung und Verarbeitung eines Textes/Diskurses beschreiben. Durch Anwendung dieser Regeln (*Generalization, Deletion, Construction*) wird der Text in immer größere Struktureinheiten aufgeteilt, die eine kognitive Verarbeitung ermöglichen.

In der Fachliteratur liegen verschiedene Definitionen der Makrostruktur vor, die sich in den Feinheiten unterscheiden. R. Gläser ordnet diese in drei grundlegende Richtungen ein (1995, 54f.):

- Ansätze, die Makrostruktur als inhaltliche Gliederung des Gesamttextes verstehen,
- Ansätze, die Makrostruktur als Textbauplan eines Textes aus konventionalisierten Teiltextsegmenten auffassen,
- und Ansätze nach denen der Zusammenhang von funktionalen Faktoren, wie der Kommunikationsabsicht, und dem Textaufbau hervorgehoben wird.

Auch K.-D. Baumann unterscheidet zwischen drei Herangehensweisen an das Konzept Makrostruktur (Baumann 1992a, 76ff.): Dem textsemantischen, dem pragmatischen und dem funktionalen Herangehen.

Wird die Makrostruktur ausschließlich unter textsemantischen Gesichtspunkten betrachtet (vgl. van Dijk 1980, Viehweger 1976), werden funktionale Eigenschaften des Textes außer Acht gelassen. Dadurch wird diese Sichtweise sehr eingeschränkt.

Der pragmatische Ansatz bezieht auch situative Faktoren in die Analyse mit ein. Zur Kommunikationssituation gehören die Textfunktion, das Verhältnis der Kommunikationspartner zueinander, das Kommunikationsmedium usw. Dies ermöglicht eine wesentlich komplexere Beschreibung von Texten, der Text wird als „Einheit von Struktur und Bedeutung“ (Baumann 1992, 78) untersucht.

Um einen Text jedoch im Ganzen erfassen zu können, verbindet der funktionale Ansatz strukturelle und pragmatische Analysen und berücksichtigt zudem noch die Intentionen des Autors, den Kommunikationsgegenstand und die geistig-sprachlichen Kommunikationsverfahren. Das funktionale Textbeschreibungsmodell setzt die Textkonstituenten in hierarchische Beziehungen zueinander, wobei die gesellschaftlich-kommunikativen Bedingungen als die dominierenden Faktoren angesehen werden.

K.-D. Baumann betont die Eigenschaft eines Textes „als ein System, das die verschiedenen Ebenen der Sprache einbezieht“ (1992a, 77). Deshalb fordert er bei der Textanalyse ein integratives, funktionales Herangehen, das neben Semantik und Pragmatik auch die Soziolinguistik berücksichtigt.

In diesem Zusammenhang geht K.-D. Baumann von verschiedenen Kompositionsprinzipien bei der Strukturierung von Texten aus (1992a, 87f.). Diese verdeutlichen nach seiner Auffassung „die gedankliche Gliederung“ des Textes und sind somit auch von individuellen Denkmustern des Textautors abhängig (ebd.). Demgemäss spiegelt sich nach der Auffassung K.-D. Baumanns im Aufbau von Fachtexten das „Streben des Fachtextproduzenten nach Exaktheit, Verständlichkeit und logischer Klarheit seiner Darlegungen“ wider (Baumann 2001, 65).

Der folgenden Analyse der Makrostruktur im untersuchten Fachtextkorpus liegt nachstehende Betrachtung R. Gläsers zugrunde:

> Die Makrostruktur einer Fachtextsorte ist das konventionalisierte Textablaufschema, das aus einer hierarchischen aber in Grenzen flexiblen Anordnung inhaltlich und funktional invarianter Textelemente zur gedanklich-sprachlichen Entfaltung eines fachbezogenen Themas besteht und das strukturelle Gerüst der Fachtextsorte bildet (Gläser 1990, 55).

R. Gläser stellt fest, dass die Makrostruktur abhängig von der Fachtextsorte unterschiedlich stark standardisiert sein kann (1990, 299): Es gibt Textsorten mit einer frei variablen Makrostruktur (z. B. technik- und gesellschaftswissenschaftliche Fachzeitschriftenartikel, Monographie, Lehrbuch), solche mit einer relativ vereinheitlichten Makrostruktur (z. B. Experimentalstudie, Rezension) und solche mit einer stark konventionalisierten Makrostruktur (z. B. Abstract, Lexikonartikel).

Die Einteilung in Kapitel und die zugehörigen Zwischenüberschriften dienen bei der vorliegenden Analyse der Makrostruktur als Gliederungssignale, die einzelne Teiltexte thematisch und formal voneinander abgrenzen (vgl. Baumann 1992a, 85).

Gliederungssignale dienen dazu, den Text in eine zusammenhängende Wissensstruktur zu gliedern (Graefen 1997, 168). Sie können in sprachlicher und nichtsprachlicher Form vorkommen. Nicht-sprachliche Gliederungssignale sind im Wesentlichen typographische Mittel und die Absatzstruktur des Textes. Hinsichtlich der Absätze wird zwischen *physical paragraphs*, die lediglich formal hervorgehoben sind, und *conceptual paragraphs*, die einen Gedankenschritt darstellen und somit eine inhaltlich gliedernde Funktion haben, unterschieden (Gläser 1990, 56). Dabei kann ein Gedankenschritt mehrere formale Absätze umfassen.

Die Makrostruktur kann je nach Textsorte stark kulturell bedingt sein (Beispiele in Göpferich 2004, 720). Das ist insbesondere dann der Fall, wenn die entsprechende Textsorte stark anwendungsorientiert und dadurch eng mit der Kultur verwurzelt ist.

Andere Untersuchungen haben jedoch ergeben, dass insbesondere technische Texte häufig eine interlingual homogene Makrostruktur aufweisen, was auf internationale Standardisierungsverfahren zurückzuführen ist (Arntz 2001, Fluck 2010). In den untersuchten Fachzeitschriftenartikeln und Letters ist aufgrund der anglophonen Dominanz eher letzteres zu erwarten.

8.1.2 Die makrostrukturelle Gliederung der untersuchten Fachtexte

Elf der zwölf untersuchten Fachzeitschriftenartikel weisen eine **Dezimalgliederung** auf. Alle Fachzeitschriftenartikel verfügen über Zwischenüberschriften für die einzelnen Kapitel und Unterkapitel.

Im Letterkorpus ist das Bild zwischen den Fachdisziplinen heterogener: Alle Letters zur Informatik verfügen über Zwischenüberschriften mit Dezimalgliederung. Bei den Letters zur Physik weisen jedoch vier der Texte keine Zwischenüberschriften auf. Allerdings folgen auch sie dem strukturellen Aufbau, der auch in den anderen Texten ersichtlich ist. Die einzelnen Teiltexte werden hier nur durch Absätze voneinander abgegrenzt. Lediglich die beiden britischen Letters zur Physik sind mit einer Dezimalgliederung und Zwischenüberschriften versehen.

Der Textaufbau der Letters ist dem der Fachzeitschriftenartikel sehr ähnlich. Wie bereits erläutert, sind Letters und Fachzeitschriftenartikel eng miteinander verwandt. Deshalb lassen sich viele Gemeinsamkeiten im Aufbau erkennen. Allerdings erfolgt insbesondere die Ausarbeitung des Themas und der theoretischen Grundlagen wesentlich kürzer und komprimierter, was durch die Platzbeschränkungen in den Letters Journals bedingt wird.

Weitgehend in Übereinstimmung mit den Analysen S. Göpferichs (1995) kann aus den Makrostrukturen der untersuchten Texte folgender Textaufbau für die Textsorten Fachzeitschriftenartikel und Letter zur Informatik bzw. Physik skizziert werden. Er wird auch in den Texten befolgt, die keine Dezimalgliederung oder Zwischenüberschriften aufweisen:

- Artikelüberschrift
- Angaben zu den Autoren (Name, Arbeitsplatz, Adresse, E-Mail-Adresse)
- Abstract
- [Keywords]
- Hauptteil:
    - Introduction
    - Ausarbeitung des Themas (i.d.R. unterteilt in mehrere Kapitel z.T. mit Unterkapiteln)
    - Discussion/Conclusions

- Acknowledgements
- [Appendix (fakultativ, nur Fachzeitschriftenartikel)]
- References

Der Hauptteil entspricht dabei dem Haupttext, der mit S. Göpferich folgendermaßen verstanden wird:

> Der Haupttext ist diejenige Einheit eines Globaltextes, die [...] genau einmal auftritt und in der das Textthema des Globaltextes entfaltet wird (Göpferich 1995, 57).

Abgesehen von „Introduction“ und „Discussion/Conclusion“ ist der Hauptteil wenig konventionalisiert.

8.1.3 Die Teiltexte

Im Folgenden wird der Vollständigkeit halber auf die Teiltexte, die Bestandteil der untersuchten Gesamttexte sind, näher eingegangen. Zu diesem Zweck werden Teiltexte mit C. Gnutzmann und R. Lange folgendermaßen definiert:

> Unter einem fachlichen Teiltext soll eine relativ autonome semantisch-pragmatische Einheit unterhalb der Textebene verstanden werden, die mit anderen Teiltexten zusammen den Text als Ganzes konstituiert (Gnutzmann/Lange 1990, 93).

Potentielle Rezipienten nehmen eine erste Entscheidung, ob ein Fachtext für sie von Interesse ist oder nicht anhand des Titels vor. Nur wenn der Titel vielversprechend erscheint, wird auch das zugehörige Abstract und ggf. der ganze Text gelesen. Der Titel eines Fachzeitschriftenartikels oder Letters nimmt demnach eine besondere Position ein. Er dient dazu, den Text in eine fachliche Kategorie einzuordnen und erste Informationen über das Textthema zu liefern.

Dabei müssen die wichtigen Kernpunkte wiedergegeben werden und das Textthema muss klar ersichtlich sein. Aufgrund von Platzbeschränkungen und zugunsten der Lesbarkeit darf der Titel aber nicht zu lang ausfallen. Um dies zu erreichen, wird häufig auf Artikel verzichtet und auf kurze Nominalkonstruktionen zurückgegriffen (Soler 2007, 97).

Die Titel der analysierten Fachzeitschriftenartikel und Letters sind dementsprechend überwiegend kurz (im Durchschnitt acht Wörter) und im Nominalstil gehalten. Durchschnittlich sind etwa die Hälfte der Wörter, aus denen der Titel besteht, Nomina (siehe Tabelle A2 im Anhang).[13] Die Informativität der Titel wird gewährleistet, indem die wichtigsten Kernbegriffe des zugehörigen Textes bereits in den Titeln erwähnt werden. Der Titel versorgt den Leser dadurch auf einen Blick mit genügend Informationen, um den Text einem speziellen Themengebiet klar zuzuordnen und den Forschungsgegenstand des zugehörigen Textes zu benennen. Weiterhin wird über Schlüsselbegriffe eine schnelle (Online-) Suche nach den Fachtexten ermöglicht.

Demnach ist das Informieren die dominierende Funktion der untersuchten Titel. Eine Appellfunktion ist ebenfalls inhärent, sie hat jedoch einen geringeren Stellenwert.

Nur eine der untersuchten Überschriften weist eine vorrangig aktivierende Funktion auf. Der Titel des britischen Fachzeitschriftenartikels zur Informatik IF BE 1 ist als rhetorische Frage formuliert: „What is the Meaning of These Constant Interruptions?“ Dadurch wird der Leser angesprochen und zur Lektüre animiert. Allerdings ist der Informationsgehalt geringer, da das eigentliche Thema des Artikels, die Behandlung von *interrupts*, nur angedeutet wird und nicht eindeutig hervorgeht. Auch fehlen Termini über die bei einer Stichwortsuche auf den Text verwiesen werden kann.

Nach der Überschrift werden an prominenter Stelle Angaben zu den Autoren gemacht. Dazu gehören der aktuelle Arbeitsplatz, jedoch ohne Angaben über akademische Titel, sowie die Kontaktdaten (Postanschrift, E-Mail-Adresse). Nur in einem der 24 untersuchten Texte fehlen jegliche Kontaktdaten.

Das Auslassen der akademischen Titel garantiert eine Gleichstellung zwischen den Fachtextautoren bzw. innerhalb der wissenschaftlichen Gemeinschaft und

13 Die Verwendung des Nominalstils in Überschriften ist nicht auf Fachzeitschriftenartikel und Letters begrenzt, eine Analyse technischer Handbücher kam zu ähnlichen Ergebnissen (vgl. Klammer 2010).

zeugt von einer nicht-hierarchischen Grundhaltung, die J. Galtung (1985) zufolge bezeichnend für den teamorientierten sachsonischen Denkstil ist (vgl. Kap. 2.2.2).

Durch Angaben von Kontaktdaten ist es den Rezipienten der Fachtexte möglich, direkt Kontakt mit den Autoren aufzunehmen und so Rücksprache zu halten und beispielsweise weiterführende Forschungen anzustrengen bzw. eigene Anregungen einfließen zu lassen. Fachzeitschriftenartikel und Letters dienen dem schnellen und aktuellen Informationsaustausch zwischen Fachleuten: Sie machen neue Erkenntnisse schnellstmöglich bekannt. Die direkte Kontaktaufnahme zwischen Sendern und Rezipienten ist eine konsequente Umsetzung dieses Zieles. Es wird damit eine enge Verknüpfung innerhalb der internationalen wissenschaftlichen Gemeinschaft erreicht.

Anschließend wird jedem Text ein Abstract vorangestellt, der den potentiellen Leser in einer kurzen Zusammenfassung über die Grundaussagen des Beitrags informiert. Der Leser kann anhand des Abstracts entscheiden, ob der vorliegende Fachtext für ihn von Interesse ist oder nicht. Die meisten Fachzeitschriften verfügen zudem über ein Onlineportal, dort kann das Abstract ebenfalls eingesehen werden, ehe der zugehörige Volltext kostenpflichtig abgerufen wird. Das Abstract hat also eine aktivierende, interesseweckende Funktion, dabei wird gleichzeitig auf eine möglichst hohe Informationsdichte geachtet.

Abstracts waren bereits Gegenstand mehrerer Teiltextanalysen (vgl. z.B. Fluck 1988, Samraj 2005).

Das Abstract ist ein Auxiliartext nach folgender Definition von S. Göpferich:

> Auxiliartexte bilden eine Komplementärkategorie zu den Haupttexten. Sie weisen eine eigene, jedoch von der Existenz des Haupttextes direkt abhängige kommunikative Funktion (Auxiliarfunktion) auf und liefern Metainformationen zum Haupttext oder lenken das Interesse des (potentiellen) Lesers auf ihn (Göpferich 1995, 57).

In diesem Sinne ist das Abstract vom Haupttext abgeleitet und fungiert als eine kurze Inhaltsangabe, die die wichtigsten Anliegen und Ergebnisse des Textes vorstellt.

In den Anweisungen „Information for Author“ (Version 2007, 4) des IEEE, einer Gesellschaft, die insgesamt 144 naturwissenschaftliche Fachzeitschriften und Journale herausgibt, wird folgende Richtlinie gegeben: „The abstract [...] should concisely state what was done, how it was done, principal results, and their significance“ (IEEE 2007).

R. Gläser unterscheidet in ihren Analysen drei verschiedene Arten von Abstracts:

- Abstracts, die einen noch nicht fertiggestellten Text oder Vortrag zusammenfassen;
- Abstracts, die einem bereits vorliegendem Text vorangestellt sind, und
- Abstracts, die unabhängig vom Bezugstext in einem Referateorgan erscheinen und nicht vom Autor des Bezugstextes verfasst sein müssen (Gläser 1990, 117).

Die in dieser Arbeit untersuchten Abstracts lassen sich der zweiten Kategorie dieser Einteilung zuordnen. Allerdings werden sie unter Umständen auch separat vom zugehörigen Artikel veröffentlicht (insbesondere auf den Webseiten der Publikationsorgane, siehe oben).

In Übereinstimmung mit R. Gläser (1990, 119) kann festgestellt werden, dass in den Abstracts nur wenig bis gar keine metakommunikativen Äußerungen, und nur ein sehr geringer Sendereinbezug vorkommen. Weiterhin sind zwar einige Stilelemente enthalten, diese sind allerdings vorwiegend syntaktische Stilfiguren, die dem Text wenig expressiven Charakter verleihen. Dies ist mit der Anforderung an Knappheit und hohe Wissenschaftlichkeit zu begründen, die besonders für das Abstract gilt, da es dem Text vorangestellt ist und diesen gewissermaßen „repräsentiert“ (Online-Portale).

Es finden sich bereits einige metasprachliche Elemente in den Abstracts, insbesondere Definitionen, Explikationen und Einführungen von Termini, Synonymen und Abkürzungen. Die zentralen Begriffe des Beitrags bzw. im Artikel neu eingeführte Termini werden gleich im Abstract geklärt, um dem Leser einen genauen Überblick zu verschaffen.

Der Passivanteil der Abstracts liegt für die Fachzeitschriftenartikel insgesamt bei ca. 39 %, bei den Letters ist er geringer, dort liegt er bei etwa 18 %.

Weiterhin wird in den Abstracts in der überwiegenden Mehrheit[14] das *simple present* verwendet.

Hinsichtlich des inhaltlich-formellen Aufbaus des Abstracts kann zwischen dem informativen Abstract, in dem die Hauptaussagen des Textes zusammengefasst werden, und dem indikativen Abstract, das den Text neu formuliert und sich eng an seinem Aufbau orientiert, unterschieden werden (Gledhill 2000, 42). Im vorliegenden Untersuchungskorpus kommen ausschließlich informative Abstracts vor.

Die Länge des Abstracts kann stark variieren. Bei den Fachzeitschriftenartikeln reicht sie von 57 Wörtern (PF BE 2) bis 212 Wörter (IF AE 1). Im Letters-Korpus ist die Spanne noch etwas größer, sie reicht hier von 43 Wörtern (IL IE 2) bis 223 Wörter (IL BE 1). Insgesamt liegt der prozentuale Anteil des Abstracts am Gesamttext zwischen ca. 0,5 % bis 6 %. Dabei fällt der prozentuale Anteil des Abstracts an einem Fachzeitschriftenartikel in der Regel naturgemäß niedriger aus als an einem Letter, da der Fachzeitschriftenartikel über einen größeren Gesamttextumfang verfügt (vgl. Tab. A1 im Anhang).

Ein Zusammenhang zwischen der Länge des Abstracts und der Länge des Gesamttextes, wie ihn R. Gläser vermutet (1995, 125), kann jedoch nicht beobachtet werden.

Vielmehr werden die Variationen in der Länge des Abstracts primär durch die unterschiedlichen publizistischen Gepflogenheiten der jeweiligen Fachzeitschriften bzw. Journals bedingt. Die meisten Zeitschriften fordern explizit ein

14 Durchschnittlich 92% der finiten Verbformen in den Abstracts sind im *simple present*. Dabei überwiegt das *simple present* in den Abstracts von Fachzeitschriftenartikeln (durchschnittlich 97%) gegenüber den Abstracts von Letters (durchschnittlich 87%).

Abstract zu jedem eingereichten Beitrag, die Länge, die für das Abstract zulässig ist, kann jedoch sehr unterschiedlich sein. Das *Journal of Adaptive Behaviour* zum Beispiel gibt 150 Wörter, das *Journal of Functional Programming* 300 Wörter als Obergrenze für das Abstract vor, beide veröffentlichen nur Fachzeitschriftenartikel zur Informatik.

In keinem der untersuchten Fachtexte wird das Abstract mit in die Dezimalgliederung einbezogen, stattdessen steht es abgegrenzt vor dem Haupttext. In allen Fachtexten wird es durch das Layout zusätzlich optisch abgesetzt (zum Beispiel durch Fettdruck, Trennlinien oder abweichenden Textsatz). Zusätzlich geht dem Abstract meist eine Zwischenüberschrift voran. In sechs Texten aus dem Physik-Korpus fehlt diese jedoch. Darunter befinden sich die vier bereits erwähnten Letters, die ohnehin ganz auf (Zwischen-)Überschriften verzichten.

Die Zuordnung von Abstracts und Fachzeitschriftenartikeln stellt eine stark normierte intertextuelle Vernetzungsregularität dar, die dazu dient, die Präzision und Ökonomie des Informationsaustausches zu erhöhen und die Inhaltserschließung zu erleichtern (Baumann 2008 und 2011). So wird **Kohärenz** in Fachtextsortennetzen aus Fachzeitschriftenartikel, Letters usw. mit verwandter Thematik geschaffen.

In zehn der untersuchten Texte folgt auf den Abstract eine Zeile „Keywords“, in der die zentralen Begriffe des Artikels aufgeführt sind. Mithilfe dieser Schlüsselbegriffe kann der Artikel/Letter nicht nur einem wissenschaftlichen Teilgebiet, sondern auch der speziellen Forschungsrichtung schnell zugeordnet werden. Bei Online-Veröffentlichungen ist zudem eine zielgerichtete Suche über die Keywords möglich.

Einige Fachzeitschriften fordern explizit die Angabe von Schlüsselbegriffen.

Anschließend folgt in allen Texten das Kapitel „Introduction“, welches das erste zum Haupttext gehörige Kapitel ist. Es ist auch das Kapitel eins in der Dezimalgliederung, sofern diese vorhanden ist.

In diesem Kapitel werden eine Übersicht über das behandelte Problem- bzw. Aufgabenfeld und ein Überblick über die Grundlagen und Ziele des vorliegenden Artikels gegeben.

Es beinhaltet häufig einen Überblick über den Forschungsstand bzw. über ältere oder ähnliche Ansätze. Anschließend werden die Ziele und die Motivation der vorliegenden Arbeit dargelegt, also inwiefern der vorgestellte Ansatz neue Impulse gibt oder den bisherigen Forschungsstand erweitert. Darauf folgt die Einarbeitung in die Grundlagen der eigentlichen Thematik.

Die Textteile „Abstract“ und „Introduction“ sind in allen Texten an derselben makrostrukturellen Position vorhanden[15]. Wenn die Texte eine Dezimalgliederung enthalten, werden sie meist durch eine eigene Überschrift hervorgehoben und die Überschriften variieren nicht. Diese textstrukturellen Elemente sind demnach stark konventionalisiert.

Anschließend folgt der Bericht bzw. Haupttext. Darunter wird der Kern des Textes, also der Teil, in dem die eigentlichen Ideen und Ansätze dargelegt und erläutert werden, verstanden. Er besteht meist aus mehreren Unterkapiteln auf mehreren Gliederungsebenen und macht prozentual erwartungsgemäß den größten Teil des Gesamttextes aus.

Der Aufbau des Berichts richtet sich nach thematischen Gesichtspunkten, ist also vom jeweiligen Textgegenstand abhängig, so dass er dementsprechend wenig konventionalisiert ist.

Am Schluss werden die gewonnenen Erkenntnisse zusammengefasst und bewertet, dieser Abschnitt trägt zumeist die Überschrift „Conclusion[s]“ oder „Discussion“. Häufig enthält er auch Anregungen für weiterführende Forschungen zu

15 Die einzige Ausnahme bildet der Letter IL BE 2: Hier fehlt ein Kapitel „Introduction“, stattdessen heißt das erste Kapitel „Background information and problem statement“. Seine Funktion entspricht allerdings der einer Einleitung, der Forschungsstand wird vorgestellt und das untersuchte Problem wird erläutert. Im letzten Teil des Kapitels wird schon der Einstieg in die Problemlösung, also in den Berichtsteil des Textes vorgenommen.

dem jeweiligen Thema. Die Zusammenfassungen oder Rekapitulationen sind hier Teiltexte des Primärtextes, den sie reproduzieren (vgl. Kretzenbacher 1990, 11). Sie fassen in kondensierter Form die entscheidenden Aussagen und Schlüsselwörter des Fachtextes zusammen und dienen so dazu, das Leserinteresse zu fokussieren. Aus diesem Grund werden Zusammenfassungen, ähnlich wie das Abstract, häufig vor dem Primärtext rezipiert (Kretzenbacher 1991).

In seiner umfangreichen empirischen Untersuchung von Zusammenfassungen unterscheidet H. Oldenburg nach dem Inhalt zwischen vier Typen von Zusammenfassungen (Oldenburg 1992b, 127):

- Zusammenfassend: Zusammenfassungen, die ausschließlich die im Text gegeben Informationen zusammenfassen und keinerlei neue Informationen einführen;
- Diskutierend: Zusammenfassungen, die die im Text vorgestellten Ergebnisse abschließend betrachten;
- Schlussfolgernd: Zusammenfassungen, die aus den vorgestellten Ergebnissen Schlussfolgerungen ziehen und/oder auf mögliche künftige Forschung verweisen (Forschungsdesiderata);
- Komplex: Zusammenfassungen, die mehrere Merkmale der oben genannten Typen beinhalten und diskutierend-schlussfolgernd oder argumentierend-schlussfolgernd aufgebaut sind.

Ein Abschnitt zur Zusammenfassung und Diskussion der gewonnenen Erkenntnisse ist auch in den Texten ohne Zwischenüberschriften vorhanden. Nur zwei Texte zur Informatik stellen eine Ausnahme dar: Im britischen Fachzeitschriftenartikel IF BE 1 wird am Ende unter dem Kapitel „Further Work“ detailliert auf eine mögliche Weiterführung des vorgesellten Ansatzes eingegangen, eine Zusammenfassung der vorgestellten Forschung im eigentlichen Sinne fehlt jedoch; der britische Letter IL BE 2 verzichtet auf jegliche Zusammenfassung oder Schlussfolgerung und beendet den Hauptteil abrupt mit einem Beweis.

Von den 22 untersuchten Zusammenfassungen der übrigen Korpustexte haben zehn schlussfolgernden und fünf zusammenfassenden Charakter, vier sind als komplexe (diskutierend-schlussfolgernde) Zusammenfassungen einzustufen und drei Zusammenfassungen sind diskutierend.

Die schlussfolgernden Zusammenfassungen überwiegen somit deutlich. Sie dienen in erster Linie dazu, die Bedeutung der geleisteten Forschung abschließend hervorzuheben und den Bezug zum Gesamtforschungsfeld herzustellen.

Zwischen Zusammenfassung und Quellenangaben befindet sich in 21 der 24 untersuchten Texte der Abschnitt „Acknowledgements".[16] Dieser ist nicht in die Dezimalgliederung miteinbezogen und steht dadurch wie das Abstract als Auxiliartext gewissermaßen außerhalb des eigentlichen Textkörpers.

Die Länge dieses Abschnitts variiert ebenfalls sehr stark zwischen 10 (IF AE 2) und 183 Wörtern (IF BE 2).

Die Danksagungen richten sich oft an die Reviewer bzw. Referees der jeweiligen Fachzeitschrift, die bei der Überarbeitung des Artikels während des Publikationsprozesses hilfreiche Ansprechpartner waren, zum Beispiel:

- I am grateful to three anonymous referees for helpful suggestions (IF AE 2, 1028).

Auch Kollegen, die Ressourcen zur Verfügung gestellt oder den Verfassern nützliche Anregungen gegeben haben, werden dankend erwähnt:

1) We would like to acknowledge the use of software based on E. Loupias' salient point detector (IL IE 1, 51).

2) This paper was inspired by a discussion with Jose Nuno Oliveira at the 59th meeting of IFIP Working Group 2.1 in Nottingham in September 2004 (IF BE 2, 16).

Häufig wird sich auch für die Finanzierung von den Projekten, über die im Fachtext berichtet wird, bedankt:

---

16 Bei den drei Texten, die keine Danksagungen enthalten, handelt es sich um zwei Fachzeitschriftenartikel (IF IE 1, PF BE 2) und einen Letter (IL AE 1).

1) This work was supported by National Science Foundation grants... (IF AE 1, 23).

2) This work has been partially supported by grants from NASA (NAG5-12905) and the NSF (PF AE 1, 43).

Gegebenenfalls werden die Acknowledgements nicht mit einer eigenen Zwischenüberschrift versehen, sondern – ähnlich wie das Abstract – nur optisch durch das Layout oder einen Absatz abgegrenzt.

Die Angaben in den Literaturhinweisen („References“) sind meist (in 16 von 24 Fachtexten) nummeriert, dadurch kann im Text durch Angabe der entsprechenden Nummer in eckigen Klammern oder in hochgestellter Form schnell und platzsparend auf die Quelle Bezug genommen werden. Das ist nützlich, da die meisten Fachzeitschriften die zulässige Länge ihrer Beiträge beschränken.

8.1.4 Prozentualer Anteil einzelner Teiltexte

Im Folgenden wird der prozentuale Anteil der einzelnen Teiltexte am Gesamttext ermittelt und in den nachfolgenden Abbildungen dargestellt. Dadurch soll ihr Umfang verglichen und ihre Bedeutung für den Textaufbau eingeschätzt werden. Die Berichte werden nicht erwähnt, da sie weniger konventionalisiert und deshalb weniger aussagekräftig sind. Es werden nur die Teiltexte verwendet, die in allen untersuchten Texten vorkommen.

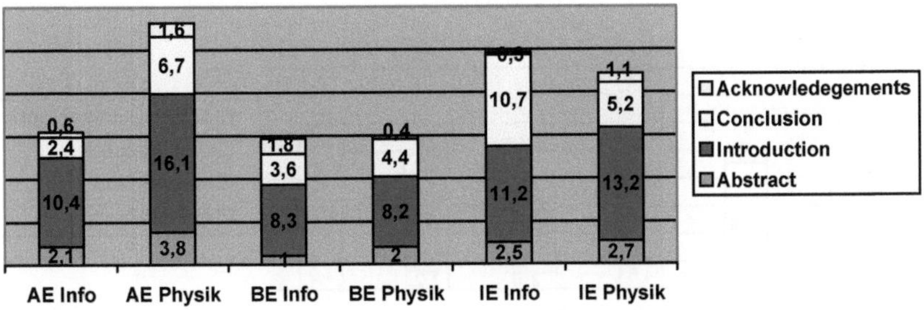

Abb. 6: Textanteile Fachzeitschriftenartikel in % am Gesamttext

Die oben dargestellten Ergebnisse lassen sich nur schwer auswerten, da die einzelnen Teilkorpora relativ klein sind. Es fällt jedoch auf, dass die Einleitung in den Fachzeitschriftenartikeln britischer Autoren kürzer ausfällt, als in den anderen Korpora. Das ist sowohl in den Texten zur Informatik als auch zur Physik der Fall.

In den Fachzeitschriftenartikeln zur Informatik deutscher Autoren sind die Zusammenfassungen mehr als doppelt so lang wie die Zusammenfassungen in den anderen Korpora.

Abgesehen von diesen Ausnahmen bestätigen die nur geringfügigen Abweichungen zwischen den Teilkorpora, dass der Textaufbau für Fachzeitschriftenartikel relativ vereinheitlicht ist, was durch die Publikationsrichtlinien der Verlage und Fachzeitschriften erreicht wird.

Dagegen beobachtet T. Sandersen (2009) bei der Untersuchung von Fachtexten zur Philosophie uns Geschichtswissenschaft ausgeprägte kulturelle Unterschiede in den Danksagungen, demzufolge sind die Danksagungen englischsprachiger Autoren deutlich länger als die deutschsprachiger Autoren. Dies kann in den hier untersuchten Disziplinen nicht beobachtet werden und legt disziplinenspezifische Unterschiede nahe.

Die folgende Grafik zeigt die prozentualen Anteile der Teiltexte am Gesamttext in den Letters.

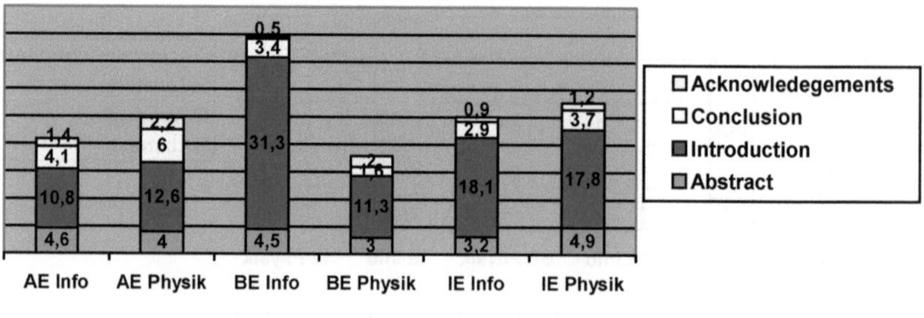

Abb. 7: Textanteile Letters in % am Gesamttext

Aus einem Vergleich der beiden Abbildungen wird ersichtlich, dass Introduction und Abstract in den Letters prozentual gesehen einen größeren Anteil einnehmen, als in den Fachzeitschriftenartikeln. Das ist darin begründet, dass die Letters insgesamt kürzer sind, aber Abstract und Introduction eine gewisse Mindestlänge benötigen, um ihre Funktion (Überblick über die Kernaussagen des Textes bzw. Einführung in die Thematik) erfüllen zu können. Für die Acknowledgements scheint dies nicht der Fall zu sein.

Die Introductions in den Letters zur Informatik von den britischen und den deutschen Autoren sind doppelt so lang wie in den übrigen Texten.

Abgesehen von den oben aufgeführten Abweichungen bestätigen auch die Daten über die Letters, dass der Textaufbau relativ vereinheitlicht ist.

Zusammenfassend lässt sich feststellen, dass die Makrostruktur in den untersuchten Fachzeitschriftenartikeln relativ vereinheitlicht und konventionalisiert ist. Das trifft insbesondere auf die interesseweckenden Textabschnitte (Titel, Informationen zu den Autoren, Abstract) sowie auf die Introduction zu. Auch der Schluss mit Zusammenfassung (Conclusion[s]/Discusson) und Acknowledgements ist weitgehend konventionalisiert.

Lediglich der Haupttext bzw. Berichtsteil weist keine klaren fachtextübergreifenden Strukturen auf, da er vorrangig vom Textgegenstand determiniert wird.

Die Letters spiegeln den makrostrukturellen Aufbau der Fachzeitschriftenartikel wider. Lediglich der gelegentlich beobachtete Verzicht auf Zwischenüberschriften ist abweichend. Er ist wahrscheinlich auf den vergleichsweise geringen Textumfang (durch den Zwischenüberschriften u. U. überflüssig erscheinen) und auf Umfangsbeschränkungen seitens der Publikationsorgane zurückzuführen.

Disziplinen- oder kulturspezifische Unterschiede in der Makrostruktur sind nicht festzustellen. Das ist mit den universal gültigen Publikationsrichtlinien der Publikationsorgane zu erklären.

8.2 Personeneinbezug

Der Personeneinbezug beschreibt das Verhältnis zwischen Sender und Rezipient im Text. In diesem Zusammenhang wird in der nachfolgenden Analyse des Personeneinbezugs die Referenz auf die Fachtextautoren (Sendereinbezug) und die Einbeziehung der Leser (Adressateneinbezug) ermittelt.

Im Allgemeinen zeichnet Fachtexte ein schwacher Personeneinbezug aus, da sie durch Sachlichkeit und Objektivität in der Darstellung geprägt sind (Gläser 1990, 57). Durch einen geringen Personeneinbezug konzentriert sich die Aufmerksamkeit des Rezipienten auf den Fachtextgegenstand und der Autor tritt in den Hintergrund. Die fehlende Personaldeixis löst somit die präsentierten Forschungsergebnisse von der Person des Wissenschaftlers und verleiht ihnen dadurch den Eindruck von Allgemeingültigkeit (Graefen 1997, 201f.).

In eigenen Fällen können sich jedoch besonders namhafte Wissenschaftler über disziplinenspezifische Konventionen hinwegsetzen und ihren eigenen Stil deutlicher zu Tage treten lassen, indem sie beispielsweise die Verfasserreferenz vorwiegend in der ersten Person Singular vornehmen (Kretzenbacher 1995). Hierdurch können sie ihre Autorität innerhalb der Wissenschaftsgemeinde nutzen, um die Glaubwürdigkeit ihrer Forschung zu verstärken.

Wie R. Gläser bereits anmerkt, kann nicht undifferenziert für alle Fachtexte angenommen werden, dass sie über eine neutrale Darstellungshaltung bzw. einen gering ausgeprägten Personeneinbezug verfügen, da dieser, wie alle Textmerkmale, stilistischem Wandel und kulturellen Gepflogenheiten unterliegt (Gläser 1990). Zudem ist auch die Ausprägung des Personeneinbezugs disziplinen- und textsortenabhängig.

8.2.1 Sendereinbezug

Der Sendereinbezug bezieht sich auf die Art und Weise, wie der Fachtextautor auf sich selbst referiert bzw. wie er im Text in Erscheinung tritt. Üblicherweise fällt der Sendereinbezug in naturwissenschaftlich-technischen Fachtexten gering aus, da durch eine anonyme und unpersönliche Darstellungsweise der Textgegenstand in den Fokus gerückt werden soll. Zudem erlangen die Aussagen größere Allgemeingültigkeit und die empirische Natur der Ergebnisse wird hervorgehoben, wenn sie vom Autor unabhängig dargestellt werden (Graefen 1997; Hyland 2006b, 32).

Je niedriger der Sendereinbezug ausfällt, desto mehr weicht der Autor hinter den dargestellten Textgegenstand zurück. Zur Vermeidung des Sendereinbezugs findet deshalb häufig eine Deagentivierung (durch Passivierung, Nominalisierung, Objektivierung usw.) statt (Weingarten 1994).

Im Rahmen der vorliegenden Analyse werden Personal- und Possessivpronomen der ersten Person Singular und Plural zum Sendereinbezug gezählt. Auch Nomen und Pronomen der dritten Person Singular und Plural werden berücksichtigt, sofern sie sich auf die Textautoren beziehen. Diese Form der Autorenreferenz gestaltet sich allerdings unpersönlicher als die Verwendung der ersten Person.

Um die Vergleichbarkeit der erhobenen Daten zu gewährleisten, wird die absolute Häufigkeit des Auftretens von Autorenreferenzen auf die Anzahl der Druckseiten bezogen und die so entstehende Texthäufigkeit ausgewertet.

Die erste Person Plural (einschließlich der Possessivpronomen *us/our*) ist mit beinahe 99 % des nachgewiesenen Gesamtsendereinbezugs in allen Korpora die deutlich vorherrschende Form.

In den 17 untersuchten Fachtexten, die von mehreren Autoren verfasst wurden, bezeichnet sie als *pluralis auctoris* das Autorenkollektiv. Auch in den sieben Fachtexten, die von Einzelautoren verfasst wurden, wird vorwiegend die erste Person Plural, wahrscheinlich als *pluralis modestiae*, für die Autorenreferenz verwendet.

Die von R. Gläser angeführte zunehmende Verwendung der ersten Person Singular durch Einzelautoren kann deshalb anhand des vorliegenden Korpus für Fachzeitschriftenartikel und Letters der Informatik und Physik nicht bestätigt werden (Gläser 1990, 57). Im gesamten Fachtextkorpus tritt die erste Person Singular nur zwei Mal auf, jeweils unter dem Abschnitt „Acknowledgements.“ Die Verwendung der ersten Person Singular durch die Einzelautoren erzeugt hier einen persönlicheren Ton:

1) I am grateful to three anonymous referees for helpful suggestions (IF AE 2, 1028).

2) I wish to thank… (PF IE 1, 742).

Die übrigen Einzelautoren verwenden in der Regel auch in den Danksagungen entweder die erste Person Plural, oder unpersönliche Passivkonstruktionen, wie beispielsweise:

1) This paper was inspired by a discussion with… (IF BE 2, 16).

2) Comments of the referees leading to an improved presentation are gratefully acknowledged (IL IE 2, 34).

Demzufolge scheint die erste Person Singular eher vermieden zu werden. Die Plural-Form dient für Einzelautoren scheinbar als Ersatz für die Singular-Form, durch den der Autor stärker in den Hintergrund tritt. Demzufolge ist die Verwendung der ersten Person Plural für die Autorenreferenz offenbar die übliche Vorgehensweise in Fachzeitschriftenartikeln und Letters zur Informatik und Physik.

Zwei der untersuchten Fachtexte aus dem Physik-Korpus (PF IE 2; PL BE 1) weisen weder in der Plural-Form noch in der Singular-Form Autorenreferenz auf. Hier versuchen die Autoren anscheinend den Sendereinbezug möglichst zu vermeiden, diese Texte stellen aber vermutlich Einzelfälle dar.

Neben ihrer Funktion zum Sendereinbezug kann die erste Person Plural in Form des *inclusive we* auch in Verbindung mit dem Adressateneinbezug eingesetzt werden, darauf wird im Zusammenhang mit dem Adressateneinbezug noch näher eingegangen.

Zur Untersuchung der Autorenreferenz durch Einzelautoren führte I. Vassileva eine umfragebasierte Studie mit Einzelautoren aus verschiedenen wissenschaftlichen Disziplinen durch (Vassileva 2004). Anhand dieser Studie konnte sie feststellen, dass Naturwissenschaftler bei der Textproduktion im Englischen insgesamt die erste Person Plural bevorzugen. Dabei benutzen laut ihren Ergebnissen insbesondere deutsche Naturwissenschaftler die Plural-Form, während britische und amerikanische Naturwissenschaftler beide Formen verwenden, jedoch die erste Person Singular etwas häufiger einsetzen.

Als wichtigste Motive zur Verwendung der ersten Person Plural nannten die Studienteilnehmer die Hervorhebung von Teamarbeit, das Beachten von Konventionen, Wahrung der Objektivität und Distanz und Demonstration von Bescheidenheit. Die erste Person Singular wird von britischen und amerikanischen Autoren verwendet, um Verantwortung für die getroffenen Aussagen zu übernehmen, Publikationsanforderungen zu erfüllen und ebenfalls als Ausdruck von Bescheidenheit, da einige die erste Person Plural eher als *pluralis majestatis* auffassten.

I. Vassilevas Umfrage ergab weiterhin, dass die Teilnehmer bisher wenig oder gar nicht über den Sendereinbezug in ihren Texten reflektiert hatten. Dementsprechend waren sie sich auch keiner kulturellen Unterschiede bewusst und gaben an, den Sendereinbezug in der Fremdsprache ebenso zu handhaben wie in der Muttersprache.

Teamarbeit spielt in den Naturwissenschaften, insbesondere in der Physik, eine ausgesprochen große Rolle. Beinahe allen Veröffentlichungen liegen empirische Studien oder Experimente zugrunde, die zwangsläufig in Zusammenarbeit mit Kollegen und/oder Studenten in Arbeitsgruppen durchgeführt werden müssen. Daher wird die erste Person Plural insbesondere im naturwissenschaftlichen Kontext verwendet, um auch die Leistung der Mitarbeiter zu würdigen. Da zudem die überwiegende Mehrheit der Publikationen in Fachzeitschriften von Autorenkollektiven verfasst wird, dominiert die erste Person Plural und stellt eine Konvention dar, die offenbar auch Einzelautoren gewohnheitsmäßig einhalten.

G. Graefen stellt weiterhin fest, dass die erste Person Plural in Zusammenhang mit metakommunikativen Elementen der Textorganisation – insbesondere der Inhaltsangabe und der Rekapitulation – besonders häufig auftritt (Graefen 1997, 202).

Weiterhin wird selten auch die dritte Person Singular oder Plural zum Einbezug der Autoren verwendet. Die Verwendung der dritten Person stellt eine Form des indirekten Personeneinbezuges dar:

1) The authors wish to thank... (IF AE 1, 23).

2) The author is grateful to David Manlove for helpful comments on an earlier version of this paper (IL BE 2, 4).

In einigen Texten zur Physik von amerikanischen und britischen Autoren wird mittels der Initialen in der dritten Person Singular auf ein bestimmtes Mitglied eines Autorenkollektivs Bezug genommen. Da sich kein solches Beispiel in den Texten deutscher Autoren findet, scheint es sich hier eher um einen Usus englischsprachiger Fachtextautoren zu handeln. Die Autorenreferenz durch Initialen geschieht ausschließlich im Zusammenhang mit den Danksagungen, zum Beispiel:

1) JWC is a Cottrell Scholar of Research Corporation (PF AE 2, 14).

2) I.B.S. thanks the NIST/NRC postdoctoral program (PL AE 1, 4).

Diese Varianten stellen jedoch lediglich Ausnahmen dar, im gesamten Korpus werden nur etwa zwei Prozent des Sendereinbezugs in der dritten Person Singular oder Plural realisiert.

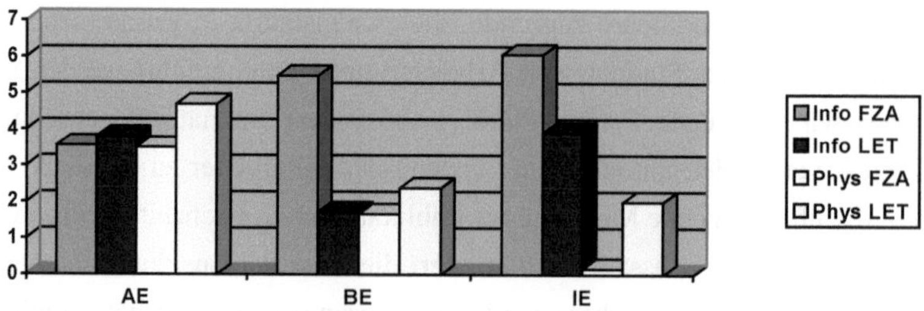

Abb. 8: Sendereinbezug (Texthäufigkeit) im Vergleich

Aus dem Diagramm in Abb. 8 oben ist ersichtlich, dass der Sendereinbezug insgesamt in den Fachtexten zur Informatik höher ist als in denen zur Physik. Nur im amerikanischen Korpus ist der Sendereinbezug etwa gleich stark, im britischen und deutschen Physik-Korpus fällt er dagegen insgesamt weit niedriger aus als im Informatik-Korpus.

Außerdem ist der Sendereinbezug in den Letters zur Physik höher als in den Fachzeitschriftenartikeln dieser Disziplin. In den Texten zur Informatik dagegen ist der Sendereinbezug (insbesondere im britischen und deutschen Korpus) in den Fachzeitschriftenartikeln deutlich höher als in den Letters.

Aufgrund der anglo-amerikanischen Kommunikationsstrategie der *writer responsibility* (vgl. Clyne 1991) wäre zu erwarten, dass der Sendereinbezug in den Fachtexten amerikanischer und britischer Autoren deutlich höher ist, als in den Texten deutscher Autoren. Da dies im untersuchten Korpus nicht der Fall ist, kann davon ausgegangen werden, dass sich die deutschsprachigen Fachtextautoren bei der Publikation auf Englisch an die üblichen Gepflogenheiten der Fachdisziplin angepasst haben, die im Wesentlichen auf den Gewohnheiten des amerikanischen/britischen Englisch beruhen.

8.2.2 Adressateneinbezug

Unter Adressateneinbezug werden die sprachlichen Formen des Personeneinbezugs verstanden, die sich an den Adressaten bzw. Fachtextrezipienten richten. Der Sender versucht mittels Adressateneinbezug diesen in den Text „einzubinden“ und so seine Aufmerksamkeit und das Textverstehen zu erhöhen.

Gemeinhin wird unter Adressateneinbezug vorrangig das Auftreten von Personal- und Possessivpronomen in der zweiten Person verstanden. Im untersuchten Korpus tritt der Sendereinbezug in dieser Form allerdings nicht auf, was darauf schließen lässt, dass die Verwendung der zweiten Person im untersuchten Kommunikationsbereich nicht üblich ist.

Eine Beschränkung ausschließlich auf den direkten Adressateneinbezug durch Personal- und Possessivpronomen in der zweiten Person wäre jedoch eine zu enge Definition der Adressatenansprache. Denn die Analyse des vorliegenden Korpus hat gezeigt, dass der Adressat auch in anderer Form in den Text eingebunden werden kann. Dazu gehört insbesondere die Verwendung des *inclusive we*, das den Adressaten und den Sender gleichermaßen anspricht. Es wird deshalb sowohl im Sender- als auch im Adressateneinbezug gezählt.

Der Adressateneinbezug ist demzufolge vorhanden, fällt jedoch deutlich schwächer aus als der Sendereinbezug. S. Göpferich spricht im Rahmen ihrer Analysen von Fachzeitschriftenartikeln zum Maschinenbau sogar von einer Vermeidung des Adressateneinbezugs (1995, 373). Eine Tendenz, die der schwache Adressateneinbezug, der in allen untersuchten Teilkorpora festgestellt wurde, bestätigt.

In den Fachzeitschriftenartikeln zur Informatik liegt der Adressateneinbezug bei einer Gesamttexthäufigkeit von ca. 1,2 Adressatenansprachen pro Druckseite. Auch in den Letters beträgt die Texthäufigkeit ca. 1,2 Adressatenansprachen pro Druckseite.

Im Physikkorpus ist der Adressateneinbezug insgesamt noch niedriger als in den Texten zur Informatik. Er liegt hier bei einer Texthäufigkeit von nur ca. 0,3 Adressatenansprachen pro Druckseite für die Fachzeitschriftenartikel und ca. 0,5 Adressatenansprachen pro Druckseite für die Letters.

Im Gesamtkorpus werden 48,8 % des nachgewiesenen Adressateneinbezugs durch die erste Person Plural als *pluralis communis* bzw. *inclusive we* realisiert. Insbesondere im Informatik-Korpus ist dies die wichtigste Form des Adressateneinbezugs[17].

Es bestehen jedoch Schwierigkeiten, eine eindeutige Definition des *inclusive we* festzulegen. Ob der Adressat in einem bestimmten Fall miteinbezogen wird oder nicht, ist stark vom Kontext abhängig und damit häufig eine Interpretationsfrage. Zudem ist es gleichsam vom individuellen Rezipienten abhängig, ob er sich angesprochen fühlt.

---

17 Wird das Informatikkorpus für sich betrachtet, beträgt der prozentuale Anteil des *inclusive we* am Gesamtadressateneinbezug 57,8%. Im Physikkorpus beläuft er sich dagegen nur auf 21,9%.

Um dennoch vergleichbare Werte zu erlangen, werden für die vorliegende Analyse für Zweifelsfälle folgende Kriterien festgelegt. Es handelt sich um ein *inclusive we* bei:

- metakommunikativen Elementen, sofern sie die Aufmerksamkeit des Rezipienten erhöhen,
- der Erläuterung theoretischer/gedanklicher Arbeitsschritte, die der Leser bei der Lektüre mit vollzieht.

Nicht um das *inclusive we* handelt es sich bei:

- der Beschreibung von Experimenten oder Messungen (häufig im *past*), da der Adressat nicht an deren Ausführung beteiligt war,
- Variablendefinitionen und -einführungen, da diese vom Autor im Vorfeld festgelegt werden.

Beispiele für das Auftreten des *inclusive we* in Verbindung mit metakommunikativen Elementen, insbesondere der Ankündigung, des Aufmerksammachens oder des Verweises, sind:

1) ...as we will see later in this section (IF AE 1, 15).

2) ...for reasons we will see below (IF IE 2, 3).

3) ...we shall see that the results from lattice QCD suggest that... (PF BE 1, 2).

In den Textabschnitten, in denen eine spezielle fachliche Vorgehensweise oder eine mathematisch-logische Beweisführung schrittweise erläutert wird, dient das *inclusive we* dazu, den Rezipienten in die Vorgehensweise mit einzubeziehen. Beispiele dafür sind:

1) From TALA9, by contraposition, we get $t2 \neq t1 + 1$... (IF AE 2, 1026).

2) We begin by considering a simple language with exceptions... (IF BE 1, 2).

3) From Eq. (5) we can see that this happens in the interaction-free case... (PL IE 1, 2).

Dabei bezieht der Autor den Adressaten in seine gedanklichen Arbeitschritte mit ein, damit dieser sie nachvollziehen und verstehen kann. G. Graefen spricht hierbei von einem „mentalen Mit-Handeln“ das bei den „Lesern Engagement für das Thema und die Argumentation“ voraussetzt (Graefen 1997, 211).

Bei der Auswertung und Interpretation von Ergebnissen kann durch Verwendung des *inclusive we* der Rezipient dazu angehalten werden, den Aussagen des Senders zuzustimmen (Vassileva 1998).

Demnach betont das *inclusive we* die Gemeinsamkeiten zwischen Autor und Adressat (Fiedler 1991).

Selten wird auch in der dritten Person Plural indirekt auf die Leser Bezug genommen, im untersuchten Korpus geschieht dies nur vier Mal:

1) Many readers may, quite reasonably, have concerns about this rule (IF BE 1, 5).
2) For a discussion, readers are referred to the references… (IL AE 2, 3).
3) Readers who are interested only in the results should skip §§2 and 3.1. (PF AE 2, 2f).
4) However, we remind the reader that… (PL BE 1, 51).

Verglichen mit Pronomen der zweiten Person oder dem *inclusive we* wirkt die dritte Person deutlich unpersönlicher. Die oben aufgeführten Beispiele erwecken den Eindruck, dass die dritte Person verwendet wird, um Pronomen der zweiten Person zu vermeiden.

Eine wesentlich häufiger vorkommende Variante des indirekten Adressateneinbezugs ist die Verwendung von Imperativen[18]. Der indirekte Adressateneinbezug durch Imperative stellt ca. 48,4 % des gesamten Adressateneinbezuges dar.

---

18 Die Wendung „Let... be...“ wird hierbei nicht als Imperativ, der den Adressaten einbezieht, gezählt. Denn sie stellt eine konventionelle mathematische Formulierung zur Variablendefinition (entsprechend dem deutschen „Sei...“) dar und ist faktisch nicht an den Adressaten gerichtet.

Imperative werden vorrangig eingesetzt, um die Aufmerksamkeit des Lesers gezielt auf bestimmte Informationen zu lenken. In dieser Funktion werden sie auch zu den metakommunikativen Elementen des Fokussierens der Aufmerksamkeit gezählt (vgl. Kapitel 8.3.1). Da sie an den Adressaten gerichtet sind und dessen Leseverhalten steuern, sind sie auch in den Adressateneinbezug einzubeziehen. Die Imperative stellen im Physikkorpus die wichtigste Form des Adressateneinbezuges dar, das *inclusive we* tritt hier deutlich seltener auf. Einige Beispiele sind:

1) Note that the empty list of code is not interruptible... (IF BE 1, 9).

2) Note that we also created a combined data set by concatenation of the residuals from the two cameras... (PL BE 2, 49).

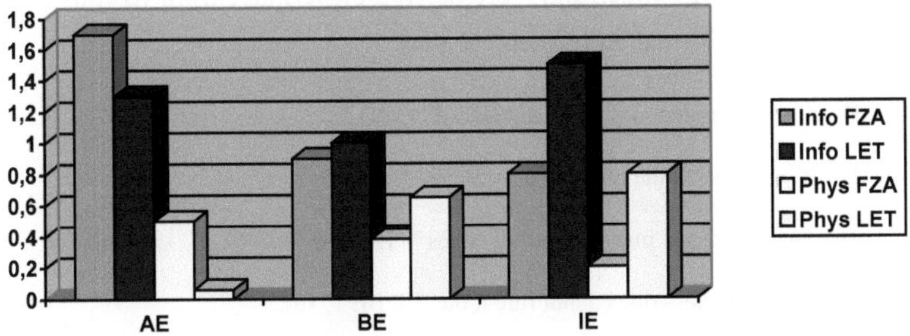

Abb. 9: Adressateneinbezug (Texthäufigkeit) im Vergleich

Wie das obenstehende Diagramm zeigt, ist der Adressateneinbezug insgesamt sehr gering. In den meisten Teilkorpora bleibt er deutlich unter einer Texthäufigkeit von 1,5 Adressateneinbezügen pro Druckseite. Das amerikanische Korpus der Fachzeitschriftenartikel zur Informatik stellt hierzu die einzige Ausnahme dar. Einer der dazugehörenden Texte weist einen ungewöhnlich hohen Adressateneinbezug mit einer Texthäufigkeit von 3,5 Adressateneinbezügen pro Druckseite (vorrangig in Form des *inclusive we*) auf, wodurch das Gesamtergebnis erhöht wird. Dieser Text stellt wahrscheinlich eine Ausnahme dar, die auf individuelle Präferenzen des Fachtextautors zurückzuführen ist.

In den Fachtexten zur Physik ist der Adressateneinbezug noch wesentlich niedriger als in den Fachtexten zur Informatik. Die Texthäufigkeit bleibt hier stets unter einem Adressateneinbezug pro Druckseite. Insbesondere das *inclusive we* ist hier deutlich seltener anzutreffen. Das hängt vermutlich damit zusammen, dass in den untersuchten Texten zur Physik selten eine gedankliche Vorgehensweise erläutert wird. Stattdessen finden sich häufig Beschreibungen von Experimenten, Versuchen oder Messungen, an denen der Rezipient zwangsläufig nicht beteiligt war, weshalb kein *inclusive we* eingesetzt wird.

8.2.3 Weiterer Personeneinbezug

Eine weitere Möglichkeit des Personeneinbezugs ist die dritte Person Singular mit dem Personalpronomen *one* bzw. *you* in der Funktion des deutschen „man“. Es bezieht sich auf Sender und Adressaten gleichermaßen. Im Korpus tritt diese Form insgesamt 46-mal auf. Beispiele sind:

1) One is tempted to think that... (IF AE 1, 21).

2) If one accepts the claim that... (IF BE 2, 16).

3) To do this, one must extract all edges in E of the form (d, x)... (IL AE 2, 2).

4) ... nonetheless one cannot rule it out (PF BE 1, 10).

S. Göpferich räumt diesem Personalpronomen eine „Zwischenstellung zwischen persönlichen und unpersönlichen Formulierungen“ ein (Göpferich 1995, 372).

Wie die Beispiele oben zeigen, kann es in den Texten auf eine Weise verwendet werden, die den Leser in die Gedankengänge und Überlegungen der Autoren einbezieht und so eine Art kollegiale Bindung zwischen den Sendern und den Adressaten herstellt (siehe insbesondere die Beispiele 1 und 2). Dadurch erhält das Personalpronomen einen relativ persönlichen Ton.

Es stellt demzufolge eine Verstehensgrundlage zwischen Sender und Adressaten her (Graefen 1997, 212).

Ausdrücke im Passiv wie beispielsweise „it can be seen that" werden nicht mit zum Personeneinbezug gezählt, da das Passiv verwendet wird, um den Personeneinbezug zu vermeiden. Es handelt sich hier um eine Vermeidungsstrategie, die den Stil eines Fachtextes unpersönlicher macht und so die fachlichen Aussagen stärker in den Vordergrund rückt (siehe Kapitel 8.4.2 zur funktionalen Verwendungsweise des Passivs).

8.2.4 Zusammenfassung

Der Personeneinbezug liegt im Gesamtkorpus bei einer durchschnittlichen Texthäufigkeit von etwa 4 Personeneinbezügen pro Druckseite. Damit kann nicht von einer Entpersonalisierung in den untersuchten Fachtexten gesprochen werden.

Der Sendereinbezug ist dabei in allen Teilkorpora deutlich stärker ausgeprägt als der Adressateneinbezug.

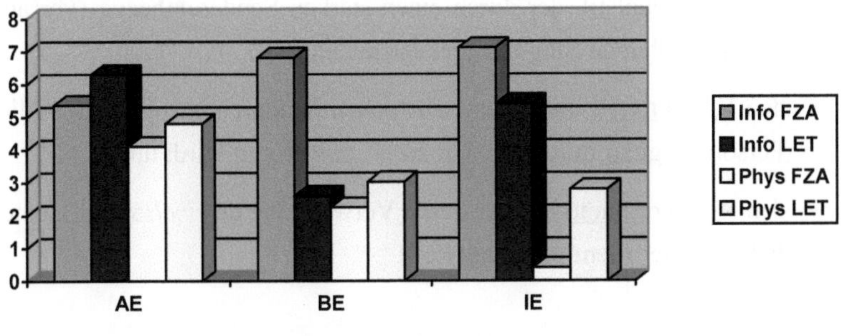

Abb. 10: Personeneinbezug (Texthäufigkeit) insgesamt im Vergleich

Wie das Diagramm zeigt, ist der Personeneinbezug in den Fachzeitschriftenartikeln zur Informatik insgesamt deutlich am größten. In den Letters zur Informatik fällt er insgesamt geringer aus als in den Fachzeitschriftenartikeln dieser Disziplin.

In den Fachtexten zur Physik ist der Personeneinbezug stets niedriger als in den Fachtexten zur Informatik der jeweiligen Teilkorpora. Dabei ist er in den Fachzeitschriftenartikeln der Physik niedriger als in den Letters.

Insgesamt gesehen weist das amerikanische Korpus den stärksten Personeneinbezug auf. Außer in den Fachzeitschriftenartikeln zur Informatik ist er hier in allen Teilkorpora am höchsten. In den Korpora britischer und deutscher Autoren zeigen die Fachzeitschriftenartikel der Informatik einen deutlich stärkeren Personeneinbezug als die anderen Teilkorpora.

D. Olszewska unterscheidet zwischen zwei Personalstilen des wissenschaftlichen Schreibens (Olszewska 2016): Dem formalen Stil und dem persönlichen Stil. Dabei wird der formale Stil durch das gänzliche Fehlen des direkten Sendereinbezugs gekennzeichnet. Der persönliche Stil weist dagegen eine explizite Personaldeixis, sowohl in Form des Sender- als auch des Adressateneinbezuges auf. Dieser Stil herrscht in der mündlichen Kommunikation vor, tritt aber auch in der schriftlichen Kommunikation auf, wo er den Eindruck eines imaginären Diskurses erweckt. D. Olszewska unterscheidet drei Substile des persönlichen Stils:

- den Individualstil, der durch einen starken Sendereinbezug (vorrangig in der ersten Person Singular) gekennzeichnet ist;
- den Kollektivstil mit einem schwachen Sendereinbezug, in dem die erste Person Singular durch *pluralis modestiae* ersetzt wird; und
- den Kooperativitätsstil, der durch Verwendung des *inclusive we* eine deutliche Partnerorientierung aufweist.

Wird D. Olszewskas Einteilung dieser Untersuchung zugrunde gelegt, weisen die untersuchten naturwissenschaftlich-technischen Fachtexte eine Mischung zwischen Kollektiv- und Kooperativitätsstil auf. Hier muss aber angemerkt werden, dass die Mehrheit der Texte von einem Autorenkollektiv verfasst wurde, so dass die erste Person Plural für den Sendereinbezug dort kein *pluralis modestiae*, sondern ein *pluralis auctoris* darstellt.

Eine Ausnahme stellen die bereits eingangs erwähnten Fachtexte zur Physik PF IE 2 und PL BE 1 dar, die durch den nahezu fehlenden Personeneinbezug eher dem formalen Stil zuzurechnen sind.

Der mit einer durchschnittlichen Gesamttexthäufigkeit von 4 Personeneinbezügen pro Druckseite mittelstark vorhandene Personeneinbezug ist im Informatikkorpus deutlich stärker ausgeprägt als im Physikkorpus.

Der Sendereinbezug ist weiterhin deutlich höher als der Adressanteneinbezug. Beide werden vorrangig durch die erste Person Plural realisiert, beim Sendereinbezug in Form des *Pluralis auctoris*, beim Adressateneinbezug in Form des *inclusive we*.

8.3 Metakommunikation

Sowohl metakommunikative als auch metasprachliche Elemente dienen der Erleichterung des Kommunikationsprozesses. Sie erhöhen die Behaltensleistung beim Rezipienten und helfen Fehlinterpretationen zu vermeiden. Während sich metasprachliche Elemente auf die Verwendung und Funktionsweise von Sprache generell beziehen, beziehen sich metakommunikative Elemente auf ein konkretes Kommunikationsereignis, sind also an einen konkreten Text gebunden (vgl. Gläser 1995).

Damit Metakommunikation erfolgreich ist, muss auf Seiten des Empfängers und des Senders das entsprechende metakommunikative Wissen vorhanden sein, d. h. Wissen über Kommunikationsabläufe und -organisation (Heinemann/Viehweger 1991).

Bei der Analyse von metakommunikativen und metasprachlichen Elementen ist deren Polyfunktionalität zu berücksichtigen. Gegebenfalls wurde deshalb in der folgenden Analyse ein Element mehreren Kategorien zugeordnet.

8.3.1 Metakommunikative Elemente

Die ersten umfassenden Untersuchungen über metakommunikative Elemente wurden für den mündlichen Diskurs vorgenommen (vgl. Techtmeier 1984), da sie dort aufgrund der festgelegten Textrezeptionsgeschwindigkeit von besonderer Bedeutung sind. Doch auch im schriftlichen Diskurs treten metakommunikative Elemente mit ähnlichen Funktionen auf.

Metakommunikative Elemente dienen der Kommunikationsoptimierung indem sie die Textrezeption fördern und helfen, den Text zu gliedern. Ihre Funktion besteht, so S. Göpferich, darin „das Gelingen der Kommunikation gemäß der Kommunikationsabsicht des Senders zu erleichtern bzw. sicherzustellen“ (Göpferich 1995, 382).

Metakommunikative Elemente sind demzufolge partnergerichtet und erleichtern nach R. Gläser „die Informationsaufnahme durch einen impliziten Dialog mit dem nicht kalkulierbaren Rezipienten“ (Gläser 1990, 58). Sie thematisieren konkrete Kommunikationsereignisse und sind somit stets an einen konkreten Sprechakt in einer bestimmten Kommunikationssituation gebunden (vgl. Gläser 1995). Weiterhin treten metakommunikative Elemente häufig in Verbindung mit Pronomen der ersten oder zweiten Person im Singular oder Plural auf. R. Gläser sieht das darin begründet, dass metakommunikative Elemente die persönlichen Absichten des Autors, also seinen Wunsch den Rezeptionsprozess zu steuern und den Text zu strukturieren, darstellen (Gläser 1995).

I.-A. Busch-Lauer definiert metakommunikative Elemente als kommunikative Handlungen, die zur Darstellung des Kommunikationsgegenstandes und der Rezeptionssteuerung und Verstehenssicherung beim Rezipienten dienen (Busch-Lauer 1992, 49). Demzufolge treten metakommunikative Elemente vorwiegend in Texten mit asymmetrischem Kommunikationsverhältnis zwischen Sender und Rezipienten auf. In Texten mit symmetrischem Wissensstand, wie sie das Untersuchungskorpus der vorliegenden Arbeit bilden, dienen metakommunikative Elemente eher der Darlegung des Textgegenstandes als der Rezeptionssicherung bzw. -steuerung.

I.-A. Busch-Lauer unterscheidet zwischen drei Kategorien von metakommunikativen Elementen (1992): Makrostrukturelle Gliederungssignale (verbal und non-verbal), Bezüge auf den Textinhalt und Bezugnahmen auf das Vorwissen des Rezipienten.

Auch S. Göpferich unterscheidet basierend auf S. Fiedlers Untersuchungen zu Texten der Pädagogik (Fiedler 1991) zwischen drei großen Kategorien metakommunikativer Elemente: Den Gliederungselementen, den kommentierenden Elementen und den Verweiselementen, die sie weiter in mehrere Subkategorien unterteilt (vgl. Göpferich 1995, 389–395).

Da sich diese Einteilung für die Analyse von Fachzeitschriftenartikeln zur Informatik bereits als gut geeignet erwiesen hat (vgl. Schumacher 2008), wird sie im Folgenden in leicht modifizierter Form übernommen.

In der Muttersprache erfolgt die Verwendung metakommunikativer Elemente weitgehend intuitiv, in der Fremdsprache muss sie jedoch erst erlernt werden (vgl. Busch-Lauer 1992). Insbesondere kulturbedingte Unterschiede in Art und Häufigkeit der eingesetzten metakommunikativen Elemente müssen erlernt und berücksichtigt werden. Aus diesem Grund lassen sich hier vermutlich Rückschlüsse auf den Kompetenzgrad ziehen, in dem die deutschen Autoren die disziplinenspezifischen Diskursmuster der jeweiligen englischen Fachsprache beherrschen.[19]

Im Folgenden werden die im Untersuchungskorpus verwendeten metakommunikativen Elemente näher erläutert.

8.3.1.1 Kommentierende Elemente

Die Kategorie der kommentierenden Elemente ist im untersuchten Korpus stark vertreten. In den Fachtexten zur Informatik kommt diese Kategorie der metakommunikativen Elemente am häufigsten vor. In den Fachzeitschriftenartikeln dieser Disziplin gehören 70 % aller vorkommenden metakommunikativen Elemente zu den kommentierenden Elementen, in den Letters sind es 53 %.

---

19 Vgl. hierzu die Arbeiten von Micheal Clyne hinsichtlich der Verwendung von *advance organizers*, die zu den Gliederungs- bzw. Verweiselementen gerechnet werden können (z. B. Clyne 1987, 1994).

Diese Kategorie lässt sich nach S. Göpferich (1995, 389–395) in folgende Subkategorien unterteilen:

- Elemente der Inhaltsübersicht bzw. Ankündigung,
- Elemente der Rekapitulation und Zusammenfassung,
- Elemente des Aufmerksammachens/Hervorhebens,
- Modalisierende Anführungszeichen und
- Elemente zur Erläuterung der Vorgehensweise.

Die Subkategorie der Elemente des Ankündigens bzw. des Vermittelns einer Inhaltsübersicht ist im Korpus insgesamt am stärksten vertreten, sie allein bildet beinahe ein Viertel (22 %) des Gesamtvorkommens aller metakommunikativen Elemente im Korpus. Beispiele sind:

1) The rest of this article is divided into two parts. The first part elaborates on the ideas discussed above. Section 2 further motivates OSE by discussing the shortcomings of both the conventional optimization approach and of current iterative compilation approaches. Section 3 presents OSE in detail. The second part is devoted to experimental evaluation. Section 4 evaluates the behavior of predictive heuristics in real-world compilers. Section 5 uses a proof-of-concept implementation to evaluate the performance of OSE. Finally, Section 6 concludes (IF AE 1, 3).

2) The rest of the paper is organized as follows. In the next section we define what we mean by a plan optimization problem… (IF IE 2, 2).

Solche ausführlichen Inhaltsübersichten finden sich im Allgemeinen zu Beginn des Fachtextes, meist im letzten Absatz der Einleitung. In einigen Fachzeitschriftenartikeln wird aber zusätzlich auch am Anfang neuer Kapitel ein Überblick über den Inhalt des begonnenen Kapitels und ggf. über die Untergliederung in Unterkapitel gegeben. So zum Beispiel:

- This section quantifies this performance loss in real-world compilers. We begin with a detailed presentation of the experimental setup, which is based on the Intel Electron compiler, in Section 4.1. This setup will be used again in subsequent sections. Section 4.2 presents experimental results on Electron. Finally, Section 4.3 briefly surveys the behavior of predictive heuristics in other compilers (IF AE 1, 10).

In den Letters wird auf solche Inhaltsangaben für einzelne Kapitel verzichtet. Aufgrund ihres geringen Textumfangs sind die Texte relativ übersichtlich, so dass hier weniger Gliederungshilfen notwendig sind.

Stattdessen treten hier kurze Ankündigungen im Text verteilt auf, beispielsweise:

1) We now tackle the question of how to analyze traces… (IL AE 2, 2).
2) We shall argue in section IIIB that this is more likely… (PL BE 1, 9).

Die metakommunikativen Elemente der Rekapitulationen oder Zusammenfassungen der wichtigsten bisher getroffenen Aussagen kommen in 22 der 24 untersuchten Fachtexte vor. Sie treten am Ende des Textes, am Ende eines wichtigen Kapitels oder am Anfang eines neuen Kapitels auf. Dies wird häufig durch ein entsprechendes Verb mit metakommunikativer Funktion (wie z. B. *discuss/present*) verbalisiert oder durch Verwendung einer Vergangenheitsform gekennzeichnet, die sich von den übrigen vorwiegend im *present* gehaltenen Textteilen abhebt.

Zum Beispiel:

1) Section 2.1 argued that any traditional compiler, no matter how well-tuned, is bound to sacrifice performance opportunities due to incorrect optimization decisions (IF AE 1, 10).
2) In summary, we have demonstrated that our approach of solving PSPs actually works in practical situations,… (IF IE 2, 8).
3) We presented a method to efficiently [...] determine the matching… (IL IE 1, 51).
4) Three cases where PWIs arise […] have been discussed (PF BE 2, 251).

Elemente der Aufmerksamkeitsfokussierung und des Hervorhebens lenken die Wahrnehmung des Lesers auf einen bestimmten Sachverhalt und heben diesen so hervor. Sie treten insbesondere in Form von Imperativen wie „*Note*“ oder „*Notice*“ auf, zum Beispiel:

- Note that even for the lower stagnation pressure […] a turbulence model is needed for the turbulent test section wall… (PF IE 2, 88).

Hier werden Imperative eingesetzt, um den Adressaten anzusprechen, seine Aufmerksamkeit zu erhöhen und auf einen bestimmten Sachverhalt zu lenken. Dadurch wird die Verständlichkeit des Fachtextes erhöht und die Textrezeption erleichtert. Beispiele sind:

1) Take for example the load-use distance parameter… (IF AE 1, 16).
2) Let us consider a robot which is controlled by a neural network… (IF IE 1, 1).
3) Note that these are not computed explicitly in the algorithm… (IL IE 1, 49).
4) First consider the helicity picture… (PF BE 1, 7).

Anführungszeichen werden sowohl als Stilmittel zur Textauflockerung eingesetzt (siehe Kapitel 8.5), als auch in modalisierender Form um anzudeuten, dass der verwendete Ausdruck nur annährend die gemeinte Bedeutung hat, also dass, wie es S. Göpferich ausdrückt, „der Sender gewisse Vorbehalte bei der Verwendung des in Anführungszeichen gesetzten Ausdrucks hat“ (Göpferich 1995, 392), beispielsweise:

1) Recognizing the difficulty in hand-crafting heuristics, [17] lets heuristics “evolve” using genetic algorithms (IF AE 1, 4).
2) Our stumper develops rocking or even “walking” modes with sometimes covering substantial regions of space (IF IE 1, 10).
3) …radiation polarized along their “long” axes… (PF AE 2, 1).

Erklärungen zur Vorgehensweise erläutern Entscheidungen des Autors auf welche Informationen auf welche Weise eingegangen wird, zum Beispiel:

1) <u>For brevity</u> a full treatment <u>is omitted</u> (IL AE 2, 2).
2) A similar presentation for the second operating point <u>is omitted due to only minor differences</u> (PF IE 2, 88).

8.3.1.2 Verweiselemente

Die Kategorie der Verweiselemente ist in den Fachtexten zur Physik mit insgesamt ca. 52 % am stärksten vertreten. Als Verweiselemente werden hier nur textinterne Verweise gezählt, keine textexternen Verweise auf Quellen. Diese werden als intertextuelle Bestandteile gesondert betrachtet (siehe Kap. 10), da sie den Fachtext in den wissenschaftlichen Gesamtkontext einordnen. Sie gehen somit über die bloße Textorganisation hinaus.

Textinterne Verweiselemente finden sich hauptsächlich in Form von Verweisen auf visuelle Elemente oder bestimmte Stellen im Text. Sie stellen in dieser Form eine intertextuelle Ebene der textinternen Verschränkung dar. Als Verweise auf visuelle Elemente verbinden sie den Bild- mit dem Fließtext. Als solche ist ihre Vorkommenshäufigkeit abhängig von der Anzahl der vorhanden visuellen Elemente. Auf Verweise auf visuelle Elemente wird in Kapitel 8.7 „Visuelle Elemente“ genauer eingegangen, deshalb seien sie hier nur am Rande erwähnt.

Beispiele für textinterne Verweiselemente sind:

1) ... (see Section 2 below)... (PL BE 2, 48).

2) An experimentally feasible increase of the particle density in the trap could lead to a dipolar effect of more than 2 %, see dashed curve of Fig. 3(b). (PL IE 1, 3).

Grundsätzlich kann zwischen in den Satz integrierten Verweiselementen (siehe Beispiel 1 oben) und nicht in den Satz integrierten Verweiselementen unterschieden werden. Nicht integrierte Verweise erfolgen in der Regel in Parenthesen (siehe Beispiel 2) oder Nachsätzen (siehe Beispiel 3).

8.3.1.3 Gliederungselemente

Die Kategorie der Gliederungselemente ist sowohl in den Fachzeitschriftenartikeln als auch den Letters aus beiden Wissenschaften am schwächsten vertreten (siehe Abb. A1–4 im Anhang). Es wird zwischen verbalen und nonverbalen Gliederungselementen unterschieden, wobei nonverbale Gliederungselemente häufiger vorkommen.

Verbale Gliederungselemente treten in den untersuchten Fachtexten in Form von Adverbien wie *first, firstly, secondly* usw. auf. Sie dienen dazu, die Informationsreihenfolge und damit den Text zu strukturieren, beispielsweise:

- Firstly, our proposal differs from this approach in the way preferences are represented (IF IE 2, 10).

Zu den nonverbalen Gliederungselementen gehören unter anderem die Unterteilung in Abschnitte und in Kapitel und Unterkapitel mit Überschriften sowie die Dezimalgliederung der Überschriften. Darauf wurde bereits in Kapitel 8.1 zur Makrostruktur näher eingegangen. Falls eine Unterteilung in Kapitel mit Überschriften vorhanden ist, so wird diese in ihrer Gesamtheit als ein nonverbales Gliederungselement gezählt.

Weitere nonverbale Gliederungselemente sind Aufzählungen mit Aufzählungszeichen, wie fetter Punkt, Kardinal- oder Ordinalzahlen.

8.3.1.4 Auswertung

Das Vorkommen der metakommunikativen Elemente ist insgesamt als gering zu bewerten, die Texthäufigkeit in den Fachzeitschriftenartikeln zur Informatik beträgt im Durchschnitt ca. 2,4 metakommunikative Elemente pro Druckseite; in den Letters beträgt sie 1,8 Elemente pro Druckseite. Für die Texte aus der Physik beträgt die Texthäufigkeit 2 metakommunikative Elemente pro Druckseite in den Fachzeitschriftenartikeln und 2,6 Elemente pro Druckseite in den Letters. Die Texthäufigkeit der metakommunikativen Elemente unterliegt also nur geringen Unterschieden zwischen den einzelnen Korpora.

Im Informatikkorpus finden sich im Gesamtvergleich in den Fachzeitschriftenartikeln amerikanischer Autoren die meisten metakommunikativen Elemente. Am schwächsten ist das Vorkommen metakommunikativer Elemente in den Letters britischer Autoren.

Wird die Differenzierung zwischen Fachzeitschriftenartikeln und Letters außer Acht gelassen und statt dessen der Fokus auf den Vergleich zwischen englisch- und deutschsprachigen Autoren gelegt, kann festgestellt werden, dass in den Informatiktexten amerikanischer Autoren insgesamt die meisten metakommunikativen Elemente vorkommen (2,7 Elemente pro Druckseite). In den Texten deutscher Autoren sind sie bereits schwächer vertreten (2,1 Elemente pro Druckseite), während in den Texten britischer Autoren deutlich weniger metakommunikative Elemente vorhanden sind (1,7 Elemente pro Druckseite).

Da für den Einsatz metakommunikativer Elemente Wissen über die textsortenspezifische Kommunikationsorganisation notwendig ist, zieht K.-D. Baumann aus der adäquaten Verwendung von metakommunikativen Elementen Schlussfolgerungen zum Normenbewusstsein des Textautors (Baumann 1992a, 92). In dieser Hinsicht sind metakommunikative Elemente für einen interkulturellen Vergleich von besonderem Interesse.

Die hier ermittelten Ergebnisse legen somit den Schluss nahe, dass die deutschsprachigen Autoren gute Kenntnisse der Normen englischsprachiger Fachzeitschriftenartikel und Letters zur Informatik aufweisen und diese anwenden. Es deutet sich ebenso eine Orientierung am amerikanischen Vorbild an, allerdings ist das verwendete Korpus nicht umfangreich genug, um dies endgültig zu belegen. Die im dritten Teil dieser Arbeit durchgeführte Umfrage (siehe Kapitel 11) unterstützt aber diese These. Hier gaben die befragten deutschen Informatiker mehrheitlich an, bevorzugt amerikanisches Englisch als Standard zu verwenden, was auch auf eine Gesamtorientierung am amerikanischen Stil hindeutet.

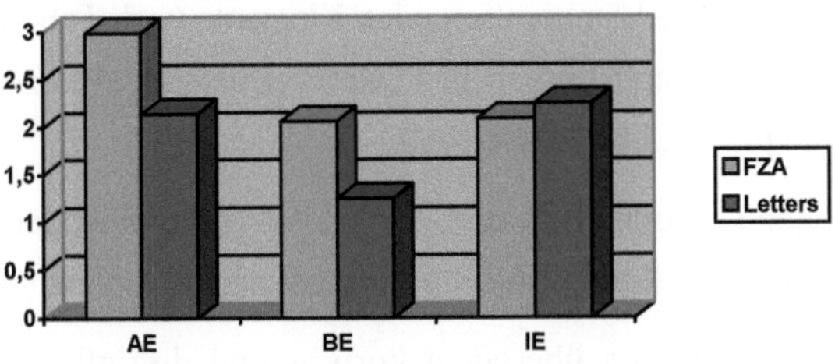

Abb. 11: Texthäufigkeit metakommunikative Elemente, Informatik

Im Korpus zur Physik finden sich in den Letters (Texthäufigkeit gesamt 2,6 Elemente pro Druckseite) verhältnismäßig mehr metakommunikative Elemente als in den Fachzeitschriftenartikeln (Texthäufigkeit gesamt ca. 2 Elemente pro Druckseite). Mit insgesamt 2,6 metakommunikativen Elementen pro Druckseite sind sie in den Texten britischer Autoren am stärksten vertreten, sowohl was Fachzeitschriftenartikel (2,35 Elemente pro Druckseite) als auch Letters (2,95 Elemente pro Druckseite) betrifft (siehe Abb. 12). Dagegen ist das Vorkommen in den Physiktexten der amerikanischen und deutschen Autoren mit insgesamt ca. 2 bzw. 2,1 Elementen pro Druckseite deutlich niedriger und auch annährend gleich.

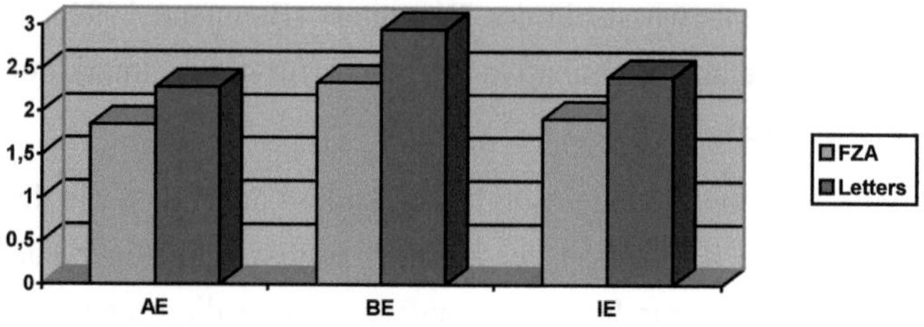

Abb. 12: Texthäufigkeit metakommunikative Elemente, Physik

Die qualitativen Unterschiede im Vorkommen der einzelnen Kategorien metakommunikativer Elemente sind, insbesondere zwischen den beiden Wissenschaften, stärker ausgeprägt als die quantitativen Unterschiede.

Wie bereits oben erwähnt, überwiegen in den Fachtexten zur Informatik mit durchschnittlich ca. 64,5 % klar die kommentierenden Elemente (vgl. Tabellen 2 und 3). Die einzige Ausnahme hierzu bilden die Letters britischer Autoren, in denen die Verweiselemente mit 53,3 % überwiegen.

In den Texten zur Physik gehören immerhin ca. 37,9 % aller vorkommenden metakommunikativen Elemente in die Kategorie der kommentierenden Elemente.

Bei den kommentierenden Elementen überwiegt korpus- und disziplinenübergreifend die Unterkategorie der Elemente der Inhaltsübersicht und des Ankündigens, die zur Textstrukturierung dienen (vgl. Tabellen A6 und A8 im Anhang). Sie bilden insgesamt 43,3 % aller kommentierenden Elemente. Andere Arten von kommentierenden Elementen treten deutlich weniger häufig auf: Metakommunikative Elemente des Hervorhebens und der Aufmerksamkeitsfokussierung machen 24,5 % aus; Rekapitulationen und Zusammenfassungen sind mit 14,3 % vertreten, Elemente zur Erläuterung der Vorgehensweise bilden insgesamt 11,6 % und die am schwächsten vertretene Gruppe kommentierender Elemente sind die modalisierenden Anführungszeichen mit 6,3 %.

In den Fachtexten zur Physik überwiegt dagegen die Kategorie der Verweiselemente mit insgesamt 51,5 %. (In den Fachzeitschriftenartikeln sind dabei 47,1 % aller metakommunikativen Elemente Verweiselemente, in den Letters sind es ca. 57,4 %.) Im Informatikkorpus fallen dagegen insgesamt nur ca. 21 % der metakommunikativen Elemente in diese Kategorie.

In beiden Korpora fallen die Gliederungselemente mit insgesamt 14,5 % in den Fachtexten zur Informatik bzw. 10,6 % in den Fachtexten zur Physik am schwächsten aus. Dabei überwiegen deutlich die nonverbalen Gliederungselemente, denn 79,8 % aller insgesamt auftretenden Gliederungselemente sind nonverbal.

Aus Tabelle 3 unten lässt sich ablesen, dass die Gliederungselemente in den Fachtexten britischer Autoren – sowohl im Bereich der Informatik, als auch der Physik – stärker vertreten sind als in den Texten amerikanischer oder deutscher Autoren[20]. Das gilt insbesondere für die Fachzeitschriftenartikel in beiden Wissenschaften (20,6 % bzw. 20 %).

<table>
<tr><th colspan="2"></th><th colspan="2">Kommentierende Elemente</th><th colspan="2">Gliederungselemente</th><th colspan="2">Verweiselemente</th></tr>
<tr><td rowspan="2">Informatik</td><td>Fachzeitschriftenartikel</td><td>70 %</td><td rowspan="2">64,5 %</td><td>15,4 %</td><td rowspan="2">14,5 %</td><td>14,6 %</td><td rowspan="2">21 %</td></tr>
<tr><td>Letters</td><td>52,7 %</td><td>12, 5 %</td><td>34,8 %</td></tr>
<tr><td rowspan="2">Physik</td><td>Fachzeitschriftenartikel</td><td>40,2 %</td><td rowspan="2">37,9 %</td><td>12,7 %</td><td rowspan="2">10,6 %</td><td>47,1 %</td><td rowspan="2">51,5 %</td></tr>
<tr><td>Letters</td><td>34,8 %</td><td>7,7 %</td><td>57,4 %</td></tr>
<tr><td colspan="2">Gesamt</td><td colspan="2">51,1 %</td><td colspan="2">12,5 %</td><td colspan="2">36,4 %</td></tr>
</table>

Tab. 2: Kategorien metakommunikativer Elemente

20 Eine Ausnahme stellt das deutsche Letterkorpus zur Informatik dar.

Sprachspezifische Verteilung in %	Informatik						Physik					
	FZA			Letters			FZA			Letters		
	AE	BE	IE	AE	BE	IE	AE	BE	IE	AE	BE	IE
Kommentierende Elemente	73,8	70,6	63,8	64,1	33,3	55,8	37,2	40	41,9	20,5	35,1	48,7
Gliederungselemente	12,6	20,6	14,5	10,3	13,3	14	11,6	20	7	7,7	10,4	2,6
Verweiselemente	13,6	8,8	21,7	25,6	53,3	30,2	51,2	40	51,2	71,8	54,5	48,7

Tab. 3: Anteil metakommunikativer Elemente in %

Wird die Verteilung metakommunikativer Elemente in den obligatorischen Teiltexten betrachtet, lässt sich feststellen, dass in den Abstracts nur selten metakommunikative Elemente auftreten: In den Abstracts der Fachtexte zur Informatik treten nur sechs metakommunikative Elemente auf und in den Abstracts der Texte zur Physik nur fünf. Es handelt sich in diesen elf Fällen ausschließlich um kommentierende Elemente der Ankündigung, die das Thema bzw. Erkenntnisinteresse des jeweiligen Fachtextes ankündigen.

In der *Introduction* kommen wesentlich häufiger metakommunikative Elemente vor (siehe Tabelle 4). Dabei handelt es sich insgesamt um 88 kommentierende und neun Verweiselemente, die die Textorganisation darlegen. Auch hier überwiegen Inhaltsankündigungen (s.o.) und Elemente des Ankündigens. Die Verweiselemente beziehen sich zumeist auf nachfolgende Kapitel.

In den Zusammenfassungen (*Conclusions*) sind ebenfalls metakommunikative Elemente zu finden. Auch hier überwiegen die kommentierenden Elemente, hier handelt es sich erwartungsgemäß vorrangig um Rekapitulationen und Zusammenfassungen. Die drei vorkommenden Gliederungselemente werden bei der Rekapitulation der wichtigen Aussagen des Fachtextes eingesetzt.

In den Acknowledgements kommen keine metakommunikativen Elemente vor.

		Abstract			Introduction			Conclusions			Acknowledgements		
		Komm. E.	Glied.	Verweis.	Komm. E.	Glied.	Verweis.	Komm. E.	Glied.	Verweis.	Komm. E.	Glied.	Verweis.
Info	FZA	5	-	-	39	-	4	12	2	-	-	-	-
	Letters	1	-	-	15	-	1	6	-	1	-	-	-
Physik	FZA	1	-	-	26	-	3	3	-	2	-	-	-
	Letters	2	-	-	8	1	1	7	1	1	-	-	-

Tab. 4: Absolute Häufigkeit metakommunikative Elemente in den obligatorischen Teiltexten

8.3.2 Metasprachliche Elemente

Metasprachliche Elemente beziehen sich auf die Verwendung des Objekts Sprache selbst und dienen der Erleichterung der Informationsaufnahme. S. Göpferich bezeichnet metasprachliche Elemente daher als „Spezialklasse objektsprachlicher Elemente“ (Göpferich 1995, 382).

Sie umfassen unter anderem die Einführung und Explikation von Termini und Abkürzungen und beziehen so das angenommene Vorwissen des Adressatenkreises mit ein. Daher ist das Vorkommen metasprachlicher Elemente eng mit dem Fachlichkeitsgrad des Textes verbunden. Je höher der Fachlichkeitsgrad eines Textes ist, desto weniger metasprachliche Elemente enthält er, da Termini als bekannt vorausgesetzt werden.

Die folgende Analyse der metasprachlichen Elemente basiert auf S. Göpferichs Einteilung und ihrer umfassenden Beschreibung metasprachlicher Elemente in Fachtexten der Natur- und Technikwissenschaften, die auch für Fachtexte zur Informatik und Physik gut geeignet ist (vgl. Göpferich 1995, 383–389).

Die am häufigsten verwendeten metasprachlichen Elemente sind Einführungen von Abkürzungen, Formelzeichen und Symbolen. In diese Gruppe fällt auch die Einführung von Variablen als eine Form von Symbol, das in einer Gleichung oder Formel als Platzhalter für konkrete Werte fungiert. Metasprachliche Elemente zur Einführung von Variablen, Abkürzungen und Formelzeichen treten in beiden

Fachkorpora deutlich am häufigsten auf. Im Informatikkorpus gehören insgesamt 65,7 % der vorkommenden metasprachlichen Elemente zu dieser Gruppe, im Physikkorpus sind es sogar 85,2 %. Das ist angesichts der mathematischen Orientierung beider Wissenschaften nicht überraschend. Insbesondere in den stark formalisierten Textabschnitten, in denen viele mathematische Sätze und Formeln vorkommen, finden sich demzufolge viele Variablen, Abkürzungen und Formelzeichen, die definiert bzw. erläutert werden müssen (siehe Kapitel 8.6).

Die Einführung von Variablen, Abkürzungen und Formelzeichen findet vor allem im Fließtext statt, vorrangig indem Langform und einzuführende Variable direkt nebeneinander gestellt werden, Beispiele sind:

1) ...the expression *e* can evaluate to the value *v*... (IF BE 1, 3).

2) We report high mechanical quality factors *Q*... (PL AE 2, 1).

Alternativ werden auch mathematische Standardformulierungen zur Definition von Variablen verwendet. Dies geschieht insbesondere innerhalb von Beweisführungen und zur Erklärung von Formeln. Beispiele hierfür sind:

1) Let $K = (F_1,\ldots,F_n)$ be an RKB, s a goal state (IF IE 2, 3).

2) [Formel]...where **x**n = (xn, yn)T is the state vector of the system [...] and a and b are parameters...(PF BE 2, 242).

Insgesamt überwiegt die Verwendung der ersten, kürzeren Variante. Im Informatikkorpus werden 57 % der Variablen in den Fachzeitschriftenartikeln durch direkte Nebeneinanderstellung von Langform und Variable eingeführt, in den Letters sind es sogar 78 %. Im Physikkorpus sind es 65 % in den Fachzeitschriftenartikeln und 51 % in den Letters.

Abkürzungen werden vorwiegend in Parenthesen hinter der Langform angegeben und dadurch eingeführt, zum Beispiel:

1) This article presents Optimization-Space Exploration (OSE)... (IF AE 1, 3).

2) Thus, we adopt the point matching method (PMM)... (PF AE 2, 2).

Definitionen, Explikationen und Präzisierungen treten ebenfalls relativ häufig auf. Im Informatikkorpus bilden sie ca. 15,7 %, im Physikkorpus 7,6 % der vorkommenden metasprachlichen Elemente. Beispiele hierfür sind:

1) The ideal cycle count *T* is a code segment's execution time assuming perfect branch prediction and cache behavior (IF AE 1, 15).

2) We consider the controller (a neural network) as the mediator for changes in the sensor values... (IF IE 1, 1).

3) We use the closed loop control, i.e. the controller is given by a function... (IF IE 1, 2).

4) The planning task then consists in finding an optimal plan, that is, a plan leading to a state which is optimal... (IF IE 2, 1).

Die drittgrößte Gruppe bilden metasprachliche Elemente zur Einführung neuer Termini. Sie macht im Informatikkorpus 8,2 % und im Physikkorpus 4,8 % aus.

Dass diese Gruppe im Vergleich zur ersten nur schwach vertreten ist, ist mit dem hohen Fachlichkeitsgrad der untersuchten Texte zu erklären. Da ein entsprechendes Vorwissen vorausgesetzt wird, werden nur ausgewählte Termini eingeführt, die entweder relativ neu oder für den jeweiligen Fachtext von besonderer Wichtigkeit sind. Zum Beispiel:

1) Each of the various recursion patterns introduced above enjoys a crucial property called fusion, whereby an adjacent computation can be absorbed (IF BE 2, 4).

2) ... a suitable total order extending ≥ which we will call its linearization (IF IE 2, 3).

3) If in addition heads can recognize the presence of other heads in the same position we call them "sensing heads" (IL IE2, 32).

Zur Einführung von Synonymen dienen im Informatikkorpus 3,5 % und im Physikkorpus 1,6 % der metasprachlichen Elemente:

1) Asynchronous exceptions, or *interrupts*, are... (IF BE 1, 1).

2) We will use the terms "partial satisfaction problem" and "plan optimization problem" synonymously (IF IE 2, 2).

3) The linear dynamic model (LDM), also known as the Kalman filter model... (IL BE 1, 2266).

Im Informatikkorpus treten auch einige wenige (ca. 3,1 %) metasprachliche Elemente zur Verwendungsweise von Termini auf, im Physikkorpus ist das nicht der Fall. Beispiele sind:

1) In subsequent discussions, any variable that controls the behavior of a heuristic ... routine will be referred to as an optimization *parameter* (IF AE 1, 7).

2) ...we follow the common practice of referring to synchronous exceptions as *exceptions* and to asynchronous exceptions as *interrupts* (IF BE 1, 1).

Weitere metasprachliche Elemente umfassen unter anderem Notationshinweise, zum Beispiel:

1) ...normally written '*Either α β*' in Haskell... (IF BE 2, 2).

2) In what follows, we use the following notation (IL BE 2, 3).

Wie aufgrund des hohen Fachlichkeitsgrades der Texte und der symmetrischen Kommunikationssituation erwartet werden kann, fällt die Verwendung metasprachlicher Elemente in den untersuchten Fachtexten niedrig aus. Die Texthäufigkeit liegt in den Fachzeitschriftenartikeln der Informatik bei ca. 2 metasprachlichen Elementen pro Druckseite, in den Letters sind es insgesamt 1,9 metasprachliche Elemente pro Druckseite. Im Physikkorpus betragen die Texthäufigkeiten insgesamt 1,6 metasprachliche Elemente pro Druckseite in den Fachzeitschriftenartikeln bzw. 1,5 metasprachliche Elemente pro Druckseite in den Letters.

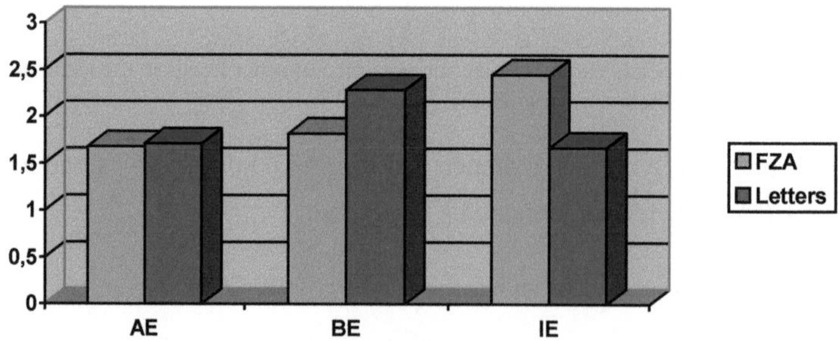

Abb. 13: Texthäufigkeit der metasprachlichen Elemente, Informatik

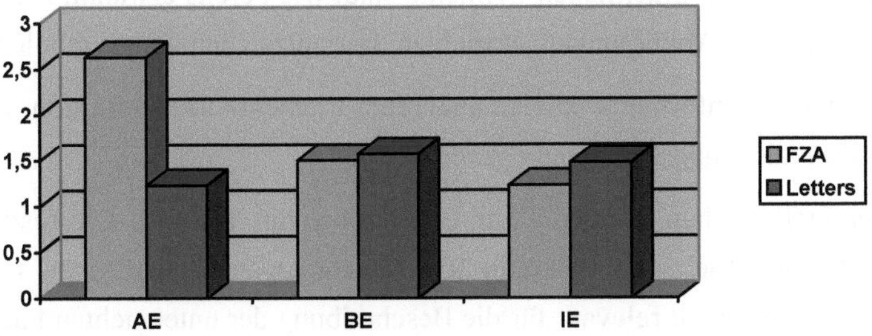

Abb. 14: Texthäufigkeit der metasprachlichen Elemente, Physik

Wie die obigen Diagramme zeigen, kommen in den Fachtexten zur Physik etwas weniger metasprachliche Elemente vor, als in den Fachtexten zur Informatik. Die einzige Ausnahme hierzu bilden die Fachzeitschriftenartikel amerikanischer Autoren, die mit einer Texthäufigkeit von ca. 2,6 metasprachlichen Elementen pro Druckseite die meisten metasprachlichen Elemente im Physikkorpus enthalten.

Die nachfolgende Tabelle zeigt die prozentualen Anteile der unterschiedlichen Arten metasprachlicher Elemente in den Teilkorpora.

	Informatik						Physik					
	FZA			Letters			FZA			Letters		
	AE	BE	IE	AE	BE	IE	AE	BE	IE	AE	BE	IE
Def., Expl., Präzis.	12,1	21,7	16	21,9	14,5	6,3	3,3	8,3	9,1	4,8	4,9	20,8
Abkürzungen, Formelzeichen, Symbole	72,4	41,7	63	71,9	74,5	84,4	93,4	77,1	83,6	90,5	90,2	70,8
Einführung von Termini	8,6	11,7	9,9	3,1	3,6	9,4	3,3	12,5	3,6	-	2,4	4,2
Einführung von Synonymen	1,7	6,7	6,2	-	1,8	-	-	2,1	3,6	-	2,4	-
Begriffs-hierarchien	-	1,7	-	-	-	-	-	-	-	-	-	-
Verwendungs-weise von Termini	1,7	6,7	3,7	-	3,6	-	-	-	-	-	-	-
Sonstige	3,4	10	1,2	3,1	1,8	-	-	-	-	4,8	-	4,2

Tab. 5: Anteil der Arten metasprachlicher Elemente in %

Die wichtigsten metasprachlichen Elemente sind, wie bereits erwähnt, Elemente zur Einführung von Abkürzungen, Variablen, Formelzeichen und Symbolen.

In den Texten zur Informatik spielen außerdem Elemente der Definition, Explikation und Präzisierung eine relativ große Rolle.

An dritter Stelle stehen Elemente zur Einführung von Termini. Die restlichen metasprachlichen Elemente treten in so geringer Quantität auf, dass sie nur durch ihre Abwesenheit relevant für die Beschreibung der untersuchten Fachtexte sind.

Es ist zu beobachten, dass die Fachtexte der Physik weniger unterschiedliche Arten metasprachlicher Elemente enthalten, als die Texte der Informatik. Es kommen dort keine metasprachlichen Elemente zur Verwendungsweise von Termini oder zu Begriffshierarchien vor. Weiterhin enthalten nur drei Texte aus dem Physikkorpus metasprachliche Elemente zur Einführung von Synonymen. Das deutet auf ein weniger ausgeprägtes Bemühen um eine einfache Rezeptionsaufnahme der Fachtexte und eine geringere Sorgfalt bei der Begriffserklärung hin. Zu erklären ist dieser Umstand nur durch disziplinspezifische Konventionen.

Im Folgenden wird die Verteilung der metasprachlichen Elemente in den obligatorischen Teiltexten betrachtet, vgl. untenstehende Tabelle.

	Informatik		**Physik**	
	Fachzeitschriftenartikel	**Letters**	**Fachzeitschriftenartikel**	**Letters**
Abstract	9	6	5	2
Introduction	30	42	20	38
Conclusion	7	3	-	1
Acknowledgements	-	-	2	4

Tab. 6: Absolute Häufigkeit in den Teiltexten

In den Fachtexten zur Informatik treten in den Abstracts insgesamt 15 metasprachliche Elemente auf. In den Abstracts der Texte zur Physik kommen insgesamt nur sieben metasprachliche Elemente vor. Bei diesen Elementen handelt es sich im Informatikkorpus vorrangig (zu jeweils 40 %) um Definitionen, Explikationen bzw. Präzisierungen und um Einführungen von Abkürzungen und Variablen. Im Korpus der Physik überwiegen die Einführungen von Abkürzungen und Variablen (57 %). Diese metasprachlichen Elemente beziehen sich auf die zentralen Termini des jeweiligen Fachtextes, auf die bereits im Abstract kurz eingegangen wird.

Wie aus der Tabelle oben ersichtlich ist, kommen in den Introductions der Texte zur Informatik insgesamt mehr metasprachliche Elemente vor, als es in den Texten der Physik der Fall ist. In den Texten der Informatik handelt es sich dabei vorwiegend um Einführungen von Abkürzungen und Variablen (51 %) und um Definitionen, Explikationen bzw. Präzisierungen (36 %). In den Introductions der Physik fallen die Einführungen von Abkürzungen und Variablen mit 89 % noch stärker ins Gewicht.

Die Einführungen von Abkürzungen und Variablen fallen deshalb so zahlreich aus, weil bei der Erläuterung des zu untersuchenden Textgegenstandes, also der fachlichen Substanz, bereits die ersten wichtigsten Formeln und Variablen eingeführt und erläutert werden.

Der Anteil metasprachlicher Elemente in den Conclusions ist in den Texten der Physik mit nur einem Element zur Einführung einer Abkürzung gegenüber den Texten der Informatik mit zehn Elementen wesentlich geringer. Diese metasprachlichen Elemente sind Definitionen, Explikationen und Präzisierungen (7) und Einführungen von Termini (3). Von diesen metasprachlichen Elementen bezieht sich die Hälfte auf Termini, die in Zusammenhang mit weiterführender Forschung stehen bzw. die vorliegenden Ergebnisse in den Gesamtkontext wissenschaftlicher Forschung auf dem entsprechenden Gebiet einbetten und deshalb noch nicht zuvor eingeführt wurden. Die übrigen metasprachlichen Elemente in den Conclusions sind Redundanzen, die vermutlich für Rezipienten vorgesehen sind, die nicht den ganzen Fachtext gelesen haben, sondern nur an der Zusammenfassung und den wichtigsten Schlussfolgerungen interessiert sind.

In den Acknowledgements im Informatikkorpus kommen keine metasprachlichen Elemente vor. In zwei Texten zur Physik finden sich in den Acknowledgements insgesamt vier Einführungen von offiziellen Abkürzungen für Institute und Firmen, bei denen sich für finanzielle Unterstützung bedankt wird.

8.3.3 Zusammenfassung

Zusammenfassend kann hinsichtlich der Metakommunikation festgehalten werden, dass sowohl metakommunikative als auch metasprachliche Elemente insgesamt nur schwach im Korpus auftreten.

Hinsichtlich der metakommunikativen Elemente fällt in qualitativer Hinsicht ein deutlicher Unterschied zwischen den untersuchten Fachtextsorten auf: In den Fachzeitschriftenartikeln sind Elemente der Inhaltsübersicht bzw. des Ankündigens anteilsmäßig deutlich stärker vertreten als in den Letters. Dies ist leicht mit dem geringen Umfang der Letters zu erklären. Da sie nur aus wenigen Kapiteln und einer geringen Seitenzahl bestehen, ist eine ausführliche ankündigende Textorganisation nicht vonnöten, da der Leser leichter den Überblick behält, als in den umfangreicheren Fachzeitschriftenartikeln.

Bei einem Vergleich der untersuchten Disziplinen kann darüber hinaus festgestellt werden, dass in den untersuchten Fachtexten zur Physik deutlich mehr Verweiselemente verwendet werden als in den Fachtexten zur Informatik, in denen die kommentierenden Elemente überwiegen.

Quantitativ gesehen treten im Informatikkorpus in den Fachtexten amerikanischer Autoren verhältnismäßig die meisten metakommunikativen Elemente auf, während in den Fachtexten britischer Autoren die Texthäufigkeit metakommunikativer Elemente am niedrigsten ist. Im Physikkorpus ist dieses Verhältnis umgekehrt, dort treten im britischen Teilkorpus die meisten metakommunikativen Elemente auf und im amerikanischen Teilkorpus die wenigsten. Diese Beobachtung zeigt deutlich, dass die gängige Praxis der Zusammenfassung von Fachtexten amerikanischer und britischer Autoren zu einem einzigen englischen Korpus für Fachtextanalysen zu ungenauen Schlussfolgerungen führen kann und somit nicht zulässig ist.

Bei den metasprachlichen Elementen überwiegen korpusübergreifend deutlich die Elemente zur Einführung von Abkürzungen, Symbolen und Formelzeichen. Hier zeigt sich der Einfluss des fachspezifischen Textgegenstandes: Weil die Texte viele Berechnungen und Formeln enthalten, die den vorgestellten Textgegenstand beschreiben, sind entsprechend viele Variablen, Formelzeichen usw. einzuführen.

8.4 Syntaktische Ausprägung

Im folgenden Kapitel wird die syntaktische Ausprägung der Texte unter den Gesichtspunkten Verwendung der Zeitformen und deren Funktionen, Passivanteil und -gebrauch sowie syntaktische Satzkomplexität (Satzarten) untersucht. Diese Merkmale gehören zur semantischen Dimension nach K-D. Baumanns integrativen Fachtextmodell (siehe Kap. 1.3.3).

8.4.1 Verwendete Zeitformen

Im Folgenden wird die Verwendung der unterschiedlichen Zeitformen und Aspekte in den Fachtexten näher betrachtet. Dabei muss berücksichtigt werden, dass die Verwendung von Zeitformen im Kontext eines wissenschaftlichen Fachtextes zusätzlich zu der grammatikalischen Funktion der zeitlichen Einordnung auch eine qualitative Evaluierung der getroffenen Aussagen beinhalten kann.

L. Malcolm ist eine der Ersten, die in diesem Zusammenhang eine Differenzierung vorschlägt zwischen konkreten Aktionen, die bereits zu einem Zeitpunkt vor der Verfassung des jeweiligen Textes durchgeführt werden (*referential axis*) und entsprechend zeitabhängig sind (z. B. Durchführung von Versuchen oder Messungen), und zwischen Aussagen zur Textproduktion (*deictic axis*), die zeitunabhängig sein können und den Autoren somit einen gewissen Spielraum bei der Auswahl der Zeitformen lassen (Malcolm 1987). L. Malcolm stellt bei der Analyse von Fachzeitschriftenartikeln der Pädiatrie beispielsweise fest, dass für Verallgemeinerungen eher das *present* verwendet wird, während auf spezifische Studien oder Experimente eher im *past* Bezug genommen wird.

Im Folgenden wird die Verwendungshäufigkeit der Zeitformen in den Texten ermittelt; die angegebenen Prozentwerte beziehen sich dabei auf die Gesamtzahl der im Text vorhandenen finiten Verbformen. In einer qualitativen Betrachtung wird auch auf den Verwendungszweck der einzelnen Zeitformen eingegangen und dieser anhand von Beispielen erläutert.

	Informatik						Physik					
	FZA			Letters			FZA			Letters		
	AE	BE	IE	AE	BE	IE	AE	BE	IE	AE	BE	IE
Simple present	87,8	81,2	89,6	74,6	87	87,1	78,1	88,7	85,8	81,9	77,2	88,3
Present progr.	-	0,3	-	-	0,2	-	0,3	0,2	0,3	0,6	-	-
Present perfect	2,9	3	2,1	2,2	2,6	2,3	2,8	3,9	4,3	4,3	4,5	3,9
Simple past	1,9	3,4	3,3	19,9	7,2	7	15,1	3,2	3	9,8	13,6	4,3
Will-future	1,9	3,7	3,1	1,2	0,4	1,2	2,5	2,3	3	-	1,2	-
Conditional	3,6	8,6	1,5	2,2	2,2	2,3	1,3	1,8	3,6	3,4	3,3	3,6

Tab. 7: Vorkommen der Zeitformen in %

Wie aus der Tabelle oben ersichtlich ist, ist das *simple present* korpusübergreifend die dominierende Zeitform, in der sowohl die Fachzeitschriftenartikel als auch die Letters in beiden Wissenschaften verfasst sind. Der Anteil des *simple present* liegt in den Fachtexten zur Informatik bei 88 %, in den Texten zur Physik beträgt er 86 %.

In erster Linie wird das *simple present* für das sachliche, objektive Berichten bzw. Informieren verwendet und trägt folglich zum Hauptanliegen der Fachtexte bei.

Weiterhin wird es eingesetzt, um allgemeingültige Aussagen zu treffen und Bezug auf etablierte wissenschaftliche Gesetzmäßigkeiten zu nehmen, zum Beispiel:

1) Reasoning about action and change is a fundamental area of research within artificial intelligence. This is an important area because action and change are pervasive aspects of the world in which intelligent agents operate (IF AE 2, 1).

2) … the kinetic energy of photodesorbed atoms is comparable to that of photoelectrons… (PF AE 2, 12).

3) Of particular relevance in studies of PWI behaviour is the existence of an *invariant set,* a set which is unchanged by an application of the mapping (PF BE 2, 242).

Die Verlaufsform, das *present progressive,* wird dagegen äußerst selten verwendet, es tritt nur in sechs der 24 untersuchten Fachtexte auf. In englischsprachigen wissenschaftlichen Fachtexten treten früheren Untersuchungen zufolge insgesamt nur sehr selten *progressive*-Formen auf (Hinkel 2004, 9 und 25). Insbesondere Nicht-Muttersprachler verzichten oft aus Gründen mangelnder Sprachbeherrschung ganz auf die Verwendung des *progressive*-Aspekts (Hinkel 2004, 21). Mit einer Ausnahme ist das auch in den hier untersuchten Texten deutscher Autoren der Fall.

Entsprechend seiner grammatikalischen Bedeutung wird das *present progressive* im vorliegenden Untersuchungskorpus benutzt, um auszudrücken, dass eine Aktion nur über einen begrenzten Zeitraum stattfindet, zum Beispiel:

- It is evident that wc3 is counting something… (IF BE 2, 8).

Weiterhin kann im *present progressive* auf das konkrete Forschungsinteresse des jeweiligen Beitrags Bezug genommen werden:

1) … if we wish to keep cycle lengths to two, as mentioned earlier, then we are seeking a matching of participants in the derived roommates instance (IL BE 2, 2).

2) Micro- and nanoelectromechanical systems are being investigated for a number of sensing1–5 and signal processing6,7 applications (PL AE 2, 1).

Das *present progressive* dient auch zur Beschreibung des aktuellen Forschungsstandes, insbesondere um auf derzeitige Wissenslücken hinzuweisen:

1) A proof of the non-existence of any other type of solution to this equation, for example chaotic solutions, is presently lacking (PF BE 2, 251).

2) What is missing in the actual discussion of possible stress-texture interactions, however, is a technique that … (PF IE 1, 736).

Weiterhin wird das *present progressive* bei der Auswertung und Erläuterung von Abbildungen oder Gleichungen eingesetzt, beispielsweise:

1) ...and the bow shocks which hit the model tip at $t = 4.75$ and 5.1ms are missing (PF IE 2, 93).

2) The latter term is missing in the conventional absorption factor A(t) [see equation (4)] ... (PF IE 1, 741).

Der Perfekt-Aspekt dient für gewöhnlich dazu auszudrücken, dass eine Handlung andauert oder weitere andauernde Auswirkungen hat.

In Fachtexten wird das *present perfect* häufig verwendet, um auf frühere Forschung Bezug zu nehmen (Gunawardena 1989). Dabei wird durch die Verwendung des Perfekts impliziert, dass das jeweilige Forschungsinteresse weiterhin besteht und weiterhin auf diesem Gebiet Forschung betrieben wird bzw. dass im aktuellen Beitrag auf die frühere Forschung aufgebaut wird. Beispiele sind:

1) Exceptions in various forms have been the subject of research for more than three decades... (IF BE 1, 20).

2) In 1998 PDDL (Ghallab *et al.* 1998), a new representation language for planning problems ... has been published (IF IE 2, 4).

3) In response, researchers have developed streaming compression algorithms... (IL AE 2, 1).

4) Although there have been extensive experimental and numerical investigations to assess the flow quality during measurement time... (PF IE 2, 81).

Etwa ein Drittel aller im untersuchten Korpus auftretenden Verbformen im *present perfect* sind dementsprechend in der Einleitung der jeweiligen Fachtexte zu finden, da vorrangig in der Einleitung auf fremde Forschung Bezug genommen wird, wenn der Forschungsstand und das Forschungsgebiet erläutert werden.

Weiterhin dient das *present perfect* auch dazu, bisherige Aussagen zusammenzufassen. Verben im *present perfect* drücken dabei Vorherigkeit bzw. Retrospektive aus (Gerbert 1970), die sich meist auf zuvor bei der Textproduktion bzw. -rezeption durchgeführte kommunikative Handlungen bezieht, zum Beispiel:

1) In fact, we have shown that the three different wordcount programs … (IF BE 2, 16).

2) From our analysis […], we have identified a prominent mode of oscillation … (PL BE 2, L52).

3) In summary, we have examined the influence of current induced heating… (PL IE 2, 3).

Das *simple past* wiederum wird vorwiegend eingesetzt, um die Durchführung von Experimenten, Messungen oder zeitgebundenen Beobachtungen zu beschreiben. Es bezieht sich also explizit auf Ereignisse, die dem Verfassen des Textes zeitlich vorausgehen.

In den untersuchten Letters wird fachübergreifend durchschnittlich mehr *simple past* verwendet, als in den untersuchten Fachzeitschriftenartikeln. Für die Informatik liegt der Anteil an finiten Verben im *simple past* in den Fachzeitschriftenartikeln nur bei 3,6 %, in den Letters dagegen bei 11,9 %. In den Fachzeitschriftenartikeln zur Physik sind 6,4 %[21] der finiten Verben im *simple past*, in den Letters sind es 9,9 %. Aufgrund ihres geringeren Umfangs muss in Letters – anders als in Fachzeitschriftenartikeln – meist auf eine genaue Darlegung des Forschungshintergrundes oder Problemkomplexes verzichtet werden, dadurch nimmt die empirische Auswertung einen verhältnismäßig höheren Anteil am Gesamttext ein, was den prozentualen Anstieg in der Verwendung des *simple past* verursacht.

Häufig tritt dabei das *simple past* in Verbindung mit dem Passiv auf, das verwendet wird, um den Sendereinbezug zu vermeiden (vgl. Kapitel 8.2.1):

21 Im Teilkorpus amerikanische Fachzeitschriftenartikel zur Physik stört der Text PF AE 1 mit seinem ungewöhnlich hohen Anteil von finiten Verben im *simple past* von 38,4% das Gesamtbild. Wird dieser Text als Ausnahme betrachtet und außen vor gelassen, ergibt sich ein durchschnittlicher Wert von nur 3,6% finiter Verben im *simple past*.

1) Then the robot was set into a corner (IF IE 1, 8).

2) Before using these models to generate a new set of data, the observation noise covariance matrices were modified in the following way: a single B_v matrix was chosen to be used for all models, and the elements within the model-specific diagonal S_v matrices were normalized to have a uniform mean and variance across the 18 models (IL BE 1, 2270).

3) Their positions were compared with the red images from the appropriate date and their area as a function of day number was noted (PF AE 1, 3).

Zwei der untersuchten Fachtexte, ein Letter der Informatik (IL AE 1) und ein Fachzeitschriftenartikel der Physik (PF AE 1), beide von amerikanischen Autoren verfasst, enthalten einen ungewöhnlich hohen Anteil an finiten Verben im *simple past* von ca. 41 % und ca. 38 %. Die Texte haben die Modifizierung eines Programms bzw. die Auswertung und Interpretation gesammelter Daten zum Thema. Die von den Autoren dabei verwendete Vorgehensweise wird im *simple past* erläutert. Die Beschreibung der Vorgehensweise nimmt hier einen höheren Stellenwert ein, als in den anderen Texten. Außerdem wird durch die Verwendung des *simple past* der Handlungscharakter betont.

Da jedoch nur diese beiden Texte aus unterschiedlichen Teilkorpora einen so hohen Verbanteil im *simple past* aufweisen, scheint es sich hierbei um Ausnahmen zu handeln, die auf den Individualstil der jeweiligen Autoren zurückzuführen sind.

Weiterhin kann das *simple past* auch dazu dienen, bisherige Aussagen des Textes zusammenzufassen. Die Vergangenheitsform bezieht sich in diesem Fall auf zuvor erfolgte kommunikative Handlungen, zum Beispiel:

1) We presented a method to efficiently [...] determine the optimal matching between two image objects... (IL IE 1, 51).

2) The goal of this work was to determine whether or not recoil torques must be included in investigations of radiation-driven grain alignment (PF AE 1, 43).

Die Zukunftsform, die in den Texten am häufigsten auftritt, ist das *will-future*.

Es tritt zum einen im Zusammenhang mit metakommunikativen Elementen der Ankündigung auf, beispielsweise:

1) Experimental evidence will be provided in Section 4 (IF AE 1, 4).

2) It will be shown in the following section how consistency can be re-established ... (PF IE 1, 739).

Zum anderen wird das *will-future* auch gebraucht, wenn die weitere fachliche Vorgehensweise erläutert wird. Dazu gehört zum Beispiel die Beschreibung der vorgenommenen Berechnungen oder der Aufstellung bzw. Vereinfachung von Gleichungen:

1) We will make use of a Haskell-like notation, for the sake of familiarity; we will also use a number of functions from the Haskell standard library... (IF BE 2, 2).

2) We will now define for each RKB K a valuation function... (IF IE 2, 3).

3) We will also take $Q_{abs} \approx 1$... (PF AE 2, 11).

Weiterhin wird das *will-future* eingesetzt, um auf geplante zukünftige Forschung hinzuweisen:

1) As a next step we will realize a so called behaviour based reinforcement learning (IF IE 1, 12).

2) We will pursue this possibility in future work (PF AE 2, 13).

Es dient auch dazu Vermutungen zu äußern, die als gesichert gelten, zum Beispiel:

1) ... compiled code will always produce a result that is permitted by the semantics (IF BE 1, 16).

2) The planner will often find better solvable goal states than required by the limit *n* in each iteration (IF IE 2, 4).

3) The majority of thin films of technological relevance will exhibit μt values between 10^{-5} and 1 (PF IE 2, 737).

4) ...the effect will depend on the relative strength of the μt and $n_i t$ products (PF IE 2, 741).

Für weniger sichere Aussagen wird dagegen das *conditional* verwendet. Hier erfüllt das *conditional* (oft auch in Verbindung mit Modalverben) auch eine *hedging*-Funktion (vgl. Kapitel 8.5.3), da der Autor die Aussage abschwächt, beispielsweise:

1) ... it may be reasonable to assume that within clusters, the errors would be distributed in a similar enough fashion that tying transforms would come into its own (IL BE 1, 2271).

2) We estimate that each of these effects would separately limit the measured peak width... (PL AE 1, 4).

Es wird ebenfalls eingesetzt, um Vermutungen oder Überlegungen eher hypothetischer Natur zu äußern, zum Beispiel:

1) To make a successful prediction in all cases, each heuristic would ultimately have to be aware of all other heuristics and optimization routines, and all the ways they might interact (IF AE 1, 2).

2) In a fuller study of program comprehension, one would make this equivalence between imperative and functional programming more explicit (IF BE 2, 6).

3) Assuming a 4-bit PC [...] a trace that only executed the instructions at location 4 and 5 would be represented by the function... (IL AE 2, 2).

Auch *past progressive, past perfect* und *going-to future* treten im Korpus auf. Allerdings sind diese Zeitformen jeweils nur ein bis zwei Mal im Gesamtkorpus vorhanden und werden deshalb nicht näher berücksichtigt.

Beinahe alle Zeitformen des Englischen sind also im Untersuchungskorpus vertreten, aber wie Tabelle 8 zeigt, kommen das *simple present* und das *simple past* deutlich am häufigsten vor.

8.4.2. Verwendung des Passivs

Hinsichtlich der Passivfrequenz in Fachtexten wird im Allgemeinen von einem deutlich höheren Passivanteil als in allgemeinsprachlichen Texten ausgegangen.

S. Göpferich begründet die hohe Passivfrequenz in Fachtexten mit der Forderung nach Objektivität und Nicht-Personengebundenheit der vorgestellten Ergebnisse, die durch Verwendung von Passivformen erfüllt werden kann (Göpferich 1995, 409ff). Der Autor tritt durch Verwendung des Passivs in den Hintergrund, Pronomen können vermieden werden. Stattdessen wird der Textgegenstand stärker in den Fokus gerückt. Dementsprechend beobachtet sie bei der Analyse unterschiedlicher Textsorten mit steigendem Fachlichkeitsgrad eine zunehmende Passivfrequenz.

R. Gläser dagegen findet bei ihren Untersuchungen in den analysierten technisch- und naturwissenschaftlichen Texten einen höheren Passivanteil, als in den Texten der Gesellschaftswissenschaften. Sie schließt daraus, dass die Verwendung des Passivs „eher fachgebunden als textsortenspezifisch" ist (Gläser 1990, 300). Dies wird durch verschiedene Fachtextanalysen von Fachzeitschriftenartikeln unterschiedlicher wissenschaftlicher Disziplinen gestützt, die je nach Fach sehr unterschiedlich hohe Passivanteile ermitteln (vgl. Gläser 1997, 485).

Bei der Ermittlung der Passivfrequenz im vorliegenden Korpus werden keine Partizipien, wie z. B. „the research done" (IF AE 1, 5), und keine Passivperiphrasen, wie z. B. „kinetic energy [...] is comparable to" (PF AE 2, 12), berücksichtigt.

In den untersuchten Texten liegt der Passivanteil bei durchschnittlich 22,9 % für die Fachzeitschriftenartikel zur Informatik und bei 23,8 % für die Letters; in den Fachtexten zur Physik liegt der Passivanteil bei 32,3 % in den Fachzeitschriftenartikeln und bei 25,6 % in den Letters. Die angegebenen Prozentwerte beziehen sich auf die Gesamtzahl finiter Verbformen in den Texten.

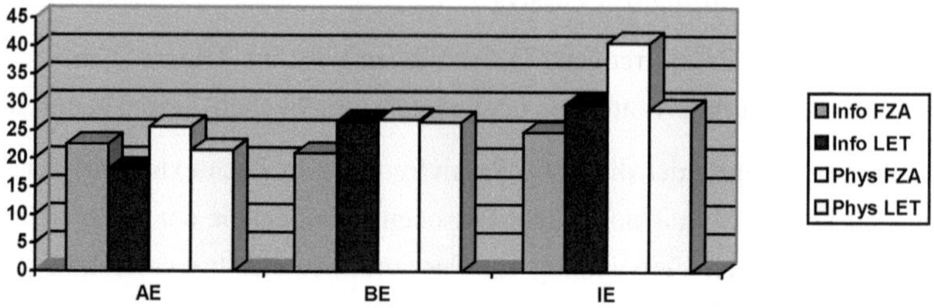

Abb. 15: Passivanteil in Prozent im Vergleich

Wie aus dem Diagramm oben zu ersehen ist, ist der Passivanteil in den Texten zur Physik insgesamt etwas höher als in den Texten zur Informatik. Hier handelt es sich offenbar um einen disziplinspezifischen Unterschied.

Außerdem werden textsorten- und fachübergreifend in den Texten der deutschen Autoren insgesamt mehr Passivformen verwendet (30 %), als in den Texten amerikanischer (21,1 %) und britischer (25 %) Autoren. Allerdings differieren die Einzeltexte teilweise erheblich. So liegt der Fachzeitschriftenartikel zur Physik PF IE 1 mit einem Passivanteil von 52,9 % weit über dem Durchschnitt und verursacht auch den starken Anstieg des Teilkorpus „Fachzeitschriftenartikel zur Physik von deutschsprachigen Autoren" im Diagramm. Doch auch wenn dieser eine Artikel als Ausnahme außer Acht gelassen wird, beträgt der Passivanteil in den Fachtexten deutscher Autoren im Durchschnitt 27,7 %. Somit liegt immer noch eine Differenz von 6,6 bzw. 2,7 Prozentpunkten vor, die eine Passivpräferenz der deutsprachigen Autoren andeutet. Deren Ursache könnte zumindest teilweise in einem stärkeren Bestreben nach Objektivität oder dem Wunsch der Autoren liegen, stärker in den Hintergrund zu treten. Dem widerspricht aber zumindest teilweise der in den Texten der Informatik deutscher Autoren gegenüber den Texten amerikanischer und britischer Autoren höhere Sendereinbezug.

Hinsichtlich der Funktionen des Passivs in Fachtexten wurde in verschiedenen Analysen eine Vielzahl von Grundfunktionen abgeleitet, die teilweise auch in der vorliegenden Fachtextanalyse beobachtet wurden (vgl. Göpferich 1995, 409ff / 2006, 104ff / Tarone et al. 1981, 195–201 / Fluck 1997).

Eine wichtige Aufgabe des Passivs ist die Deagentivierung (Weingarten 1994). Es erlaubt die unpersönliche Formulierung von Handlungs- und Vorgehensweisen, dadurch tritt der Autor in den Hintergrund und kann als Agens vermieden werden. Durch diese Agenseliminierung wird das wissenschaftliche Streben nach Objektivität und Neutralität in der Darstellung unterstützt. Beispiele sind:

1) The potential of OSE has been experimentally demonstrated by implementing an OSE-enabled version of Intel's aggressively optimizing production compiler (IF AE 1, 23).

2) In a current controlled measurement the *I-V* characteristics were taken in pulsed mode operation... (PL IE 2, 1).

Weiterhin kann verstärkt das Handlungsziel betont werden, weil der Handlungsträger in den Hintergrund rückt. Das Passiv wird demzufolge eingesetzt wenn das handelnde Subjekt irrelevant oder offensichtlich ist und der Fokus verstärkt auf das Verb oder das Handlungsobjekt gelegt werden soll, zum Beispiel:

1) With adequate training data, fully specified covariance matrices can be estimated (IL BE 1, 2267).

2) So far, photoelectric and photodesorption torques [...] have not been considered (PF AE 2, 2).

Wenn die Autoren der Fachtexte etablierte wissenschaftliche Standardprozeduren beschreiben, wird häufig das Passiv verwendet, da eine Betonung des Handlungsträgers redundant wäre, beispielsweise:

1) Instruction traces are usually stored as an ordered data structure (IL AE 2, 2).

2) Commonly, SIFT features ... are used to represent the parts (IL IE 1, 44).

3) ...heat flux distributions are calculated from non-stationary IR thermographic data using the regularised method described by Estorf (PF IE 2, 93).

Wo sich die Fachtextautoren jedoch für eine innovative, besondere oder abweichende Vorgehensweise entscheiden, verwenden sie bevorzugt die erste Person

Aktiv und treten so verstärkt als handelndes Subjekt in den Vordergrund, wodurch die wissenschaftliche Eigenleistung betont wird:

1) At this point we have two choices. We can either extend the formalisms with their missing features, or we can restrict the formalisms to their common features. ... (IF AE 2, 1019).

2) So we take an alternative approach... (IF BE 2, 7).

3) Following our methodology of being planner independent, we decided to avoid such modifications (IF IE 2, 8).

4) We describe a new method for detecting the presence of an object in an image (IL IE 1, 44).

5) Our tests demanded that we pre-whiten the spectra first...(PL BE 2, 50).

Das Passiv dient zur Darstellung von gesetzmäßigem Geschehen oder von Prozessen, auf die der Mensch keinen Einfluss hat:

1) ...a low duty cycle of DC=5 % which is less influenced by the effects of current induced heating (PL IE 2, 2).

2) ...the oscillations of our nanowires might be caused by heating from the electron beam (PL AE 2, 3).

Andererseits wird das Passiv ggf. auch für die Beschreibung von bewusst herbeigeführten bzw. kontrolliert ablaufenden Prozessen verwendet, zum Beispiel:

- When the valve opening is initiated, the air in the cylinder is led out through a pipe against atmospheric pressure (PF IE 2, 83).

Wenn sich Fachtextautoren auf die Arbeit anderer Wissenschaftler beziehen, verwenden sie häufig das Passiv bei der Literaturangabe:

1) A summary of early developments is given in (Cristian, 1989), while the design space for exception handling mechanisms is explored in (Drew & Gough, 1994 (IF BE 1, 20).

2) ...work which has been continued in recent times by Ma and Deng (2004) (IL BE 1, 2266).

Bekanntermaßen hat das Englische eine starre Satzstruktur, deshalb ist das Passiv ein wichtiges Mittel, um durch Vertauschung der Positionen von Objekt und Subjekt bestimmte Satzteile an Satzanfang oder -ende zu rücken und sie somit hervorzuheben, beispielsweise:

1) Indirect effects are represented in the event calculus using causal constraints and effect constraints (IF AE 2, 1019).

2) Program fusion is usually seen as an efficiency-improving transformation, perhaps at the cost of comprehensibility (IF BE 2, 1).

Durch das Passiv ist also ein Wechsel der Satzperspektive möglich. Zudem wird so durch logische Satzverknüpfung die Thema-Rhema-Folge und damit die Textkohärenz bewahrt.

Weiterhin kann durch Verwendung des Passivs zur Sprachökonomie beigetragen werden, indem der Agens eliminiert wird und Aktiv- und Passivprädikate in einem Satz miteinander verknüpft werden können.

Speziell in den *Acknowledgements* des vorliegenden Textkorpus wird das Passiv für unpersönliche Formulierungen eingesetzt, die eher für die Nennung von Institutionen und Geldgebern geeignet sind, zum Beispiel:

1) This work was partially funded by the BMBF (IL IE 1, 51).

2) This work is supported, in part, by grants from the Science and Technology Facilities Council… (PF BE 1, 12).

3) HEB is funded by the Natural Environment Research Council (PL BE 1, 79).

Dagegen werden persönlichere Aktivformulierungen verwendet, wenn Einzelpersonen für Anregungen oder fachliche Unterstützung gedankt wird, beispielsweise:

1) We would like to thank the referees for comments that greatly improved the paper (IF BE 1, 23).

2) We are grateful to E. Swanson for discussions (PF BE 1, 12).

8.4.3 Die syntaktische Komplexität

Die syntaktische Komplexität der Fachtexte wird anhand der Satzkomplexität, also anhand der Anzahl von Hypo- und Parataxen im Verhältnis zu einfachen Sätzen ohne Nebensatzkonstruktionen bestimmt. Sätze, die sowohl gleich- als auch untergeordnete Teilsätze enthalten, wurden bei der Auswertung des Untersuchungskorpus als Hypotaxen gezählt.

In einfachen Sätzen, die keine Nebensätze oder nebensatzwertigen Konstruktionen enthalten, werden Informationen auf komplexe, komprimierte Weise dargestellt. Dadurch werden höhere Anforderungen an den Textrezipienten gestellt.

Im vorliegenden Korpus ist die syntaktische Komplexität etwa mittelstark ausgeprägt. Wie die Tabelle unten zeigt, werden in allen Teilkorpora etwa die Hälfte der Sätze als einfache Sätze ohne Nebensatzgefüge realisiert. Parataxen werden korpusübergreifend wenig verwendet.

		Einfache Sätze	**Hypotaxen**	**Parataxen**
Informatik				
FZA	AE	75,7	21,2	3,1
	BE	46,5	47,9	5,6
	IE	64,9	34	1,1
	Gesamt	**63,5**	**32,8**	**3,7**
Letters	AE	55,7	38,4	5,9
	BE	53,8	40,2	8
	IE	49,7	45,8	4,5
	Gesamt	**52,6**	**41,2**	**6,2**
Physik				
FZA	AE	61,5	35	3,5
	BE	45	47,2	7,8
	IE	56,2	41,7	2,1
	Gesamt	**53,7**	**41,9**	**4,4**
Letters	AE	62,6	30,8	6,6
	BE	61,8	33,6	4,6
	IE	62,1	35,7	2,2
	Gesamt	**62,2**	**33,3**	**2,2**

Tab. 8: Verhältnis der Satzarten in Prozent

In den Fachzeitschriftenartikeln zur Informatik sind insgesamt 63,5 % aller Sätze einfache Sätze, 32,8 % sind Hypotaxen und 3,7 % Parataxen. In den Letters zur Informatik sind mit 52,6 % insgesamt weniger einfache Sätze vorhanden, die Anzahl der Hypotaxen beträgt 41,2 % und die Anzahl der Parataxen 6,2 %.

In den Fachzeitschriftenartikeln zur Physik sind insgesamt 53,7 % einfache Sätze, 41,9 % Hypotaxen und 4,4 % Parataxen. In den Letters zur Physik sind 62,2 % der Sätze als einfache Sätze realisiert, 33,3 % als Hypotaxen und 4,5 % als Parataxen.

Im Vergleich der einzelnen Textsorten anhand der obenstehenden Tabelle fällt auf, dass zwischen den Sprachkorpora innerhalb der Fachzeitschriftenartikelkorpora größere Unterschiede bestehen als in den Letterkorpora. Sowohl in den Fachzeitschriftenartikeln zur Informatik als auch zur Physik weisen die Fachtexte britischer Autoren mit 46,5 % und 45 % einen geringeren Anteil an einfachen Sätzen auf als die Fachzeitschriftenartikel der amerikanischen und deutschen Autoren. Entsprechend weisen sie mit 47,9 % für die Informatik und 47,2 % für die Physik einen gegenüber dem Durchschnitt erhöhten Anteil an Hypotaxen auf.

In den Letters sind die Unterschiede zwischen den Teilkorpora geringer ausgeprägt, so dass hier ein homogeneres Bild entsteht.

Werden Fachzeitschriftenartikel mit Letters verglichen, sind anhand der Gesamtwerte nur sehr geringfügige Unterschiede zwischen den beiden Textsorten bzw. den fachlichen Disziplinen zu erkennen (vgl. folgende Tabelle 9). Die größten Unterschiede sind zwischen den Sprachkorpora zu beobachten.

	Einfache Sätze	**Hypotaxen**	**Parataxen**
Ø AE	66,3	29,4	4,3
Ø BE	50,8	42,7	6,5
Ø IE	59,2	38,7	2,1
Ø FZA	59,8	36,9	3,3
Ø Letters	57,3	37,4	5,4
Ø Informatik	60,1	35,8	4,1
Ø Physik	57	38,6	4,4

Tab. 9: Gesamtwerte der Satzarten nach Teilkorpora in Prozent

In der Wissenschaftssprache wird in den letzten Jahrzehnten eine Entwicklung von den Satzgefügen weg hin zu einer höheren Verwendung von einfachen Sätzen beobachtet (vgl. Fluck 1997). H.-R. Flucks Untersuchungen zufolge betrugen Satzgefüge Ende der 1990er in der deutschen Wissenschaftssprache nur noch durchschnittlich 40 %. Der hohe Anteil an einfachen Sätzen im vorliegenden Untersuchungskorpus von insgesamt 58,8 % (damit sind 41,2 % Satzgefüge) legt nahe, dass diese Tendenz auch in der englischen Wissenschaftssprache vorliegt, zumindest in den untersuchten Textsorten und Disziplinen. Einen definitiven Beweis würde jedoch nur eine diachrone Analyse englischer Fachtexte liefern.

Durch die Verwendung von einfachen Sätzen wird eine klare, übersichtliche Vertextung ermöglicht (Buhlmann/Fearns 2000). Die Einsparung von Nebensätzen trägt überdies zur Sprachökonomie bei. Allerdings können einfache Sätze auch große Verständnisschwierigkeiten mit sich bringen, wenn sie durch eine starke Komprimierung (z. B. durch Nominalisierung) eine zu hohe Informationsdichte erhalten.

Hypotaxen gelten im Allgemeinen als argumentativ, durch sie wird ein Kommunikationsrahmen festgelegt. Da zwischen den Haupt- und Nebensätzen Abstufungen bzw. Abhängigkeiten bestehen, lassen sie relativ wenig Interpretationsspielraum. Dagegen gelten Parataxen als eher deskriptiv (Perelman/ Olbrechts-Tyteca 2004).

S. Göpferich beobachtet im Rahmen ihrer Untersuchungen in den „fortschrittsorientiert-aktualisierenden Texten“ im Englischen mit zunehmenden Fachlichkeitsgrad eine zunehmende syntaktische Komplexität (Göpferich 1995, 434). Sie vermutet, dass die syntaktische Komplexität stark von der Thematik des Textes abhängt. Darüber hinaus sieht sie einen Zusammenhang zwischen der syntaktischen Komplexität und dem Stellenwert, den visuelle Elemente in einem Text einnehmen. So hebt sie hervor: „Je stärker Abbildungen den Text unterstützen, desto weniger Bedarf scheint für Nomen präzisierende Relativsätze zu bestehen“ und desto geringer fällt damit die syntaktische Komplexität aus (Göpferich 1995, 439).

Ein derartiger Zusammenhang konnte anhand des vorliegenden Korpus jedoch nicht beobachtet werden. Zwar weisen sieben[22] der untersuchten Texte tatsächlich eine eher hohe syntaktische Komplexität in Zusammenhang mit vergleichsweise wenigen visuellen Elementen bzw. eine eher niedrige syntaktische Komplexität in Zusammenhang mit vielen visuellen Elementen auf. Allerdings zeigen auch fünf[23] Texte genau entgegengesetzte Relationen, während die übrigen zwölf Texte nicht eindeutig aufschlussreich sind.

8.4.4 Zusammenfassung

Auf syntaktischer Ebene wurde das Fachtextkorpus bezüglich der verwendeten Zeitformen, des Passivgebrauchs und der syntaktischen Komplexität untersucht.

Zusammenfassend kann festgehalten werden, dass in den untersuchten Fachtexten ein breites Spektrum verschiedener Zeitformen eingesetzt wird. Dabei dominiert das *simple present* mit 86,1 % im Gesamtkorpus, während die restlichen Zeitformen prozentual wesentlich weniger stark vertreten sind. Das *simple present* dient dabei in erster Linie zum sachlichen Berichten.

Weiterhin wurde in den Letters ein gegenüber den Fachzeitschriftenartikeln verstärkter Einsatz des *simple past* beobachtet, das dazu dient, Experimente oder Messungen zu beschreiben. Da sich die Letters vorwiegend auf die Beschreibung von einzelnen Experimenten oder die Auswertung von Messungen beschränken, während in den Fachzeitschriftenartikeln meist komplexere Forschungsansätze dargelegt werden, wird dieser verhältnismäßig größere Wert verursacht.

In Hinsicht auf die Sprachvarianten konnten zwischen den einzelnen Teilkorpora keine wesentlichen Unterschiede bei der Verwendung der Zeitformen beobachtet werden.

Den Passivgebrauch betreffend wurde festgestellt, dass der Passivanteil in den Fachtexten zur Physik (29,5 %) insgesamt höher ist als in den Texten zur Infor-

22 IF BE 1, IF BE 2, IL BE 2, PF BE 1, PF IE 2, PL AE 2, PL BE 1.

23 IF AE 2, IL IE 1, IL IE 2, PF AE 1, PL IE 2.

matik (23,1 %). Weiterhin wird textsorten- und fachübergreifend in den Fachtexten der deutschen Autoren insgesamt mehr Passiv verwendet (30 %) als in den Texten amerikanischer (21,1 %) und britischer (25 %) Autoren. Dies deutet auf eine Passivpräferenz der deutsprachigen Autoren hin.

In Bezug auf die syntaktische Komplexität wurde eine mittelstarke syntaktische Komplexität ermittelt, da im Gesamtkorpus 58,8 % der Sätze als einfache Sätze gebildet werden. Parataxen werden nur sehr selten verwendet (4,5 %), Hypotaxen bilden 36,7 %.

Die Tatsache, dass außer in der Passivverwendung kaum erhebliche Unterschiede zwischen dem Syntaxgebrauch der deutsch- und der englischsprachigen Autoren festgestellt wurde, ist überraschend. Denn, wie E. Hinkel bei der Analyse von Texten nichtmuttersprachlicher Studenten an amerikanischen Universitäten beobachtet, stellt insbesondere der richtige Gebrauch der englischen Zeitformen und Aspekte in Fachtexten für Nichtmuttersprachler eine große Herausforderung dar, zudem wird er in der Fremdsprachenvermittlung (insbesondere in Lehrbüchern) oft vernachlässigt (Hinkel 2004). Dadurch handeln Nichtmuttersprachler häufig den akademischen Konventionen zuwider (beispielsweise wird *past* verwendet wo *present* passender wäre).

Die geringen Unterschiede hinsichtlich des Syntaxgebrauchs zwischen den Fachtexten englisch- und deutschsprachiger Autoren im vorliegenden Untersuchungskorpus deuten demnach auf ein hohes fremdsprachliches Niveau bei den deutschsprachigen Autoren hin. Zudem weisen ggf. auch die Reviewer vor der Veröffentlichung auf grammatikalische und orthografische Fehler hin, allerdings beeinflussen sie in der Regel nicht den Schreibstil (Passivverwendung, Satzlänge)[24].

---

24 Zum Ausmaß des Einflusses der Reviewer siehe Kapitel 9.3.

8.5 Stilmittel

8.5.1 Vorkommen und Verwendung von Stilmitteln

Im folgenden Unterkapitel wird die stilistische Ausprägung (vgl. Kap. 1.3.3) der untersuchten Fachtexte näher betrachtet.

Unter Stilmitteln bzw. Stilfiguren werden im Allgemeinen strukturell-funktionale Abweichungen vom herkömmlichen oder grammatikalisch „korrekten" Sprachgebrauch verstanden. Durch die bewusste „Deviation" wird der Text aufgelockert und eine stärkere Betonung von einzelnen Textsegmenten erreicht. Dadurch wird die Aufmerksamkeit des Textrezipienten erhöht und sein bewusstes Mitdenken stimuliert.

So trägt ein guter Stil entscheidend zum Gelingen der Kommunikation bei, da er die Textrezeption und die Informationsaufnahme erleichtert, indem Anschaulichkeit und Klarheit des Textes erhöht werden. Dagegen können Kommunikationsbarrieren entstehen, wenn für die sprachliche Form nicht genügend Sorgfalt verwendet wird und beispielsweise durch zweideutige Formulierungen Missverständnisse entstehen (Gläser 1990).

Die Verständlichkeitsforschung hat entdeckt, dass kognitives Textverstehen auf drei Ebenen erfolgt: der Textoberfläche, der propositionalen Textbasis und in einem von sprachlichen Strukturen losgelösten mentalen Modell (vgl. Christmann 2008). Dabei verlaufen zwei Verarbeitungsrichtungen parallel: die aufsteigende, textgeleitete Verarbeitung und die absteigende Verarbeitung, die von der Erwartung des Rezipienten bestimmt wird. Im vorliegenden Kontext ist erstere Verarbeitungsrichtung interessant, da sie von der rhetorisch-stilistischen Textgestaltung entscheidend beeinflusst wird.

Die sprachlich-stilistische Verständlichkeit eines Textes kann sowohl durch eine angemessene Wortwahl als auch durch die Satzgestaltung erreicht werden (siehe auch Kap. 8.4). So sind beispielsweise verschachtelte Sätze oder Nominalisierungen verständnishemmend. Auch die konkrete Verdeutlichung, zum Beispiel durch Beispiele, Grafiken usw., insbesondere abstrakter Informationen erhöht die Verständlichkeit eines Textes. Durch sprachlich-stilistische Einfachheit wird die Verarbeitung eines Textes erleichtert, wodurch kognitive Ressourcen für das Sinnverständnis freigehalten werden.

Selbstverständlich ist auch die Textkohärenz ein entscheidender Faktor hinsichtlich der Verständlichkeit. Hier spielen textgliedernde und makrostrukturelle Eigenschaften eine Rolle (z. B. Kapitelüberschriften, Titel, Kapiteleinleitungen usw., die als Signale fungieren). Satzverknüpfungen können in vielerlei Weise, wie Wortwiederholungen und Wiederaufnahme von Satzteilen hergestellt werden, in diesem Zusammenhang haben bestimmte Stilmittel (z. B. Anapher) eine wichtige Funktion.

Für die Bildung von Sinnverständnis sind vor allem Metaphern und Analogien geeignet, weil durch sie Merkmale eines bekannten Sachverhalts auf einen unbekannten übertragen werden können, so dass vorhandenes und neues Wissen integriert werden kann. Sie stellen inhaltliche oder strukturelle Entsprechungen zwischen Bekannten und Neuem dar und/oder eröffnen neue Perspektiven auf bekannte Sachverhalte (Christmann 2008, 1101).

Bestimmte Stilelemente (z. B. Gliederungssignale, metakommunikative Elemente und einige Stilfiguren) tragen zur Verständlichkeit eines Textes bei, so dass diese durch den Stil entscheidend mitbestimmt wird. Somit können einige rhetorisch-stilistische Elemente (Vergleiche, Paraphrasen usw.) erkenntnisfördernde Prozesse auslösen, indem sie beispielsweise Rationalität oder Emotionalität bewirken (Baumann 2009). Sie erleichtern so die Auseinandersetzung mit dem Kommunikationsgegenstand und damit dessen Verständnis. Ein gezielter Einsatz von Stilmitteln erleichtert somit die Informationsaufnahme und erhöht die Verständlichkeit.

Die Verwendung von Stilfiguren dient somit nicht nur der ästhetischen Aufwertung des Textes, sondern auch der Verstehenserleichterung. R. Gläser stellt fest, dass insbesondere syntaktische Stilfiguren, wie beispielsweise die Parenthese, eine textstrukturierende und „inhaltsgliedernde Funktion" haben (Gläser 1990, 302). Stilmittel haben demnach „eine dem Inhalt dienende Funktion" (Gläser, 1990, 161).

Gleichzeitig stellt der Stil eines Textes mit der Verwendung von Stilfiguren in ästhetischer Hinsicht einen „subjektiven Faktor“ dar (Gläser 1990, 59), der stark vom jeweiligen Textautor abhängig ist.

In einer eher allgemein formulierten Definition beschreibt R. Gläser den Stil eines Textes als die Art und Weise wie ein Autor entsprechend der gegebenen Kommunikationssituation, seinen Kommunikationsabsichten und seiner Persönlichkeit linguistische und funktionale Mittel auswählt und verwendet (Gläser 1995, 152). Diese Definition schließt auch die Verwendung von visuellem Code, Personeneinbezug etc. ein, und betont die persönliche Komponente bei der Stil- und Textproduktion.

W. Heinemann betont den starken Zusammenhang von Stil und Text (vgl. Heinemann/Viehweger 1991). Deshalb muss bei rhetorisch-stilistischen Untersuchungen auch der Gesamttext berücksichtigt werden, eine Beschränkung auf lexikalische oder semantische Merkmale ist nicht ausreichend. Dabei beschränkt er den Stilbegriff auf die Formulierungsebene, genauer auf Auswahlentscheidungen, die bei der Textformulierung getroffen werden. Das Ziel des Textautors beim Treffen dieser Entscheidungen ist nach W. Heinemann „die Optimierung des geplanten Informationsprozesses“ (Heinemann/Viehweger 1991, 255).

W. Heinemann führt weiter aus, dass durch die spezielle Art und Weise wie formuliert wird, beim Rezipienten bestimmte Reaktionen auf den Text hervorgerufen werden. Der Stil ist somit Übermittler von pragmatischen Informationen und ein Resultat der Interaktionen zwischen Sender und Empfänger. Alle Kommunikationsbeteiligten müssen also über das entsprechende Wissen über sprachliche Muster und Normen verfügen, um diese Informationen richtig interpretieren und einordnen zu können.

W. Heinemann betont, dass dabei auch ästhetische Überlegungen eine Rolle spielen, allerdings sind diese nur schwer wissenschaftlich quantifizierbar.

Erfahrungsgemäß werden Fachtexte meist als stilistisch neutral betrachtet, da ihre Hauptaufgabe in der objektiven Informationsvermittlung besteht (vgl. Gläser 1995, 174; Drescher 2003). Stilistische Neutralität wird auf drei Arten erreicht: Durch eine Vermeidung des Sendereinbezugs, durch systematische Ordnung der zu vermittelnden Informationen und durch Verzicht auf sprachliche Bilder (Niederhauser 2009, 1950f). Dennoch streben auch Fachtextautoren danach, diese Informationen auf klare, verständliche und sprachlich ansprechende Weise darzulegen, um die Rezeption ihrer Texte zu erleichtern. Zudem kann die sprachliche Eleganz auch ein Faktor sein, der sich auf die Akzeptanz eines Textes beim intendierten Fachpublikum auswirkt.

Nach der Auffassung von K.-D. Baumann dienen Stilmittel in Fachtexten dazu „das inhaltliche Erfassen und gedankliche Verarbeiten fachspezifischer Sachverhalte zu unterstützen“ (Baumann 1992a, 11). Das „stilistische Potential eines Fachtextes“ muss deshalb Bestandteil einer umfassenden Textanalyse sein, da es die Rezeption des Textes entscheidend beeinflusst und steuert (ebd.).

Ein den Stil bestimmender Faktor ist die kommunikative Funktion des Textes, weshalb funktionale Unterschiede auch stilistische Unterschiede nach sich ziehen können. Somit hat der Kommunikationsgegenstand Einfluss auf die Ausprägung des Stils (Baumann 1992a, 49). So treten zum Beispiel in einem Informatik-Fachzeitschriftenartikel über künstliches Leben/künstliche Intelligenz weit mehr Personifikationen auf als in den übrigen Texten zu anderer Thematik. Dabei werden dem im Text behandelten Roboter oder seinen Teilen menschliche Tätigkeiten oder Eigenschaften zugeschrieben:

1) ... the system is trying to probe into the possibilities of its body (IF IE 1, 7).

2) The infrared sensors measure much shorter distances since they see the walls (IF IE 1, 8).

Bei der folgenden Untersuchung werden die verwendeten Stilmittel hinsichtlich ihrer Art in zwei klassische Kategorien unterteilt. Unter **syntaktischen Stilfiguren** werden solche Stilfiguren verstanden, die auf verbal-sprachlicher Ebene entstehen, also bei einer Umformulierung wegfallen. Zu den **sprachlichen Bildern** oder gedanklichen Stilfiguren zählen jene Stilmittel, die auf mentaler Ebene entstehen und auch nach einer Umformulierung erhalten bleiben.

Stilfiguren, für die diese Zuordnung nicht immer ganz eindeutig durchzuführen ist, werden in den Tabellen A11 und A12 im Anhang unter „Weitere" zusammengefasst.

Hinsichtlich der Funktion der Stilmittel ist es schwieriger, eine Einteilung vorzunehmen, da Stilfiguren je nach dem Kontext, in dem sie gebraucht werden, mehrere oder variierende Funktionen ausüben können. Aufbauend auf der Analyse des vorliegenden Fachtextkorpus könnte entsprechend den Hauptfunktionen von Stilmitteln folgende grobe Einteilung vorgenommen werden:

- Stilmittel, die den Satzbau beeinflussen und so bestimmte Elemente hervorheben und betonen und damit zur Klarheit der Informationsdarstellung beitragen (z. B. Parenthese, Inversion, Nachsatz, Anapher, Parallelismus);
- Stilmittel, die zur Rezeptionsförderung und zur Steigerung der Behaltensleistung dienen (z. B. Alliteration, Klimax, Synonym, Analogie, Vergleich, Metapher);
- Stilmittel, die den Rezipienten einbeziehen, und so eine Verbindung zwischen Autor und Adressaten herstellen und der Argumentation damit zusätzlichen Nachdruck verleihen (z. B. rhetorische Frage, *occupatio*, Emphase) und
- Stilmittel, die zur Auflockerung dienen und die Textrezeption erleichtern (z. B. *contractions*, saloppe Formulierungen).

Dabei ist die Multifunktionalität eines Stilmittels je nach Kontext zu berücksichtigen. So kann beispielsweise eine Metapher durch Veranschaulichung sowohl die Textrezeption erleichtern, als auch zu einer Steigerung der Behaltensleistung beitragen.

Im vorliegenden Fachtextkorpus ist die Texthäufigkeit vorhandener Stilfiguren relativ ausgeprägt, das Gesamtkorpus weist eine durchschnittliche Texthäufigkeit von ca. 5,9 Stilmitteln pro Druckseite auf.

Die Stilfiguren sind gleichmäßig in den Fachtexten verteilt, es lassen sich keine Häufungen in bestimmten Teiltexten feststellen.

Wie aus dem Diagramm in Abbildung 16 und Tabelle 11 hervorgeht, ist in den Fachtexten zur Physik das Vorkommen von Stilfiguren mit einer durchschnittlichen Texthäufigkeit von 6,6 Stilmitteln pro Druckseite höher als in den Texten zur Informatik, die eine durchschnittliche Texthäufigkeit von 5,2 Stilmitteln pro Druckseite aufweisen.

In den britischen Fachtexten beider wissenschaftlicher Disziplinen kommen die meisten Stilmittel vor (durchschnittliche Texthäufigkeit britisches Teilkorpus: ca. 6,3 Stilmittel pro Druckseite). Eine Ausnahme hierzu bildet jedoch das britische Letterkorpus zur Informatik, das ein deutlich geringeres Vorkommen an Stilmitteln aufweist, als die übrigen britischen Fachtextkorpora. Sprachübergreifend weist das Letterkorpus zur Informatik die wenigsten Stilfiguren auf.

Im Vergleich der beiden Fachtextsorten kann festgestellt werden, dass in den Fachzeitschriftenartikeln jeweils mehr Stilmittel verwendet werden als in den Letters. Die Texthäufigkeit beträgt in den Fachzeitschriftenartikeln durchschnittlich ca. 6,2 Stilmittel pro Druckseite; in den Letters beträgt sie durchschnittlich nur ca. 5,4 Stilmittel pro Druckseite.

	AE	**BE**	**IE**	**Durchschnitt**	
Informatik					
FZA	4,5	7,5	5,2	**5,7**	**5,2**
Letters	5,5	3,6	4,2	**4,3**	
Physik					
FZA	7,6	6,3	6,6	**6,7**	**6,6**
Letters	6,1	7,5	5,1	**6,4**	
Durchschnitt	**5,8**	**6,3**	**5,6**		

Tab. 10: Übersicht Texthäufigkeit Stilmittel

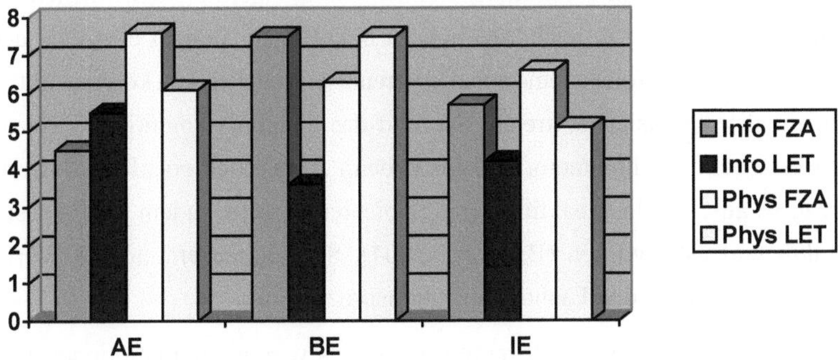

Abb. 16: Texthäufigkeit der Stilfiguren

Es werden in allen untersuchten Fachtexten deutlich mehr syntaktische Stilfiguren als sprachliche Bilder eingesetzt. Im Informatikkorpus gehören insgesamt 87,4 % aller auftretenden Stilfiguren in die Kategorie syntaktische Stilfiguren. Im Physikkorpus beläuft sich der Anteil syntaktischer Stilfiguren sogar auf 97,2 %. Dabei ist innerhalb der Wissenschaftskorpora keine nennenswerte Abweichung zwischen den jeweiligen Fachzeitschriftenartikel- und Letterkorpora festzustellen.

Syntaktische Stilmittel werden in der Mehrheit vor allem zur sprachlichen Gliederung des Fachtextes und zur klaren Strukturierung der Informationsdarstellung eingesetzt.

Sprachliche Bilder dagegen sorgen in erster Linie durch Anschaulichkeit für eine Erleichterung der Textrezeption. Dem wird jedoch in Texten mit hohem Fachlichkeitsgrad meist nur eine geringe Priorität zugemessen. So sind nur ca. 5,5 % der Stilfiguren im Informatikkorpus sprachliche Bilder. Im Physikkorpus ist das Vorkommen sprachlicher Bilder mit nur ca. 0,5 % sogar noch deutlich geringer.

Demnach sind zwar insgesamt mehr Stilmittel in den Fachtexten zur Physik als zur Informatik enthalten, aber der vernachlässigbar geringe Anteil der sprachlichen Bilder legt die Vermutung nahe, dass hier Überlegungen zur Ästhetik und Auflockerung der Texte eine geringere Rolle spielen.

Das Vorkommen von emotionalisierenden Äußerungen, die dazu dienen, Aussagen zu bewerten bzw. nachdrücklich zu bekräftigen, prägen ebenfalls den Stil von Fachtexten. Solche emotional wertenden Äußerungen können mit unterschiedlicher Intensität auftreten. Sie sind das Ergebnis kognitiver Bewertungsprozesse beim Fachtextautor und lösen beim Adressaten ebenfalls Bewertungsprozesse aus, die die Reaktion der Rezipienten steuern, indem sie fokussierend, evaluierend usw. wirken (Baumann 2004). So nehmen emotionale Wertungen direkt Einfluss auf den Fachtextrezeptionsprozess aus.

Neben der Steuerung des Rezeptionsprozesses wirken sich emotional wertende Äußerungen positiv auf die Behaltensleistung der Rezipienten aus, da Informationen, die mit einer emotionalen Wertung in Verbindung stehen, gesteigert wahrgenommen werden. Zusätzlich wird die Verarbeitungseffizienz erhöht (ebd.).

Emotional wertende Äußerungen werden in der Regel durch entsprechende Stilmittel (zum Beispiel Hyperbel, Amplifikation, Emphase usw.) oder durch emotionalisierende Adjektive oder Verben realisiert, beispielsweise:

1) ...an <u>impressing</u> variety of behaviours... (IF IE 1, 9).

2) ...an <u>amazing</u> property of the algorithm...(IF IE 1, 10).

3) We were <u>disappointed</u> to discover that... (IL AE 1, 73).

Wie aus den Tabellen A11 und A12 im Anhang hervorgeht, kommen im Untersuchungskorpus nur sehr wenige Stilmittel mit emotionalisierender Wirkung (z. B. Emphase, Klimax) vor. Da die primäre Funktion der untersuchten Fachtexte das objektive, sachliche Informieren ist, weisen die vorhandenen Stilfiguren also meist nur eine geringe emotionale Expressivität auf.

Im Folgenden werden einige der auftretenden Stilmittel mit ihrer jeweiligen Verwendungsweise anhand von Beispielen näher erläutert. Die folgende Tabelle listet die am häufigsten auftretenden Stilmittel mit absoluter und relativer Häufigkeit auf.

	FZA Info	Letters Info	FZA Physik	Letters Physik	Gesamt	Anteil in % am Gesamtvorkommen
Parenthese	181	115	253	197	**746**	**39,4**
Inversion	129	21	169	31	**350**	**18,5**
Alliteration	34	36	57	47	**174**	**9,2**
Ellipse	34	18	55	40	**147**	**7,8**
Epiphrase	27	7	68	20	**122**	**6,4**

Tab. 11: Die am häufigsten verwendeten Stilfiguren

Die Parenthese wird insgesamt deutlich am häufigsten verwendet. Sie macht 39,4 % aller insgesamt im Korpus vorkommenden Stilfiguren aus. In Parenthesen werden zusätzliche Informationen geliefert, die das bisher Gesagte explizieren, präzisieren, ergänzen oder kommentieren, ohne dabei den eigentlichen Textfluss zu stören. Zudem wird die Bedeutung der Informationen durch Platzierung in Parenthesen, gegenüber den Informationen im Fließtext abgeschwächt. Einige Beispiele sind:

1) ...a minimal language in which to consider normal (non-exceptional) computation... (IF BE 1, 2).

2) The bias terms (upper two of the lower three lines) H_i are seen to be adapted... (IF IE 1, 7).

3) We prepare a B-H at a specific value of t / U (calculated from the 2D band structure)... (PL AE 1, 1).

Auch Literaturhinweise werden häufig in Parenthesen (z. T. in eckigen Klammern) angegeben. Solche Parenthesen werden hier jedoch nicht als Stilmittel betrachtet, da sie keine stilistische Qualität aufweisen, sondern durch Konventionen bei der Literaturreferenz bedingt sind.

Inversionen ändern durch Satzumstellung bzw. Satzbruch den grammatikalisch erwarteten Satzbau. Dadurch werden bestimmte Satzglieder hervorgehoben und erhalten eine besondere Stellung (meist am Satzanfang oder -ende) bzw. eine stärkere Betonung. Das erhöht die Verständlichkeit, zudem wird die Thema-Rhema-Folge unterstützt. Inversionen bilden 18,5 % der nachgewiesenen Stilfiguren.

Alliterationen treten vorrangig bei wichtigen Mehrworttermini auf, zum Beispiel „load latencies“ (IF AE 1, 15), „paramorphism pattern“ (IF BE 2, 11) oder „dust detection“ (PL BE 1, 74). Durch die Alliteration wird das Behalten der Termini erleichtert. Allerdings ist hierbei zu beachten, dass die Wahl eines Terminus in erster Linie vom bezeichneten Gegenstand determiniert wird, so dass die Verwendung einer Alliteration nicht zwangsläufig eine stilistische Entscheidung sein muss.

Um die Ergebnisse nicht zu verfälschen, werden Termini nur jeweils einmal als Alliterationen gezählt. So tritt zum Beispiel der Terminus „planning problem“ elf mal im Artikel IF IE 2 auf, wird aber nur einmal als Stilfigur gezählt (zur Wiederholungsrate von Termini vgl. Tabelle A14 im Anhang).

Ellipsen finden sich vornehmlich in den Bilduntertexten (vgl. auch Kapitel 8.7.3), wo irrelevante Satzglieder eingespart werden. Durch die ökonomische Sprachverwendung kann vermieden werden, dass die Bilduntertexte zu lang werden. Es wird auch eine größere Übersichtlichkeit erreicht. Ellipsen unterstützen so das wissenschaftliche Streben nach Kürze und verringern den Kommunikationsaufwand (Gerbert 1970), beispielsweise:

1) Table 1: Electron optimization parameters used in this article's experiments (IF AE 1, 8).
2) Figure 1: 15 September 1999; K-line image showing the box surrounding NOAA region 8692 (PF AE 1, 40).

Der Nachsatz bzw. die Epiphrase fügt einem abgeschlossenen Satz als Nachtrag zusätzliche Informationen an. Der eigentliche Satzbau wird so nicht gestört, außerdem kann vermieden werden, dass die Satzstruktur zu kompliziert wird. Im untersuchten Fachtextkorpus treten insbesondere Verweise auf Quellen oder Abbildungen wiederholt in Form von Nachsätzen auf.

Anapher und Parallelismus helfen, den Text deutlicher zu untergliedern, und unterstützen somit die Textkohärenz. Zusätzlich wird das Verstehen erleichtert. Außerdem erzeugen Parallelismen durch die gebundene Syntax bzw. sich wiederholende Formulierungen den Eindruck wissenschaftlicher Strenge und hoher Fachlichkeit. Zudem wirkt der Parallelismus verstehensunterstützend, da das Sinnverstehen des Rezipienten nicht von syntaktisch komplexen Formulierungen gestört wird (Kalverkämper 1995).

Die Enumeration, in Form einer durch Konjunktion verbundenen Aufzählung, tritt ebenfalls relativ häufig (4,6 % am Gesamtvorkommen) auf. Sie dient der Erläuterung und auch der Präzisierung, zum Beispiel:

- The *Q* value exhibited by this nanowire (~38 000) is at least ten times higher than previously reported values for *a*-axis oriented GaN nanowires, carbon nanotubes, and single-crystal silicon microstructures of similar surface-to-volume ratio (PL AE 2, 2).

Die rhetorische Frage ist eine Möglichkeit für den Autor, sich direkt an den Rezipienten zu wenden, ihn dadurch stärker in den Text einzubinden, seine Aufmerksamkeit zu erhöhen und gleichzeitig den Text aufzulockern. Dadurch wird die Textrezeption erheblich erleichtert und der Rezipient wird zum aktiven Mitdenken angeregt, wodurch er der Argumentation gegenüber offener ist.

Außerdem erleichtern rhetorische Fragen das Textesverständnis, da die Frage üblicherweise in den nachfolgenden Textabschnitten beantwortet wird. Das ist zum Beispiel im Text IF AE 2 zur Informatik sehr explizit der Fall:

- Can we restore equivalence with the event calculus? The answer is no (IF AE 2, 1024).

Wenn ihnen auch eine gliedernde Funktion zugewiesen wird, können rhetorische Fragen zusätzlich der Textorganisation dienen. So können rhetorische Fragen dazu verwendet werden, auf bisherige Überlegungen zu verweisen, sie zusammenzufassen oder neue Gedankenschritte bzw. eine neue Thematik einzuleiten, so zum Beispiel in Artikel IF IE 2:

1) In this paper we address two related, yet different questions in the context of planning with qualitative goal preferences:
1. Given a planning problem with ranked goals, how to compute optimal plans?
2. Given a planning problem with ranked goals and a plan *P*, how to test whether *P* is optimal?
Considering the first question we focus on the task of computing a single optimal plan ... (IF IE 2, 1).

2) So far we have discussed in this paper the following question:
Given a PSP Γ, specified via a ranked goal base *K*, how do we compute an optimal plan for Γ ?
The answer we gave was based on a strengthening of the partial order on plans induced by *K*
(IF IE 2, 8).

Der britische Fachzeitschriftenartikel zur Informatik IF BE 1 „What is the Meaning of These Constant Interruptions?“ nutzt die rhetorische Frage bereits in der Artikelüberschrift. Dieses Vorgehen ist zwar in der fachinternen Kommunikation unüblich[25], soll aber vielleicht gerade deshalb interesseweckend wirken, zumal die Überschrift auf die Thematik des Artikels, nämlich *interrupts*, anspielt. Allerdings fällt der Informationsgehalt im Vergleich mit den Überschriften der anderen Texte niedriger aus, da das eigentliche Thema nur angedeutet wird und nicht eindeutig hervorgeht.

Durch *occupatio* hat der Autor eine weitere Möglichkeit, in eine fiktive Diskussion mit dem Rezipienten zu treten, indem mögliche Einwände vorweggenommen und widerlegt werden. Zudem wird der Leser so angehalten, der Argumentation zuzustimmen. Es ist also auch eine persuasive Wirkung vorhanden:

---

25 Beim gründlichen Sichten verschiedener Fachzeitschriften und *Letters Journals* zur Informatik und Physik, um das Korpus für diese Arbeit zusammenzustellen, wurde kein weiteres Beispiel einer rhetorischen Frage als Artikelüberschrift gefunden.

1) One might assume that the design of an OSE static performance estimator [...] is facilitated by the processor's in-order nature [...] This, however, is not the case, because... (IF AE 1, 16).

2) Many readers may, quite reasonably, have concerns about this rule. [...] We will return to such concerns shortly (IF BE 1, 5).

Sprachliche Bilder haben in der Regel expressiveren Charakter als syntaktische Stilmittel. Sie dienen durch Veranschaulichung in erster Linie der Rezeptions- und Verstehenserleichterung. Sie kommen in den untersuchten Texten jedoch nur sehr selten vor. Nur 5,5 % der nachgewiesenen Stilmittel im Informatikkorpus gehören zu den sprachlichen Bildern. Im Physikkorpus ist der Anteil sprachlicher Bilder mit nur 0,5 % noch wesentlich geringer.

Die untersuchten Fachtexte dienen der Kommunikation auf fachinterner Ebene, deshalb wird ein hohes Niveau fachlichen Wissens vorausgesetzt. Weiterhin erfolgte die Veröffentlichung in hochspezialisierten Publikationsorganen. Daher ist die Verstehenserleichterung für ein spezialisiertes Fachpublikum kein vorrangiges Anliegen. Dies könnte ein Grund für das geringe Vorkommen sprachlicher Bilder sein.

Das sprachliche Bild, das im Untersuchungskorpus am häufigsten (insgesamt 18-mal) verwendet wird, ist die Personifikation. Sie stellt bekanntlich eine Sonderform der Metapher dar, die unbelebten Objekten oder abstrakten Begriffen menschliche Eigenschaften oder Tätigkeiten zuschreibt. Ein Großteil der Personifikationen im Korpus treten in einem Text zur Robotik bzw. künstlichen Intelligenz auf (IF IE 1, siehe oben), wo sie durch die Thematik bedingt werden. Weitere Beispiele sind:

1) ... the system will often learn the underlying patterns... (IL AE 1, 71).

2) ...only one seeing head can read input symbols, while the other *k*-1 blind heads lack this ability... (IL IE 2, 32).

Metaphern erfüllen unterschiedliche Funktionen auf verschiedenen kommunikativen Ebenen (Veronesi 2001). Auf sprachlicher Ebene dienen sie als wichtige

Instrumente der Terminologiebildung, ein entsprechendes Beispiel ist die etablierte Bezeichnung „decision tree“ dessen Knoten im Englischen „children“ genannt werden (beide z. B. in IL AE 2, 3).

Die Mehrheit der im vorliegenden Korpus verwendeten Metaphern entstammt der Bildsphäre Natur (vgl. Tab. A14). Studien haben gezeigt, dass in wissenschaftlichen Texten insbesondere bereichsferne Metaphern und Analogien verstehenserleichternd wirken (Christmann 2008). Dies ist auch im Beispiel der Baummetapher der Fall.

Auf textueller Ebene können Metaphern außerdem der Textorganisation dienen. Beispiele dafür sind häufig verwendete Formulierungen wie „we will see that“ bzw. „as we can see“ und ähnliche. Hier ist nicht „sehen“ im wörtlichen Sinne gemeint, sondern nur im übertragenen Sinne zu verstehen; „sehen“ steht also metaphorisch für „verstehen/wissen“ (Veronesi 2001, 183f.). Solche Metaphern werden allerdings in der vorliegenden Analyse nicht als Stilmittel berücksichtigt, da sie durch den häufigen Gebrauch kaum noch als Metaphern wahrgenommen werden, und ihr Einsatz nicht stilistisch sondern textorganisatorisch motiviert ist. Beispiele wie die obengenannten werden deshalb als metakommunikative Elemente der Ankündigung bzw. des Aufmerksammachens gezählt.

Weiterhin werden Metaphern auf diskursiver Ebene als stilistische Mittel zur Rezeptionserleichterung und zur bildhaften Veranschaulichung verwendet, zum Beispiel:

- For distributions from the exponential family (of which the LDM with it Gaussian output distribution is a member), … (IL BE 1, 2269).

Vergleiche und Analogien dienen vornehmlich der bildhaften Veranschaulichung eines Sachverhalts, wodurch dem Rezipienten der Sachverhalt besonders eindringlich und nachhaltig vor Augen geführt wird.

Dabei kann auch eine auflockernde, humorvolle Komponente mit im Spiel sein, wie im folgenden Beispiel:

- This whole area has been described as being ‘about as easy as reconstructing a pig from a sausage’ [5]. Indeed, as we shall see, it is harder even than that: a

> given sausage can have only one explanation, but a given program might have multiple explanations. By analogy, you might not even know that it is a pig you should be reconstructing from your sausage (IF BE 2, 2).

Ein weiteres Beispiel ist die Anspielung auf die Warnungen in der Londoner U-Bahn „Mind the Gap" (IF BE 2, 10) als Überschrift für ein Kapitel, in dem erläutert wird, wie Wörterzählprogramme Wortzwischenräume zum Auffinden des Wortendes verwenden.

Solche humorvollen Anspielungen tragen wesentlich zur Rezeptionserleichterung bei.

Dies trifft häufig auch auf *contractions* und umgangssprachliche bis saloppe Formulierungen zu, die eher in den Bereich mündlicher Kommunikation einzuordnen sind. Entsprechend sind sie nur selten (ca. 1,2 % am Gesamtvorkommen der Stilmittel) in den untersuchten Fachtexten zu finden, Beispiele sind:

1) ...tail recursion ... is somewhat alien to a lazy functional programmer... (IF BE 2, 7).
2) The GNAT Ada compiler doesn't recognize this special case... (IL AE 1, 73).

Auch Anführungszeichen mit ironischer Konnotation werden verwendet um den Text in stark formalisierten Bereichen aufzulockern:

1) We argue that the C program in Figure 2 is <u>'obviously'</u> equivalent to the following functional program (IF BE 2, 6).
2) ... and obtaining *v* means now <u>„only"</u> to find the (pseudo-) inverse of the matrix *L* (IF IE 1, 5).

Dieser Einsatz von Stilmitteln und konnotierter Lexik erhöht die Textverständlichkeit nicht, wirkt aber auflockernd und erleichtert so die Textrezeption.

Gehobene Ausdrücke, Latinismen oder literarische Zitate dagegen werden verwendet um den Stil zu heben, beispielsweise:

1) ...creating structure, ex nihilo (IF BE 2, 1).

2) ...we name the generator of things to be counted *words* — without any justification as yet, but what's in a name? (IF BE 2, 8).

Zusätzlich zur oben beschriebenen qualitativen Analyse zur Art der vorkommenden Stilmittel soll hier auch die Bedeutung, die Stilmittel bei der Terminologiebildung spielen, betrachtet werden. Dazu wird die Wiederholungsrate von wiederholt auftretenden Termini, bei deren Bildung Stilmittel zum Einsatz kommen, näher betrachtet. Dabei ist festzustellen, dass Alliterationen und Metaphern wesentlich an der Terminibildung beteiligt sind: Im Untersuchungskorpus treten insgesamt 34 verschiedene Termini auf, die mit Alliterationen gebildet wurden, und zehn unterschiedliche Termini, die durch Metaphern gebildet wurden.

Da Termini entscheidend fachdeterminiert sind, ist hier der Textgegenstand der entscheidende Faktor. Es werden diejenigen Termini am häufigsten wiederholt, die für die Thematik des jeweiligen Fachtextes von größter Bedeutung sind.

Bei einer quantitativen Betrachtung der Wiederholungsrate der Termini (vgl. Tabelle A14 im Anhang) fällt auf, dass in den Texten zur Informatik die bereits erwähnte Baummetapher („tree“) von übergeordneter Wichtigkeit ist. Sie tritt in variierter Form in drei unterschiedlichen Texten insgesamt 32-mal auf und ist damit der am häufigsten wiederholte mit einem Stilmittel gebildete Terminus. Dabei kommt dieser auch in Verbindung mit zugeordneten Metaphern („branch“ bzw. „children“) vor. Diese Metapher dient dazu, hierarchische Beziehungen zu verbildlichen.

8.5.2 Zusammenfassung

Zusammenfassend kann festgehalten werden, dass in allen Korpora ganz eindeutig die syntaktischen Stilmittel, insbesondere solche, die der Textorganisation und Informationsdarstellung dienen, überwiegen[26]. Syntaktische Stilfiguren unterstützen demzufolge das für die Naturwissenschaften charakteristische Streben nach der klaren, prägnanten und objektiven Präsentation von Informationen.

Dagegen spielen sprachliche Bilder lediglich eine untergeordnete Rolle. Der Einsatz von Stilmitteln zur expressiven und ästhetischen Gestaltung des Fachtextes ist auf einige wenige Ausnahmen beschränkt. Das entspricht dem im Allgemeinen von naturwissenschaftlichen Texten erwarteten unrhetorischen und stilistisch unauffälligen Stil, durch den die Aufmerksamkeit des Rezipienten nicht vom Textgegenstand abgelenkt wird (vgl. Niederhauser 2009).

Insgesamt weisen die Fachtexte britischer Autoren mit einer Gesamttexthäufigkeit von 6,3 Stilmitteln pro Druckseite geringfügig mehr Stilmittel auf, als die Texte amerikanischer oder deutscher Autoren mit jeweils einer Gesamttexthäufigkeit von 5,8 bzw. 5,6 Stilmitteln pro Druckseite (siehe Tab. 11). Es ergibt sich somit eine Differenz in den Texthäufigkeiten von unter einem Stilmittel pro Druckseite.

In den Fachzeitschriftenartikeln zur Informatik ist dabei ein deutlich höheres Vorkommen von Stilmitteln als in den Letters zu verzeichnen. Die Differenz in der Texthäufigkeit zwischen Fachzeitschriftenartikeln und Letters zur Informatik beträgt 1,4 Stilmittel pro Druckseite.

Im Vergleich der wissenschaftlichen Disziplinen sind in den Texten zur Physik mit einer Differenz der Texthäufigkeit von ca. 1,4 Stilmitteln pro Druckseite mehr Stilmittel enthalten, als in den Texten zur Informatik.

Damit sind die Unterschiede zwischen den Textsorten im Informatikkorpus und zwischen den Disziplinen deutlicher ausgeprägt, als die Unterschiede zwischen den Sprachkorpora.

---

26 Zu diesem Ergebnis, einschließlich der herausragenden Stellung der Parenthese, kommt auch die Analyse werkstoffwissenschaftlicher Fachzeitschriftenartikel von D. Vogler (2008). Die Dominanz syntaktischer Stilfiguren und das relativ geringe Vorkommen sprachlicher Bilder scheint sich demnach auch in anderen (natur)wissenschaftlichen Disziplinen zu finden.

Abschließend ist anzumerken, dass die Quantität und die Art der verwendeten Stilfiguren stark vom Fachtextautor und dessen persönlichen Präferenzen abhängig ist. Da der Individualstil der Autoren in diesem Zusammenhang stark zum Tragen kommt, sind teilweise innerhalb der einzelnen Teilkorpora auffällige Unterschiede zwischen den einzelnen Fachtexten zu erkennen.

Weiterhin ist es gerade im Hinblick auf syntaktische Stilmittel fraglich, ob diese bewusst eingesetzt werden oder eher unbewusst bei der schriftlichen Ausarbeitung des Themas verwendet werden. Bis auf einige Ausnahmen, zeigen die Stilmittel kaum expressive Qualitäten.

8.5.3 Hedging

Neben dem Einsatz von Stilmitteln ist das *Hedging* ein weiterer den Stil eines Fachtextes bestimmender Faktor.

Der Begriff *Hedge* bzw. *Hedging* wird bereits seit den 1970er Jahren verwendet, wobei er zunächst in semantischen Untersuchungen gebraucht wurde. G. Lakoff führte ihn für die Untersuchung der logischen Eigenschaften von modifizierenden Ausdrücken wie *rather, very, in the manner of speaking* usw. ein (Lakoff 1972). Dabei interessierte er sich jedoch noch nicht für deren kommunikativen Wert, dieser rückte erst im Laufe weiterer, später entwickelter Ansätze in den Fokus (vgl. Clemen 1998, 19ff.). Seit der kommunikativ-pragmatischen Wende in den 1980er Jahren haben diese Untersuchungen eine verstärkt diskursiv-funktionale Ausrichtung erhalten.

So gibt es inzwischen in der Fachliteratur zahlreiche unterschiedliche Definitionen von Heckenausdrücken bzw. *Hedging*, die verschiedene Perspektiven widerspiegeln und den Begriff dementsprechend nach unterschiedlichen Gesichtspunkten interpretieren. Einen umfassenden Überblick über verschiedene Ansätze zur Kategorisierung und Definition von Heckenausdrücken gibt G. Clemen (1998, 12f).

Diese Vagheit bei der Definition des *Hedging*-Konzepts, das vornehmlich durch seine ebenfalls nicht klar eingegrenzte Funktionalität bestimmt wird, bietet auch

Anlass zu Kritik, da häufig keine Vergleichbarkeit der unterschiedlichen Untersuchungen gegeben ist (Graefen 2000).

Die Funktion von Heckenausdrücken bzw. *Hedging* liegt in erster Linie im Schutz vor fachlichen Angriffen und negativer Kritik, indem Aussagen relativiert und subjektiviert werden (Skelton 1997). Indem ein Autor eine Aussage bzw. ihren Wahrheitsgehalt relativiert, schwächt er die Verantwortung für seine Aussage ab. So wird es ihm ermöglicht, das Gesicht zu wahren, falls seine Erkenntnisse zu einem späteren Zeitpunkt widerlegt werden, ein möglicher Irrtum wiegt somit weniger schwer.

Weiterhin können durch das Verwenden von Heckenausdrücken die von Wissenschaftlern angestrebte Objektivität und Neutralität bei der Informationsdarstellung vermittelt werden.

Auch das Ausdrücken von Vagheit, insbesondere wenn exakte Daten fehlen oder irrelevant sind, ist eine Funktion von Heckenausdrücken.

Eine weitere Aufgabe des *Hedgings* liegt darin, die Haltung des Autors und seine Einstellung gegenüber den Adressaten auszudrücken. So können Heckenausdrücke als eine Form der Höflichkeit gegenüber den Lesern eingesetzt werden, sie sind zudem in der Lage, die persönlichen Ansichten bzw. die persönliche Einstellung des Autors zu verschleiern (Skelton 1997).

Aufgrund ihrer vielfältigen Funktionen und unterschiedlichen Ausprägungen erhalten Heckenausdrücke ihre *Hedging*-Funktion meist erst durch den Kontext und in einer spezifischen Kommunikationssituation. Dadurch und durch das Fehlen einer exakten, gemeinhin akzeptierten Definition, ist es kaum möglich, eine umfassende, einheitliche Kategorisierung oder Auflistung von Heckenausdrücken zu entwickeln.

Da die Einschätzung der *Hedging*-Qualitäten eines Ausdrucks oftmals sehr subjektiver Natur ist, erscheint eine allzu differenzierte Kategorisierung von Heckenausdrücken auch nicht unbedingt sinnvoll. So liegt es mitunter in der Auffassung des Rezipienten, ob ein Heckenausdruck Zweifel am Wahrheitsgehalt einer Aussage ausdrückt oder diese präzisiert. Selbst die Frage, ob ein Ausdruck überhaupt eine Hecke darstellt oder nicht, kann bisweilen je nach Interpretation des Kontextes unterschiedlich beantwortet werden.

Die im Folgenden genannten Werte sind deshalb nicht absolut, sondern nur als Tendenzgeber zu betrachten.

Der hier vorliegenden Untersuchung wurde der Ansatz von K. Hyland zu Grunde gelegt. Neben der formalen Unterscheidung zwischen persönlichen Hecken (in denen der Autor involviert ist) und unpersönlichen Hecken (2006a, 165f.), unterscheidet K. Hyland zwischen zwei großen funktionalen Kategorien von Heckenausdrücken – den *Content-motivated hedges* und den *Reader-motivated hedges* (1996a).

Die *Content-motivated hedges* definiert er folgendermaßen:

> Content-motivated hedges mitigate the relationship between what a writer says about the world and what the world is thought to be like. They involve a writer's need to present claims as accurately as possible and to anticipate claims to the contrary (Hyland 1996a, 256).

Diese Kategorie von Heckenausdrücken unterteilt er dementsprechend noch in die beiden Unterkategorien *Accuracy-based hedges* und *Writer-based hedges.*

Writer-based hedges dienen dazu, den Autor von seinen Aussagen zu distanzieren bzw. seine Verantwortung für sie einzuschränken und so die negativen Folgen zu beschränken, die entstehen, falls eine Aussage widerlegt wird (Hyland 1996a, 256). Außerdem kann durch die Bezugnahme auf empirische Daten Objektivität vermittelt werden. Beispiele aus dem Untersuchungskorpus hierfür sind:

1) We found that cost values of about 0.1 seem to work best (IF IE 2, 7).

2) A numerical estimate for nanowires separated by 1 μm indicates that a few thousand static electron charges can shift the resonance frequencies sufficiently to explain the observed resonance widths (PL AE 2, 2).

3) ...that observed trends appear to continue across transitions (...) suggesting that... (PL BE 2, 49).

Accuracy-based hedges verleihen einer Aussage mehr Präzision und zeugen gleichzeitig von größerer Vorsicht bei der Formulierung. Sie drücken den Wunsch des Autors aus, Informationen so exakt wie möglich wiederzugeben. K. Hyland unterteilt diese Gruppe noch weiter in *Attribute hedges* und *Reliabilty hedges* (1996b, 439). Dabei dienen *Attribute hedges* dazu, zu spezifizieren wie genau eine gemachte Aussage ist, zum Beispiel:

- ...the number of splits tends to grow approximately exponentially with the dimensionality (IL IE 1, 50).

Da A*ttribute hedges* die Genauigkeit einer Aussage einschränken und somit Vagheit ausdrücken können, treten sie häufig in Verbindung mit Angaben von Zahlenwerten auf. Das ist insbesondere dann der Fall, wenn (meist aus Gründen der Übersichtlichkeit und Interpretierbarkeit) keine exakten Werte, sondern nur Nährungswerte genannt werden. *Attribute hedges* können in dieser Funktion sowohl verbal als auch nonverbal durch mathematische Operatoren realisiert werden, wie in den folgenden Beispielen:

1) Yet, after approximately 15ms the flow conditions… (PF IE 2, 97).
2) … the scheme still tends to ignore background loadings of less than ~0.5 (PL BE 1, 75).

Während *Attribute hedges* die Genauigkeit einer Aussage näher spezifizieren, modifizieren *Reliability hedges* den Wahrheitsgehalt einer Aussage und können so Zweifel der Autoren zum Ausdruck bringen, zum Beispiel:

- Another reason for the decreased accuracy on the airplanes task might be that…. (IL IE 1, 50).

Die zweite große funktionale *Hedging*-Kategorie, die *Reader-motivated hedges,* dienen nach K. Hyland dazu, eine Beziehung zum Adressaten zu etablieren und deutlich zu machen, dass es sich bei einer Aussage um eine persönliche Interpretation des Autors handelt. Sie treten folglich häufig im Zusammenhang mit Possessiv- und Personalpronomen auf (1996a, 258), beispielsweise:

1) To the best of our knowledge, this article is the first to give a formally justified semantics for interrupts... (IF BE 1, 2)

2) We suggest instead that localized charging causes a piezoelectric deformation of the nanowire (PL AE 2, 3).

3) However, we remind the reader that we feel we cannot rule out, at least at a confidence level < 1 per cent, that (...) Again, we advise caution in over interpreting these results,... (PL BE 1, 51).

4) ...we are inclined to say that our self-regulation controller makes the snake "alive" (IF IE 1, 9).

Im vorliegenden Untersuchungskorpus ist das *Hedging* eher schwach vertreten, die Texthäufigkeit liegt bei 0,9 Heckenausdrücken pro Druckseite für das Gesamtkorpus, also etwa einem Heckenausdruck pro Druckseite. Dabei sind zwischen den Einzeltexten starke Unterschiede in der Verwendung des *Hedging* zu beobachten. Diese können mit persönlichen Präferenzen der Autoren oder mit dem Textgegenstand in Verbindung stehen. In einem Text über einen besonders innovativen und neuartigen Forschungsansatz, der bisher wenig erforschte Gebiete berührt, ist eine stärkere Verwendung von Heckenausdrücken zu erwarten, als in einem Text zu einer bereits besser erforschten Thematik (Vold 2006, 245).

Weiterhin kann festgestellt werden, dass in den formalisierten Textabschnitten kaum *Hedging* auftritt, da diese Textbereiche weniger diskursiv sind. Das stimmt auch mit den Erkenntnissen älterer Studien zur Verteilung von Heckenausdrücken in wissenschaftlichen Artikeln überein, die in Einleitung und Schlussfolgerungen den höchsten Anteil *Hedging* feststellen, während bei der Vorstellung der Methoden und Ergebnisse nur wenig *Hedging* zum Einsatz kommt (Hyland 1994, 243; Salager-Meyer 1994, 155f.).

Bei den in den formalisierten Textabschnitten vorhandenen Heckenausdrücken handelt es sich im Wesentlichen um *Attribute hedges* zur Einschränkung der Genauigkeit, wo aus Gründen der Übersichtlichkeit gerundete Zahlenwerte oder Näherungswerte angegeben werden, da keine exakten Werte erforderlich sind. Somit ist die Art und Vorkommenshäufigkeit von Heckenausdrücken zumindest teilweise von der Natur der dargestellten Daten und damit vom Textgegenstand abhängig.

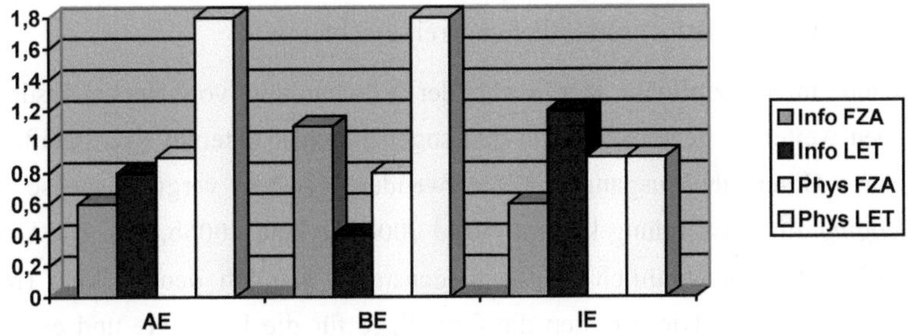

Abb. 17: Texthäufigkeit Heckenausdrücke

Das Diagramm in Abb. 17 oben zeigt das Vorkommen von Heckenausdrücken in den Einzelkorpora im Vergleich. Es zeigt sich, dass das amerikanische und britische Letterkorpus zur Physik einen deutlich höheren *Hedging*-Anteil als die übrigen Teilkorpora aufweisen.

Da bei den Letters eine stärkere Betonung auf der innovativen und damit zwangsläufig noch relativ unerforschten Natur der behandelten Forschungsthemen als Voraussetzung für eine Veröffentlichung liegt, wäre hier ein höheres *Hedging*-Vorkommen als in den Fachzeitschriftenartikeln zu erwarten. Das trifft jedoch nur für das Physikkorpus mit einer Texthäufigkeit von 1,6 Heckenausdrücken pro Druckseite in den Letters gegenüber 0,9 in den Fachzeitschriftenartikeln zu. Im Informatikkorpus dagegen ist das *Hedging*-Vorkommen in den Letters (0,7 Heckenausdrücke pro Druckseite) geringfügig geringer als in den Fachzeitschriftenartikeln (0,8 Heckenausdrücke pro Druckseite). Was jedoch in erster Linie dadurch verursacht wird, dass das britische Fachzeitschriftenartikelkorpus zur Informatik einen für das Informatikkorpus überdurchschnittlich hohen *Hedging*-Anteil enthält.

Dass insgesamt relativ wenige Heckenausdrücke im Korpus enthalten sind, ist vermutlich damit zu erklären, dass die Autoren ihre Forschung nicht zu sehr in Zweifel ziehen dürfen, da sonst die Gefahr eines Verlustes der Glaubwürdigkeit besteht. Sie müssen hinter ihrer Forschungsarbeit stehen und ihre Theorien mit angemessener Überzeugung vertreten, damit die Forschung als seriös, relevant, fundiert und folglich veröffentlichungsreif erachtet wird.

Neuere interdisziplinäre Vergleiche der Verwendung von Heckenausdrücken haben weiterhin gezeigt, dass in den sogenannten exakten Wissenschaften, die genaue Daten als Ausgangspunkt verwenden, generell vergleichsweise wenig *Hedging* zur Anwendung kommt (Vold 2006; Hyland 2006b, 29). Die Ursache hierfür ist wahrscheinlich im Textgegenstand, nämlich den exakten (Mess-) Daten, zu sehen. Diese bilden die Grundlage für die Fachtexte und es werden nur Schlussfolgerungen getroffen, die durch diese Daten belegt werden. Dadurch entsteht ein sicherer Ausgangspunkt und es werden weniger Vermutungen, die aufgrund ihrer unsicheren Natur eher *Hedging* veranlassen, angestellt.

Beim korpusübergreifenden Vergleich der absoluten Werte in den einzelnen *Hedging*-Kategorien stellt sich heraus, dass die *Accuracy-based hedges* mit insgesamt 248 Beispielen deutlich überwiegen (siehe Tab. A15 im Anhang). Dabei spielen *Attribute* und *Reliability hedges* eine etwa gleich starke Rolle. Auch dieses Ergebnis ist auf den Textgegenstand zurückzuführen, da Genauigkeit bei der Präsentation von naturwissenschaftlich-technischen Forschungsergebnissen von großer Wichtigkeit ist.

Dass dagegen nur sehr wenige *Reader-motivated hedges* (17 im Gesamtkorpus) eingesetzt werden, entspricht dem niedrigen Adressateneinbezug, in dessen Zusammenhang schon von einer Vermeidung gesprochen werden kann.

Da das Vermitteln von Neutralität und Objektivität sowie die Distanzierung der Autoren zu den wichtigsten Aufgaben des *Hedgings* gehören, überrascht es nicht, dass das unpersönliche *Hedging* klar bevorzugt verwendet wird. Die Autoren werden nur in 7,3 % aller auftretenden Heckenausdrücke einbezogen.

8.6 Formalisierte Sprache

Fachsprache ist stets zweck- und fachorientiert, das heißt sie spiegelt die Anforderungen des jeweiligen Faches wider (Hornung 1983). Ein besonderes Merkmal der hier untersuchten Fachtexte ist dementsprechend ihr hoher Anteil formalisierter Fachsprache mit mathematischer Prägung, da sowohl die Informatik als auch die Physik ihre Erkenntnis- und Untersuchungsmethoden auf die Mathematik zurückführen: Formalisierte Sprache dient der präzisen, systematischen Beschreibung von wissenschaftlichen Beobachtungen. Wie bereits im Kapitel 6.2 „Abgrenzung der untersuchten wissenschaftlichen Disziplinen" erläutert wurde, ist es eines der Hauptanliegen der Physik, die Realität durch Modellbildung zu beschreiben und zu erklären. Für das Entwickeln abstrakter, beschreibbarer Modelle ist die Mathematik hervorragend geeignet. Auch in der Informatik werden mathematische Methoden und Modelle für die Entwicklung von Algorithmen usw. eingesetzt.

Der Begriff „formale Sprache" wird hier spezifisch auf nonverbale, mathematische Gleichungen, chemische Formeln usw. angewandt. Für L. Hoffmann ist diese formale Sprache eine „wichtige Form der Materialisierung fachbezogener Bewusstseinsinhalte" (1976, 189). In seinem Fachsprachenmodell ist die formalisierte Sprache auf Schicht A, also der höchsten Schicht angesiedelt (siehe Kapitel 1.3.2).

Die Formalisierung von Fachsprache erfolgt durch Metrisierung, der Anwendung von Zahlenwerten, in Verbindung mit algebraischen und numerischen Symbolen, so dass Gleichungen und Formeln gebildet werden (Falkenburg 1997). Die Theoriebildung erfolgt durch Axiomatisierung, der Aufstellung von komplexen Sätzen, die alle Theoreme umfassen, unter Anwendung mathematischer Logik. Diese nonverbalen bzw. spracharmen formalen Elemente werden anschließend verbal durch Fachsprache interpretiert bzw. erläutert. Somit ist auch die künstliche formalisierte Sprache nicht unabhängig von natürlicher Verbalsprache.

Da sich anhand der untersuchten Fachtexte zeigt, dass Fachsprache und formale Elemente dabei sehr eng miteinander verschränkt sind, soll der Begriff „formalisierte Sprache“ im Folgenden in einem erweiterten Sinne gebraucht werden und auch auf diejenigen Abschnitte von Fachsprache angewandt werden, in welche die jeweiligen formalen Elemente eingebettet sind bzw. durch die sie erläutert werden.

Die formalen Elemente, wie insbesondere mathematische Formeln, sind Abstraktionen der Realität, die auf stark komprimierte Weise Informationen darstellen. Sie sind exakt, eindeutig und an mathematische Gesetzmäßigkeiten gebunden, demzufolge sind sie hochgradig systematisiert. Dabei sind verbalsprachliche Erläuterungen für Fachleute nur in verkürzter Form notwendig, da sie in der Lage sind, diesen abstrakten, verkürzten Code korrekt zu interpretieren.

Einige dieser formalen Elemente (wie mathematische Formeln) sind, zumindest in schriftlicher Form, einzelsprachenunabhängig und somit international und universell gültig und können deshalb ohne Informationsverluste von einer Einzelsprache in die andere transferiert werden.

Wird die Entwicklung der naturwissenschaftlichen Fachsprachen unter diachronen Aspekten betrachtet, ist in der neueren Naturwissenschaftssprache eine immer deutlichere Entwicklung hin zu Formalisierung und Nichtsprachlichkeit zu beobachten (Pörksen 1998). Außerdem lässt sich ein Zusammenhang zwischen dem Fachlichkeitsgrad und dem Grad der Normierung und Vereinheitlichung der Fachsprache herstellen (ebd., 195). U. Pörksen zufolge haben formale und visuelle Elemente eine so hohe Bedeutung in den Naturwissenschaften gewonnen, dass er von „sprachlosen Gelehrten“ spricht (Pörksen 2001, 21). Die Verbalsprache nimmt dabei einen immer geringeren Anteil an naturwissenschaftlichen Fachtexten ein.

Da naturwissenschaftliche Texte hochgradig standardisiert sind, wird das Vorkommen formalisierter, mathematisierter Sprache begünstigt (Niederhauser 2009).

In Abhängigkeit vom jeweiligen Textthema enthalten die hier untersuchten Fachtexte formalisierte Sprache in Form von formalen Elementen, wie mathematischen Ausdrücken (wie Gleichungen, Funktionen etc.), Beweisführungsketten, Segmenten von Programmcode, die erläutert und interpretiert werden, oder Werteangaben.

Der Anteil der formalisierten Sprache am Gesamttext kann unterschiedlich hoch sein. Er ist nicht nur vom Thema des jeweiligen Fachtextes abhängig, sondern auch davon, wie detailliert die Fachtextautoren die theoretischen Grundlagen zu ihren Erkenntnissen bzw. Ergebnissen erläutern.

Zwischen der Art von im Text vorhandener formalisierter Sprache und deren Anteil am Gesamttext besteht augenscheinlich kein Zusammenhang. In den untersuchten Fachtexten der Informatik ist der Anteil an formalisierter Sprache insgesamt geringfügig höher als in den Texten zur Physik. Das Verhältnis formalisierter Sprache zu verbaler Sprache beträgt hier durchschnittlich ca. 1:6, während es in der Physik im Durchschnitt etwa 1:11 beträgt. Bei Betrachtung der Fachtextsorten, ist festzustellen, dass der Anteil formalisierter Sprache in den Fachzeitschriftenartikeln (ca. 1:5 im Durchschnitt) höher als in den Letters (ca. 1:12) ist.[27]

Im Folgenden wird ein Überblick über einige Wendungen und Strukturen gegeben, die charakteristisch für die Bereiche formalisierter Sprache sind.

Die entsprechenden Textabschnitte enthalten sachbedingt eine hohe Anzahl von **Variableneinführungen** (siehe auch Kapitel 8.3.2 „Metasprachliche Elemente“). Dabei erfolgt die Benennung der Variable in der Regel durch Nennung des von der Variable bezeichneten Objekts und anschließende Angabe des Variablennamens, zum Beispiel:

- ...dipole moments **m** have the angle α... (PL IE 1, 2).

27 D.h. in den Fachtexten der Informatik entfallen insgesamt ca. 27 Druckseiten des Gesamtkorpus auf formalisierte Sprache und in der Physik ca. 14,5 Druckseiten. Werden die Fachzeitschriftenartikel betrachet, entfallen insgesamt ca. 40 Druckseiten des Gesamtkorpus auf formalisierte Sprache und in den Letters ca. 10 Druckseiten.

Einzelne Variablen oder auch komplexere mathematische Ausdrücke werden sehr häufig syntaktisch integriert, d. h. sie werden im Fließtext als Satzsubjekte oder Objekte verwendet (vgl. auch Shaw 2006), zum Beispiel:

- As intended, s gets a higher value (6) than s' (5) reflecting the fact that $s >_K s'$ (IF IE 2, 4).

Mathematische Vergleichsoperatoren, können dabei das finite Verb in einem Nebensatz ersetzen (siehe auch voriges Beispiel):

1) In the special case that $\alpha = 1$, we use... (IF BE 2, 2).
2) Because $i = 1$ or $i = 2$ in all cases, we have $0 < \delta(j, r) < 3$ for all j and r... (IL BE 2, 3).
3) ...except for an additional negative sign when $m < 0$ (PF AE 2, 9.)
4) In the special case that $b=-1$ and $a = 2 \cos \theta$, this can be transformed... (PF BE 2, 242).

Wie aus den vorstehenden Beispielen ersichtlich ist, werden Variablen stets durch Kursivdruck (selten auch Fettdruck) hervorgehoben. Das entspricht mathematischen Konventionen und erleichtert die Lesbarkeit der Fachtexte.

Neben Variablen werden auch festgelegte mathematische Symbole (z. B. Δ für die Differenz) in ähnlicher Weise verwendet. Eine Einführung ist hier nicht zwingend notwendig, da die Symbole mit ihrer zugehörigen Bedeutung allgemein festgelegt sind. Für gewöhnlich findet dennoch eine Erläuterung der Symbole statt, um Feinheiten zu spezifizieren, zum Beispiel:

1) ...λ is the wavelength of the incident radiation... (PF AE 1, 3).
2) ...the percentile deviation $\Delta\theta$ from the analytical surface temperature... (PF IE 2, 86).

Zur besseren Lesbarkeit und Übersichtlichkeit trägt ebenfalls bei, dass lange oder komplexe mathematische Ausdrücke (Gleichungen, Funktionen, logische Ableitungen, etc.) in allen Texten auf einer eigenen Zeile stehen und eingerückt werden. Oft werden solche wichtigen oder komplexen Ausdrücke zusätzlich am rechten Seitenrand nummeriert, so dass an anderen Stellen im Text durch Angabe der entsprechenden Nummer wiederholt auf einfache und textökonomische Weise Bezug auf einzelne Ausdrücke genommen werden kann, beispielsweise:

- Using Eq. 15 in Eq. 14 we find.... (IF IE 1, 5).

Durch einen Satz können mehrere Gleichungen miteinander verbunden werden. Selbst eingerückte und nummerierte komplexe Ausdrücke werden häufig als Satzglied in den Fließtext eingebaut, wie in folgendem Beispiel:

- In the cases considered explicitly below the controller is given by the pseudolinear expression

  $$K_i(x) = g(z_i) \quad (2)$$

  where $g(z) = \tanh(z)$ and

  $$z_i = \sum C_{ij} x_j + H_i \quad (3)$$

  (IF IE 1, 3; Formatierung wie im Original).

Die Eingliederung in den Satz erfolgt dabei entweder durch einen Doppelpunkt, durch eine Einleitung wie im Beispiel oben oder durch feststehende Wendungen, die einen Anschluss des mathematischen Ausdrucks ermöglichen, wie zum Beispiel durch Passiv mit *by*-Agent:

1) The scattering efficiency factor Q_{sca} is defined by [Formel] (PF AE 2, 7).

2) ...and the amplitude for the initial state with spin s_1 is given by [Formel] (PF BE 1, 3).

Gleichungen oder Variablendefinitionen, die einer anderen Gleichung bzw. Formel untergeordnet sind oder deren Elemente näher beschreiben, werden häufig mit „where“ eingeleitet, zum Beispiel:

1) Consequently we may define $E_t = v^2{}_t$ where (dropping the time index) $v^2 = v^{\top} v$ as our objective function for the behaviour of the robot (IF IE 1, 4).

2) For each code segment S, the estimator assesses a branch misprediction penalty term according to the formula:

   $$\mathrm{B} = \sum_{b \,\in\, \text{branches of } S} \min(p_{\text{taken}}, 1 - p_{\text{taken}}) \times wt(b)$$

where p_{taken} is the probability that the branch *b* is taken, as determined by the edge profiles, and *wt*(*b*) is the profile weight of *b* (IF AE 1, 16; Formatierung wie im Original).

Für mathematische Variablenzuweisungen und Definitionen werden auch die Formulierungen „Let ... be" am Satzanfang (entsprechend dem deutschen „Sei") und „such that" (entsprechend dem deutschen „so dass") bevorzugt verwendet, zum Beispiel:

1) Let $K = (F_1,...,F_n)$ be an RKB, S a set of states (IF IE 2, 2).

2) Let s be split into N disjoint atoms, $P_0 \ldots P_{N-1}$ such that s is the union of the atoms... (PF BE 2, 241).

Solche standardisierten Wendungen/Formulierungen zur Erläuterung von mathematischen Ausdrücken bewirken Einheitlichkeit und Formalisierung eines Fachtextes und tragen so zu wissenschaftlicher Klarheit bei. Sie werden wie die angewandten Berechnungs- und Modellbildungsverfahren aus der Mathematik übernommen und sind durch deren Gegebenheiten und Gesetzmäßigkeiten bedingt. Einige Beispiele, die am häufigsten im Untersuchungskorpus auftreten (sowohl im Physik- als auch im Informatikkorpus), werden in der folgenden Tabelle aufgelistet.

Funktion	**Wendung**	**Häufigkeit**[28]
Variablendefinition/-erläuterung	*let ... be*	57
Erläuterung v. Gleichungen (Variablen)	*such that*	36
Einleitung von Formeln/Gleichungen	Passiv + *by* Davon: *given by*	63 34
	as follows:	10
Anschluss untergeordneter Gleichungen oder Variablendefinitionen	*where*	89

Tab. 12: Standardisierte Wendungen

28 Absolute Häufigkeit im Gesamtkorpus.

Die Erläuterung von mathematischen Ausdrücken bildet oft einen typischen Bestandteil von **Beweisführungsketten**. Diese sind im Allgemeinen stark formalisiert. Der Fließtext zur Erläuterung der Sätze und Beweise ist generell kurz und konzis gehalten.

Beweisführungsketten bestehen aus mehreren Textsegmenten und folgen einer festgelegten Struktur. Zunächst werden die für den Beweis notwendigen Voraussetzungen bzw. die zu beweisende Aussage angegeben (*Lemma, Theorem, Proposition* bzw. *Definition*), anschließend wird der Beweis erbracht (*Proof*) und gegebenenfalls ein Folgesatz (*Corollary*) formuliert, der im Anschluss ebenfalls zu beweisen ist. Diese Grundstruktur wird stets eingehalten, da so W. Hornung: „mathematische Sätze Aussagen und Verknüpfungen darstellen, in denen Begriffe aus einem abgrenzbaren Bereich zueinander in Beziehung gesetzt werden, also nur unter bestimmten Voraussetzungen gültig sind" (Hornung 1983, 208). Ein Beweis wäre also für sich allein genommen, ohne die zugehörigen Vorraussetzungen, nicht aussagekräftig.

Folgende Varianten von Beweisführungsketten treten im Untersuchungskorpus auf[29]:

1.) Lemma → Proof

2.) Theorem → [Proposition] → Proof [→ Corollary → Proof]

3.) Definition → Proposition → Proof

Beweisführungsketten spiegeln klar die wissenschaftliche Arbeitsweise wider, nach der zunächst eine Grundannahme getroffen wird, deren Richtigkeit anschließend bewiesen werden muss. Ist dies gelungen, können ausgehend von der Grundannahme weitere Ableitungen bzw. Folgeannahmen getroffen werden, die dann ebenfalls zu beweisen sind. Dadurch wird die Logik der Schlussfolgerungen nachvollziehbar dargelegt und die Beweisbarkeit und damit die Richtigkeit der Hypothesen demonstriert. Die Beweisführungsketten dienen also der ver-

29 Eckige Klammern stehen um fakultative Elemente.

ständlichen und exakten Darlegung der logisch nachvollziehbaren Abfolge der Gedanken bzw. Arbeitsschritte.

Diese Varianten können aufeinander aufbauend mehrfach in einem Text wiederholt und miteinander kombiniert werden, um eine vollständige Beweisführungskette zu bilden. Dadurch können in einem Fachtext mehrere dieser Varianten gemeinsam auftreten. Im vorliegenden Untersuchungskorpus wird am häufigsten die zweite Variante in unterschiedlichen Versionen verwendet, sie ist in vier verschiedenen Texten vertreten. Die erste Variante findet sich in drei Texten, während die dritte nur in einem Text auftritt.

Der zugehörige Beweis wird stets direkt im Anschluss an die entsprechende Annahme/Aussage erbracht, zwischen den einzelnen Elementen und Gliedern der Beweisführungskette können jedoch längere Textabschnitte liegen.

Die verbalen Erläuterungen, die zu jedem Beweis gegeben werden, können je nach Thematik des Fachtextes und den Gepflogenheiten der Autoren unterschiedlich lang sein.

Der Übersichtlichkeit wegen sind die einzelnen Glieder einer Beweisführungskette (meist fortlaufend) nummeriert (z. B. „Corollary 1“) und häufig zusätzlich durch Kursivdruck typografisch hervorgehoben. Mittels der Nummerierung kann durch Angabe der entsprechenden Nummer im Fließtext auch außerhalb der Beweisführungskette auf den zugehörigen Abschnitt Bezug genommen werden. Dies trägt zur Sprachökonomie bei.

Die einzelnen Arbeits- bzw. Denkschritte einer Beweisführungskette werden meist sehr genau dargelegt. Das gilt insbesondere wenn mathematische Ausdrücke zu erläutern bzw. mathematische Operationen durchzuführen sind. Dazu wird in erster Linie das *inclusive we* verwendet.

Typisch für Beweisführungsketten ist auch die erhöhte Verwendung von Imperativen, zum Beispiel:

1) Consider the following structure *S*… (IF AE 2, 10).

2) Suppose that some clause C_j contains 3 false literals,... (IL BE 2, 4).

Auch die Verwendung von verbalen Gliederungselementen kann in Beweisführungsketten häufiger als in anderen Textabschnitten beobachtet werden. Sie helfen, den Text in logische Abschnitte zu untergliedern, und führen den Leser schrittweise durch den Beweis, beispielsweise:

- First of all, we exploit the union property of → (lemma 3) […] and secondly, we use the definition of → and logic to simplify these... (IF BE 1, 12).

Ebenfalls typisch ist das vergleichsweise häufige Auftreten paralleler Satzstrukturen. Dies wird durch sich häufig wiederholende Aufgaben der Erläuterung oder dem Herleiten von Gleichungen bedingt, zum Beispiel:

- From this and definition ECA3, we have S |= ¬*Clipped*(1; *F*; 5). From this, (8), and (6), we have
  $S \models Happens3(I; 1; 2) \wedge Initiates(I; F; 1) \wedge 2 < 5 \wedge \neg Clipped(1; F; 5)$
  But from (9), we have S |= ¬*HoldsAt*(*F*; 5). Therefore, we have (10) (IF AE 2, 10; Formatierung wie im Original).

Wie schon aus dem kurzen Beispiel ersichtlich ist, kann ein Text dadurch eine monotone, regelmäßige Struktur erhalten.

In den Texten zur Physik treten häufig Angaben von Messwerten bzw. **Werteangaben** im Allgemeinen auf.

In der Regel werden Messwerte übersichtlich und sprachökonomisch in einer Tabelle angegeben. Bei Werteangaben im Fließtext wird das bezeichnete Objekt genannt und anschließend der zugehörige Wert verbal in den Satz integriert angegeben, beispielsweise:

1) .... and |A Γ, x| [...] reach values as high as ≈0.005 (PF AE 2, 12).

2) ... the distance between the piston's initial and end position is 48.5mm. (PF IE 2, 85).

Alternativ wird auf wichtige bzw. häufig genannte Werte durch Zuordnung eines Variablennamens in der Form: bezeichnetes Objekt *Variable* = Wert Einheit Bezug genommen, also zum Beispiel: „the model length l = 59.24 mm" (PF IE 2, 87). Dies ist auch bei Werten, die veränderlich sind, wie beispielsweise der Zeit, der Fall (je nachdem auf welchen Zeitpunkt im Laufe eines Experimentes Bezug genommen wird, ändert sich der Wert für t). Die Verwendung einer Variable ist hier besonders geeignet, da sie die Veränderlichkeit der Größe verdeutlicht und nicht bei jeder Wertangabe das bezeichnete Objekt genannt werden muss.

Eine dritte Variante ist die Angabe von Werten in Parenthesen, beispielsweise:

1) We find a weak, marginally significant relation between spot decay rate and growth of the surrounding facular region (r 2 = 0.1255) (PF AE 1, 37).

2) The former shock turns into a subsonic compression wave which travels into the storage tube (t = 9.0ms … 9.5ms) (PF IE 2, 91).

Die **Erläuterung von Programmcode** oder Programmsegmenten erfolgt nicht einheitlich, sondern entsprechend der Neigungen der Autoren bzw. den Anforderungen des Textes.

Meist werden vor allem typografische Mittel, wie Aufzählungszeichen oder Fett- und Kursivdruck, verwendet, um den Text zu strukturieren.

Wenn ganze Programmsegmente erläutert werden, werden diese häufig durch einen einleitenden Satz mit Doppelpunkt eingeführt. Allerdings können sie auch als Abbildung eingefügt und damit vom Fließtext abgetrennt sein.

Die Abläufe von Programmen oder Algorithmen werden typischerweise durch Imperative[30] wiedergegeben, zum Beispiel:

- 1. <u>Profile</u> the code.
  2. For each function:
  3. <u>Compile</u> to the high-level IR.
  4. <u>Perform</u> a lightweight high-level optimization (HLO) pass (IF AE 1, 14; Formatierung wie im Original).

30 Diese richten sich jedoch nicht an den Rezipienten, sondern geben die Kommandos wieder, die das Programm ausführt.

In einem einzelnen Fachtext können je nach Thematik mehrere Arten formalisierter Sprache vorkommen (siehe Tabelle A16 im Anhang). Im vorliegenden Untersuchungskorpus sind Erläuterungen von mathematischen Ausdrücken und Werteangaben am häufigsten zu finden (jeweils in 14 Einzeltexten), da beide sowohl in den Fachtexten zur Physik als auch zur Informatik vorhanden sind.

Werden die Fachtexte zur Informatik isoliert betrachtet, überwiegt die Erläuterung des Programmcodes. In den Texten, in denen Programmteile erläutert werden, werden nur in Ausnahmen auch mathematische Ausdrücke erläutert, da ein Text, der einen Programmieransatz zum Gegenstand hat, meist keine mathematische Ausrichtung hat.

Beweisführungsketten treten im Informatikkorpus nicht isoliert, sondern in Kombination mit Erläuterungen von Programmen oder mathematischen Ausdrücken auf.

In den Texten zur Physik sind ausschließlich Erläuterungen mathematischer Ausdrücke und Werteangaben zu finden. Dass keine Erläuterungen zu Programmcodes vorhanden sind, überrascht nicht. Dass auch keine Beweisführungsketten auftreten, liegt wahrscheinlich daran, dass die untersuchten Texte eher der praktischen und angewandten als der theoretischen Physik zuzuordnen sind. Werteangaben treten dementsprechend in jedem der untersuchten Fachtexte zur Physik auf. Dabei stehen sie oft in Verbindungen mit Erläuterungen von mathematischen Ausdrücken (meist Gleichungen, die zur Berechnung der angegebenen Werte benutzt wurden).

Am stärksten standardisiert sind die Beweisführungsketten, da sie festen Textstrukturen folgen. Die Erläuterungen von mathematischen Ausdrücken oder Programmsegmenten dagegen können abhängig vom Stil des Autors unterschiedlich stark formalisiert sein und unterschiedliche Anforderungen an den Leser stellen.

In den Textabschnitten formalisierter Sprache treten vermehrt Imperative auf, die den Leser auf Besonderheiten hinweisen. Insgesamt befinden sich hier etwa

29 % aller im Korpus vorkommenden Imperative. Die Imperative dienen zum Hervorheben bestimmter Sachverhalte und durch Aufforderung des Rezipienten zur Erhöhung von dessen Aufmerksamkeit. Dadurch wird der Leser zum Mitvollziehen der erläuterten (mathematischen) Arbeitsschritte angeregt, was letzten Endes die Verständlichkeit des Fachtextes erhöht.

Außerdem finden sich in den formalisierten Textabschnitten vermehrt zusätzliche Erläuterungen in Parenthesen. Sie tragen ebenfalls dazu bei, die Verständlichkeit zu erhöhen und den Adressaten die komplizierten Sachverhalte näher zu bringen (siehe Kap 8.3.1).

Insgesamt ist weiterhin ein deutliches Bemühen um Übersichtlichkeit und Prägnanz zu erkennen. Letzteres hängt unter anderem mit den Platzbeschränkungen von Seiten der Zeitschriften zusammen. In Artikel IF IE 2 beispielsweise wird explizit darauf hingewiesen, dass auf bestimmte Punkte aufgrund von Platzmangel nicht eingegangen werden konnte:

- The proof of the proposition (which is omitted due to space restrictions, see (Feldmann 2005) for further details) … (IE 2, 3).

Auffällig in den Textabschnitten mit formalisierter Sprache ist eine hohe Dichte metasprachlicher Elemente. In den Fachtexten sowohl zur Informatik als auch zur Physik kommt durchschnittlich etwa ein Drittel aller insgesamt vorhandenen metasprachlichen Elemente in den Bereichen formalisierter Sprache vor.

Dabei handelt es sich erwartungsgemäß in erster Linie um metasprachliche Elemente zur Einführung von Variablen oder Symbolen, die, wie bereits in Kapitel 8.3.2 dargelegt, die am häufigsten vorkommende Art metasprachlicher Elemente darstellen.

Aus den oben aufgeführten Beobachtungen wird ersichtlich, dass unterschiedliche Arten formalisierter Sprache unterschiedliche stilistische Besonderheiten aufweisen.

8.7 Visuelle Elemente

In der großen Mehrheit von Fachtexten werden neben der verbalen Informationsdarstellung auch visuelle Elemente in vergleichsweise hoher Frequenz eingesetzt. Der visuelle Code kann dabei sowohl zur Veranschaulichung dienen, um die Rezipierbarkeit zu erleichtern, als auch den verbalen Text in einer komplementären Wechselbeziehung ergänzen.

Nachgewiesenermaßen tragen visuelle Elemente überdies zu einer schnelleren Informationsverarbeitung und vor allem einer Steigerung der Behaltensleistung durch den Rezipienten bei. Psycholinguisten sehen den Grund dafür in der Tatsache, dass visuelle Elemente bei der kognitiven Verarbeitung doppelt enkodiert werden, sowohl im verbalen System (sequentielle Verarbeitung) als auch im imaginalen System (räumlich-parallele Verarbeitung) (Schnotz 2003, 579). Somit sind für die Verarbeitung von visuellen Elementen andere Gehirnregionen zuständig als für die Sprachverarbeitung (Nöth 2000), so dass die kognitive Belastung verteilt wird.

Unter dem Begriff „Abbildungen“ fasst H. Kalverkämper alle Arten bildlicher Darstellungsformen zusammen, die sich durch „ihre nahe Realitätsbezogenheit auszeichnen,“ dazu gehören Fotos, Zeichnungen, Aufrisse etc. (Kalverkämper 1992a, 219).

Abbildungen werden verwendet, um Informationen möglichst komplex und umfassend darzustellen und zu vermitteln. Doch nur wenn eine Abbildung in einen Fachtext eingebettet ist, versteht H. Kalverkämper sie als „fachliches Bild“, isoliert vorkommende Bilder können nicht fachlich sein (Kalverkämper 1992a, 220). Um die Abbildungen in den Text einzubinden, werden Verweise und Hinweise auf die Abbildung, sowie Erläuterungen und Kommentare eingesetzt.

Das Bild kann im Verhältnis zum Text überwertig sein, wenn es den Text dominiert und wesentlich mehr Informationen als der verbale Text vermittelt. Dem Text unterwertig ist ein Bild, wenn es ihn ergänzt und nur zur Textauflockerung bzw. durch redundante Informationsvermittlung zur Steigerung der Behaltensleistung dient, ohne die Verständlichkeit zu erhöhen. Ein Bild ist dem Text gleichwertig, wenn es in den Text integriert ist und zur Illustration des sprachlichen Inhaltes dient, so dass sich die verbal und visuell vermittelten Informationen wechselseitig ergänzen. In den hier untersuchten Fachtexten ist Letzteres der Fall.

S. Göpferich differenziert genauer zwischen Abbildungen, die sie auch repräsentationale Bilder nennt, und Visualisierungen, die sie auch logische oder analytische Bilder nennt (Göpferich 1998). Abbildungen entsprechen auch bei ihr der Definition H. Kalverkämpers, sie stellen die Realität so dar, wie sie wahrgenommen wird.

Visualisierungen dagegen bilden abstrakte Zusammenhänge, zum Beispiel der Quantität oder der zeitlichen Entwicklung, ab. Zu den Visualisierungen zählt S. Göpferich Diagramme, Tabellen, Stemmata etc.

Abbildungen finden sich nach S. Göpferich am häufigsten in didaktisch-instruktiven Texten, wo sie dazu dienen, die verbalen Informationen zu veranschaulichen und die Verstehens- und Behaltensleistung der Rezipienten zu steigern.

Visualisierungen bilden Relationen auf übersichtliche Weise ab, dabei werden sie meist von verbalem Text ergänzt. Da es viel Raum beansprucht, große Mengen an Zahlenwerten im Fließtext darzustellen, findet bei der Verwendung von Visualisierungen eine Verdichtung der Informationen statt. Sie können sowohl qualitative und quantitative sowie zeitliche und kausale Zusammenhänge darstellen.

Dabei sind Visualisierungen strengeren Darstellungskonventionen unterworfen als Abbildungen. Dadurch sind visuelle Elemente sprachökonomisch und unter Umständen präziser als verbalsprachliche Erläuterungen.

In Übereinstimmung mit S. Göpferichs Einteilung werden die im Untersuchungskorpus vorkommenden Grafiken, Fotos und Abbildungen von Programmcodesegmenten zu den repräsentationalen Bildern oder Abbildungen gezählt. Der Programmcode ist zwar ein abstraktes Konstrukt, doch er wird so abgebildet, wie er im Quelltext des Programms zu finden ist, also realitätsnah.

Tabellen und Diagramme gehören zu den Visualisierungen bzw. analytischen Bildern.

Im vorliegenden Untersuchungskorpus kommt es des Öfteren vor, dass visuelle Elemente unterschiedlicher Kategorien, also Abbildungen und Visualisierungen, miteinander kombiniert werden. So zum Beispiel in Artikel PF IE 2, dort werden unter Fig. 2 eine Zeichnung eines Testobjekts sowie in einem nebenstehenden Diagramm die damit erzielten Werte zusammengefasst.

Die Zusammenfassungen von visuellen Elementen haben stets ein inhaltlich verbindendes Element, so wird zum Beispiel dasselbe Objekt in verschiedenen Ansichten gezeigt oder die Entwicklung einer bestimmten Größe unter verschiedenen Bedingungen betrachtet und gegenübergestellt. Die Erläuterungen im Bilduntertext geben zu allen Teilen der Zusammenfassung Auskunft. Im Untersuchungskorpus kommen Zusammenfassungen aus zwei bis 14 Elementen (IL IE 1) vor. So können mehrere verbundene visuelle Elemente unterschiedliche Aspekte einer Thematik oder auch umfangreiche Entwicklungen und Abfolgen veranschaulichen.

Um klare Werte hinsichtlich der Vorkommenshäufigkeit der verschiedenen visuellen Elemente ermitteln zu können, wird im Folgenden jedes visuelle Element einzeln gezählt. Dadurch ist die Anzahl der visuellen Elemente, die in den Tabellen angegeben wird, größer als die zugehörige Abbildungsnummerierung in den entsprechenden Korpustexten.

	FZA			Letters			
Informatik							
Abbildungen	**AE**	**BE**	**IE**	**AE**	**BE**	**IE**	**Gesamt**
Programmcode	-	4	4	1	-	-	9
Grafiken	2	-	4	2	2	6	16
Fotos	-	-	2	-	-	14	16
Visualisierungen							
Diagramme	5	-	14	2	8	-	29
Tabellen	3	-	3	3	2	1	12
Absolute Häufigkeit gesamt	**10**	**4**	**27**	**8**	**12**	**21**	**82**
Texthäufigkeit	**0,3**	**0,1**	**0,8**	**0,4**	**0,5**	**1,1**	
	0,4			**0,7**			
Physik							
Abbildungen	**AE**	**BE**	**IE**	**AE**	**BE**	**IE**	**Gesamt**
Programmcode	-	-	-	-	-	-	-
Grafiken	-	7	14	1	-	1	23
Fotos	1	-	2	5	-	-	8
Visualisierungen							
Diagramme	14	5	22	17	18	8	84
Tabellen	1	4	2	-	2	-	9
Absolute Häufigkeit gesamt	**16**	**16**	**40**	**23**	**20**	**9**	**124**
Texthäufigkeit	**0,7**	**0,5**	**0,9**	**1,4**	**0,8**	**0,6**	
	0,7			**0,9**			

Tab. 13: Absolute Häufigkeit visueller Elemente

Die Tabelle zeigt, dass in den Texten aus dem physikalischen Korpus im Durchschnitt deutlich mehr visuelle Elemente vorhanden sind, als im Korpus zur Informatik.

Ein Vergleich der Diagramme unten zeigt weiterhin, dass in den Fachzeitschriftenartikeln zur Physik auch verhältnismäßig mehr visuelle Elemente vorhanden sind, als in den Fachzeitschriftenartikeln zur Informatik.

Außerdem weisen die Letters einer Disziplin jeweils verhältnismäßig mehr visuelle Elemente auf, als die Fachzeitschriftenartikel. Die einzige Ausnahme hierzu stellt das deutsche Korpus zur Physik dar. Die Texthäufigkeit der visuellen Elemente liegt für die Informatik bei 0,4 visuellen Elementen pro Druckseite in den Fachzeitschriftenartikeln und 0,7 visuellen Elementen pro Druckseite in den Letters. Für die Physik beträgt sie 0,7 visuelle Elemente pro Druckseite in den Fachzeitschriftenartikeln und 0,9 visuelle Elemente pro Druckseite in den Letters.

In den Fachzeitschriftenartikeln zur Informatik und auch zur Physik weisen die Texte deutschsprachiger Autoren eine höhere Texthäufigkeit an visuellen Elementen auf als die amerikanischen Korpora, während sich in den britischen Korpora die wenigsten visuellen Elemente finden. Allerdings bestätigen sich diese Tendenzen nicht in den jeweiligen Letter-Korpora, so dass hier nicht zweifelsfrei von kulturell bedingten Ursachen ausgegangen werden kann.

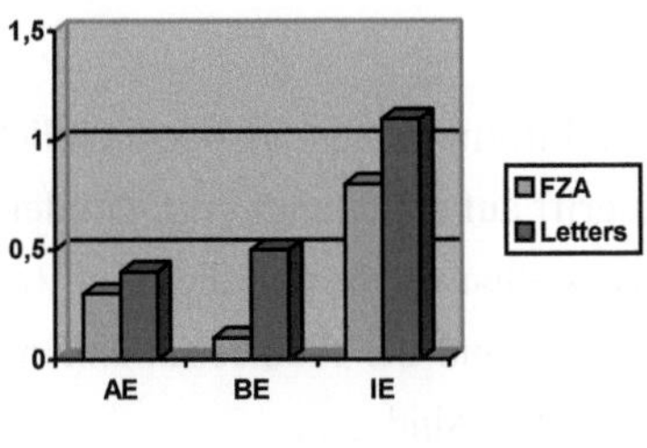

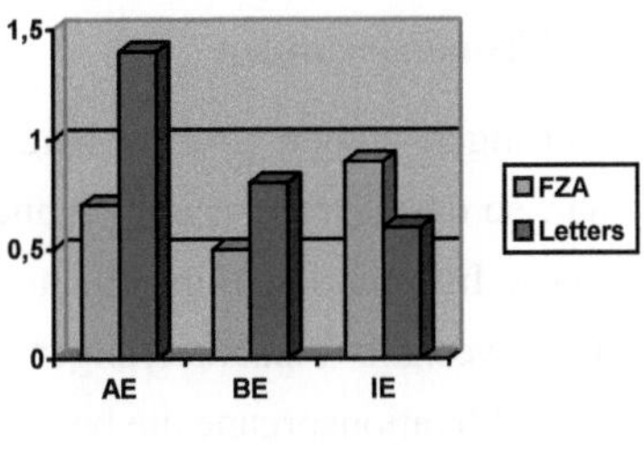

Abb. 18: TH visuelle Elemente Info **TH visuelle Elemente Physik**

8.7.1 Abbildungen

Abbildungen stellen Objekte realitätsnah dar, typische Beispiele sind Fotos, Fotoreihen oder Grafiken. Sie sind somit weniger abstrakt als Visualisierungen.

In erster Linie dienen Abbildungen der Veranschaulichung, allerdings enthalten insbesondere Grafiken häufig auch den Text ergänzende Informationen.

Als Grafiken zusammengefasst werden hier aus Gründen der Übersichtlichkeit sowohl schematische Zeichnungen, Screenshots, als auch Abbildungen von Suchbäumen (die ein hierarchisches Verhältnis grafisch abbilden) oder ähnliches.

Im Korpus zur Informatik treten insgesamt 41 Abbildungen auf, wobei die Grafiken und Fotos mit jeweils 16 Beispielen überwiegen. Weiter sind neun Abbildungen von Programmcodesegmenten vorhanden.

Im Korpus zur Physik finden sich insgesamt nur 25 Abbildungen. Davon sind 17 Grafiken und acht Fotos.

Abbildungen von Programmcodesegmenten finden sich fachbedingt ausschließlich im Korpus zur Informatik. Diese werden bevorzugt als Abbildungen eingefügt und im Fließtext relativ ausführlich kommentiert und miteinander verglichen. Auch die Integration in den Fließtext (ähnlich wie von mathematischen Ausdrücken) ist möglich, wird allerdings im Untersuchungskorpus nur in einem Text vorgenommen (IL AE 1).

8.7.2 Visualisierungen

Visualisierungen stellen große Mengen von Informationen in übersichtlicher Weise dar, so dass der Leser sehr schnell Zugriff auf sie erlangt (vgl. Göpferich 1998). Diese Informationen im Fließtext darzustellen würde überdies viel Raum einnehmen, weshalb Visualisierungen schon aufgrund der Platzbeschränkungen durch die Publikationsorgane die bessere Alternative sind.

Im Untersuchungskorpus sind zwei Arten von Visualisierungen vorhandenen: Tabellen und Diagramme. Als Diagramme werden in der vorliegenden Analyse Darstellungen von konkreten Werten, die auf Skalen abgelesen werden können, verstanden. Dementsprechend werden zum Beispiel sogenannte Feynman-

Diagramme zu den Abbildungen gezählt, da sie Wechselwirkungen zwischen Teilchen bildlich darstellen und so Rechenvorschriften veranschaulichen, aber keine konkreten Zahlenwerte darstellen.

Eine Besonderheit von Diagrammen ist die Darstellung von Relationen durch Analogien, z. B. kann der räumliche Abstand zwischen zwei Punkten im Diagramm ihre quantitative oder zeitliche Relation zueinander repräsentieren (Schnotz 2003).

Es gibt hinsichtlich der Gestaltung und der Verwendungsweise von visuellen Elementen konventionalisierte Darstellungsformen. So ist beispielsweise ein x/y-Diagramm bzw. Liniendiagramm besonders gut für die Darstellung von Entwicklungen im Zeitverlauf geeignet, da es zwei Größen in Relation zueinander darstellt, ein Kreisdiagramm dagegen wird im Allgemeinen für Prozentwertdarstellungen bevorzugt.

Bei den 29 Diagrammen im Korpus zur Informatik handelt es sich um 17 Liniendiagramme, sechs Säulendiagramme und sechs Streudiagramme. Im Korpus zur Physik finden sich 84 Diagramme. Auch hier überwiegen die Liniendiagramme deutlich (55), es werden auch 24 Streudiagramme, sowie ferner vier 3D-Oberflächendiagramme und ein Flächendiagramm verwendet.

Liniendiagramme veranschaulichen die Entwicklung von Größen über eine bestimmte Zeitspanne hinweg oder im Verhältnis zueinander. Säulendiagramme stellen Zahlenwerte durch Säulen von proportionaler Länge übersichtlich dar und machen die Relationen zwischen den Werten deutlich, weshalb sie sich besonders für den Vergleich zwischen den einzelnen Werten eignen. Streudiagramme wiederum stellen die Verteilung einzelner Wertepaare dar. In 3D-Oberflächendiagrammen ist es durch die Darstellung in einer dreidimensionalen Oberfläche möglich, drei unterschiedliche Größen zueinander in Beziehung zu setzen.

Im Korpus zur Physik sind wesentlich mehr Diagramme enthalten, als in den Texten zur Informatik. Dies liegt in der fachlichen Ausrichtung der Physik begründet. Hier ist das Darstellen von (Mess-)Werten und Relationen zwischen verschiedenen Größen von zentraler Bedeutung. Dazu sind Diagramme im Allgemeinen am besten geeignet. Außerdem werden fachbedingt oft andere Diagrammtypen verwendet, als in der Informatik. Da die Physik oft stärker experiment- und messorientiert ist, gibt es hier auch insgesamt mehr visuelle Elemente als im Korpus zur Informatik, die die Durchführung der Datengewinnung veranschaulichen und die Ergebnisse darstellen.

Tabellen nehmen in den untersuchten Fachtexten beider Disziplinen gegenüber Diagrammen eine deutlich untergeordnete Position ein. Im Informatikkorpus kommen zwölf Tabellen vor, im Physikkorpus neun.

Die in einer Tabelle zusammengestellten Informationen können ganz unterschiedlicher Natur sein. So können Tabellen beispielsweise Messwerte enthalten oder eine Liste von Parametern mit ihren zugehörigen Erläuterungen. Tabellen können somit unterschiedliche Funktionen erfüllen, wie Referieren, Festlegen, Benennen oder Beschreiben (Buhlmann/Fearns 2000, 56).

Tabellen dienen der Ergänzung des Fließtextes, indem sie Informationen liefern, die im Text nicht verbalisiert und allenfalls kommentiert werden.

8.7.3 Verweise und Bilduntertexte

Textinterne Verweise „koppeln" die visuellen Elemente an den Fließtext an. Sie lenken die Aufmerksamkeit des Rezipienten an den Stellen des Textes auf die Abbildungen, an denen diese für das Textverständnis notwendig sind, und stellen durch entsprechende Erläuterungen den Zusammenhang zwischen dem Verbaltext und dem visuellen Element her. Dadurch werden die visuellen Elemente an den relevanten Stellen im Informationsfluss mit dem Text verknüpft.

Anhand des Untersuchungskorpus kann zwischen Verweisen, die nicht in den Satz integriert sind (Verweise in Parenthesen oder als Nachsätze) und Verweisen, die in den Satz integriert sind, unterschieden werden.

Beispiele für nicht integrierte Verweise sind:

1) ...by two motors in orthogonal directions, see Fig. 1 (IF IE 1, 6).

2) The set of LDMs were then used to generate various sizes of data sets (see Table 1)... (IL BE 1, 2270).

3) ... that promote a nanowire (rather than planar) growth mode (Fig. 1) (PL AE 2, 1).

Beispiele für in den Satz integrierte Verweise sind:

1) Figure 7 compares the performance... (IF AE 1, 22).

2) As shown in Table 2, the formalisms... (IF AE 2, 1019).

3) We consider snakes as sketched in Fig. 4 (IF IE 1, 7).

4) In a separate process, demonstrated in Figure 1... (PF AE 1, 40).

5) Fig. 1 shows the residual light curves of both cameras... (PL BE 2, 49).

Sowohl Abbildungen als auch Visualisierungen werden in den Fachtexten als *Figure* bezeichnet, nur im Hinblick auf Tabellen wird unterschieden (*Table*).

	Anzahl nicht integrierter Verweise	**Anzahl in den Satz integrierter Verweise**	**Verweise treten vor dem Bild auf**	**Verweise treten nach dem Bild auf**
Informatik FZA				
AE	-	17	8	9
BE	-	7	2	5
IE	5	17	13	9
AE	-	10	4	6
BE	1	10	7	4
IE	-	5	4	1
Gesamt	**6**	**66**	**38**	**34**
Physik FZA				
AE	3	14	13	5
BE	4	29	20	12
IE	6	34	24	16
Physik Letters				
AE	7	21	14	15
BE	3	28	13	16
IE	3	13	8	9
Gesamt	**26**	**139**	**92**	**73**

Tab. 14: Überblick Verweise, absolute Häufigkeit

Die Anzahl der Verweise ist in erster Linie davon abhängig wie viele visuelle Elemente im Text vorkommen. Ein Vergleich der obenstehenden Tabellen 13 und 14 zeigt, dass im Untersuchungskorpus deutlich mehr Verweise als visuelle Elemente auftreten. Daraus geht hervor, dass auf einige visuelle Elemente mehrmals im Text verwiesen wird.

Um festzustellen, wie oft im Text durchschnittlich auf jedes visuelle Element verwiesen wird, also wie eng die visuellen Elemente mit dem Text verknüpft sind, wird die Verweisdichte (Verweisdichte = Anzahl der Verweise / Anzahl der visuellen Elemente) ermittelt. Hierbei werden Zusammenfassungen von visuellen Elementen als ein visuelles Gesamtelement gezählt, somit wird die Verweisdichte entsprechend der Abbildungsnummerierung im Fachtext ermittelt.

Dabei zeichnen sich Unterschiede zwischen den untersuchten wissenschaftlichen Disziplinen ab: In den Fachzeitschriftenartikeln zur Informatik beträgt die Verweisdichte im Durchschnitt 1,5 Verweise pro visuelles Element, d. h. auf den Großteil der visuellen Elemente wird nur einmal verwiesen. In den Letters zur Informatik ist die Verweisdichte mit 1,1 Verweisen pro Element niedriger, hier wird nur selten mehr als einmal auf ein visuelles Element verwiesen.

In den Fachtexten zur Physik ist die Verweisdichte höher: In den Fachzeitschriftenartikeln beträgt sie 1,9 Verweise pro Element im Durchschnitt, demnach wird meist zweimal auf die visuellen Elemente verwiesen. In den Letters zur Physik beträgt die Verweisdichte durchschnittlich 3,1 Verweise pro Element und ist somit deutlich höher als in den anderen Teilkorpora. Mit etwa drei Verweisen pro visuelles Element sind diese hier besonders eng mit dem jeweiligen Text verschränkt.

Je öfter auf ein visuelles Element im Fließtext verwiesen wird, desto höher kann auch seine Bedeutung für die Informationsdarlegung im Fachtext eingeschätzt werden.

Wie die Tabelle 14 zeigt, bevorzugen die meisten Autoren Verweise, die durch die Integration in den Satz den Lesefluss nicht beeinträchtigen. Verweise auf visuelle Elemente in Parenthesen oder als Nachsätze kommen deutlich seltener vor. Im Großteil des Korpus zur Informatik wird sogar ganz auf sie verzichtet.

Mitunter finden sich zusätzlich zu den Verweisen im Fließtext auch in den Bilduntertexten Referenzen auf andere visuelle Elemente, dadurch wird ein besonders enger Zusammenhang zwischen den einzelnen visuellen Elementen hergestellt.

Mehrheitlich wird noch auf derselben Seite, auf der ein visuelles Element erscheint, darauf verwiesen. Nur selten ist der erste Verweis zwei oder mehr Seiten von dem zugehörigen Element entfernt. Eine klare Ausnahme stellt Artikel PF AE 2 dar, da hier alle visuellen Elemente am Ende des Textes, noch nach den Quellenangaben, angehängt sind. Dadurch entsteht ein großer Abstand zwischen einem Verweis und dem dazugehörigen Element.

Ein großer Abstand kann eine erhebliche Störung im Lesefluss verursachen, da der Leser weit nach vorne bzw. hinten blättern muss, um das entsprechende Element zu finden. Dadurch wird die Gedankenkette unterbrochen, was sich hinderlich auf die Textrezeption auswirkt.

Der Bilduntertext dient dazu, dem Rezipienten Aufschluss über die visuell dargestellten Informationen zu geben. Dadurch bindet er ein visuelles Element an die entsprechenden verbalen Informationen im Text.

Dabei kann es sich um sehr kurze Bilduntertexte handeln, die lediglich Auskunft über den dargestellten Gegenstand geben und keine Erläuterungen beinhalten. Solche Bilduntertexte bestehen in der Regel aus Ellipsen und sind meist nur etwa eine Zeile lang, zum Beispiel:

- **Fig. 2.** The word-counting slice of Kernighan and Ritchie's wc program (IF BE 2, 6).

Allerdings können in den Bilduntertexten auch relativ ausführliche Erläuterungen zu den dargestellten Informationen gegeben werden. Zum Beispiel darüber, wie ein Diagramm zu lesen ist:

1) … both our approach (solid line) and Sapa^{ps} (dotted line) could find a satisfiable goal state (IF IE 2, 7).

2) The red line in both plots stands for A(*t*)=1… (PF IE 1, 738).

In einigen Beispielen werden die wichtigsten Aussagen des visuellen Elements zusammengefasst und gegebenenfalls die daraus abgeleiteten Konsequenzen erläutert. Zum Beispiel:

1) Left: Sensor values from left and right infrared sensor over time. One can clearly see how the controller becomes sensitive and increases C_{kl}; (IF IE 1, 7).

2) Frequency shift due to contamination buildup (carbon, presumably) during e-beam exposure… (PL AE 2, 2).

Bilduntertexte können deshalb relativ ausführlich sein. Die drei längsten Bilduntertexte im Untersuchungskorpus zählen jeweils 14 Zeilen (mit 52 Zeichen). Solche langen Bilduntertexte treten vornehmlich dort auf, wo mehrere visuelle Elemente unter einem Bilduntertext zusammengefasst wurden, da ein höherer Erklärungsbedarf besteht, was die einzelnen Elemente darstellen und in welcher Beziehung sie zueinander stehen. Der Länge der Bilduntertexte wird in einem solchen Fall stets durch typografische Anpassungen (meist kleinere Schriftgröße) Rechnung getragen, was bei einzeiligen Bilduntertexten nicht immer der Fall ist.

Je ausführlicher die Erläuterungen im Bilduntertext und im Fließtext zu einem visuellen Element sind und je häufiger darauf verwiesen wird, desto höher ist die Bedeutung, die es für die Informationsvermittlung hat.

8.7.4 Zusammenfassung

Zusammenfassend lässt sich feststellen, dass die Art und Anzahl der visuellen Elemente in einem Fachtext primär vom Textgegenstand abhängig sind, also davon, ob sich das Thema des Textes für die Verwendung visueller Elemente eignet. Die Anzahl der Verweise auf ein visuelles Element gibt Aufschluss darüber, wie groß die Bedeutung ist, die ihm im Rahmen des Fachtextes für die Informationsdarstellung und Themenentwicklung beigemessen wird.

Die Verweise auf die visuellen Elemente werden korpusübergreifend meist in den Satz integriert und erfolgen kurz vor oder nach dem Auftreten des zugehörigen visuellen Elementes, um den Lese- und Gedankenfluss des Rezipienten nicht zu stören. Dadurch kann das visuelle Element die verbalisierten Informationen des Textes optimal ergänzen und bestmögliche Verständlichkeit gewährleisten.

Anhand der höheren Verweisdichte zeigt sich, dass die visuellen Elemente in den Fachtexten zur Physik deutlich stärker an den Fließtext gebunden werden als in Fachtexten zur Informatik.

Hinsichtlich der Verwendung visueller Elemente lassen sich keine klaren Unterschiede zwischen den Fachtexten von amerikanischen, britischen und deutschen Autoren feststellen. Die Entscheidung, ob und welche visuellen Elemente eingesetzt werden, unterliegt folglich keinen kulturellen Einflüssen.

Jedoch ermöglicht das Vorkommen visueller Elemente eine klare Differenzierung zwischen den beiden untersuchten wissenschaftlichen Disziplinen und den Fachtextsorten.

Im Korpus zur Informatik treten insgesamt genauso viele Abbildungen wie Visualisierungen auf (jeweils 41). Im Korpus zur Physik überwiegen dagegen die Visualisierungen deutlich (93 Visualisierungen gegenüber 31 Abbildungen). Damit werden im Physikkorpus auch insgesamt erheblich mehr visuelle Elemente eingesetzt als im Korpus zur Informatik.

Visualisierungen werden in den Fachtexten zur Physik offenbar gegenüber Abbildungen bevorzugt, da sie sich für die in der Physik behandelten Themen besser eignen (zum Beispiel zur Darstellung von Messwerten, die über einen längeren Zeitraum ermittelt wurden, etc.).

In den Letter-Korpora beider wissenschaftlicher Disziplinen treten verhältnismäßig mehr visuelle Elemente auf als in den Fachzeitschriftenartikelkorpora.

Dabei sind die visuellen Elemente in den Letters im Allgemeinen deutlich kleiner dimensioniert als in den Fachzeitschriftenartikeln. Es werden außerdem häufiger mehrere visuelle Elemente zusammengefasst. Eine wahrscheinliche Ursache dafür ist, dass seitens der Publikationsorgane für Letters ein geringerer Textumfang zugelassen wird als für Fachzeitschriftenartikel, so dass durch die kleinere Dimensionierung Platz eingespart werden soll.

9 Charakterisierung der Fachtextsorte Letters

Wie eingangs beschrieben, ist die Fachtextsorte Letters noch nicht eingehend fachtextlinguistisch untersucht worden. Dies soll auf der Grundlage der vorliegenden Analyse nachgeholt werden. Allerdings umfasst das untersuchte Letters-Korpus nur ca. 121 Druckseiten bzw. 12 Einzeltexte aus zwei wissenschaftlichen Disziplinen. Daher ist es nicht umfangreich genug, um verallgemeinernde Aussagen für die gesamte Fachtextsorte treffen zu können. Dennoch können zumindest für die beiden untersuchten wissenschaftlichen Disziplinen, die Informatik und die Physik, einige tendenzgebende Erkenntnisse gewonnen werden.

Der Begriff Textsorte wird hierbei mit W. Heinemann verstanden als:

> sprachliche Manifestationen von – auf Textganzheiten bezogenen – kognitiven Mustern [...] (als finite Mengen von – durch Übereinstimmung bestimmter Merkmale gekennzeichneten – Textexemplaren), die sich zur Erreichung spezifischer Interaktionsziele als effektiv erwiesen haben (Heinemann 2001, 523).

Die Textsortenbeschreibung wird anhand von textinternen und textexternen Faktoren vorgenommen, die bei der empirischen Analyse untersucht wurden.

Da Letters und Fachzeitschriftenartikel einen ähnlichen kommunikativen Zweck erfüllen, ist auch eine Differenzierung zwischen den Fachtextsorten aufgrund von textuellen Unterschieden vorzunehmen. Beide Fachtextsorten weisen eine hohe Fachlichkeit auf und beide dienen der fachinternen Informationsvermittlung, deshalb sind auch zahlreiche Berührungspunkte zu erwarten.

Eingangs wurde bereits eine Darstellung der Letters anhand der textexternen Faktoren vorgenommen (siehe Kapitel 7.2.2). Dabei ist insbesondere festzuhalten, dass Letters der zeitnahen Veröffentlichung neuartiger Erkenntnisse dienen. Ein besonderer Fokus liegt somit auf der Aktualität der dargestellten Informationen, deshalb werden oft bereits vorläufige Ergebnisse von noch nicht abgeschlossenen Projekten präsentiert. Um die zeitnahe Veröffentlichung zu ermöglichen, unterliegen Letters strengen Umfangsbegrenzungen durch die Publikationsorgane. Ihre Kürze stellt folglich ein weiteres Charakteristikum dar.

Während sich die untersuchten Fachzeitschriftenartikel an einen sehr homogenen Adressatenkreis richten, da sich die Fachzeitschriften jeweils auf ein bestimmtes wissenschaftliches Teilgebiet spezialisiert haben, ist dies in den Letters nicht immer der Fall. Viele Letters Journals verstehen sich als Überblicksmedien, die mehrere Teilgebiete einer Disziplin umspannen, dadurch gestaltet sich der Adressatenkreis der Letters heterogener.

Um die Fachtextsorte Letters auch nach textinternen Kriterien beschreiben zu können, wurde in den vorangegangenen Kapiteln eine kontrastive Fachtextanalyse durchgeführt. Im Folgenden werden die gewonnenen empirischen Ergebnisse für die Letters zusammengefasst und, sofern aufschlussreich, mit denen der untersuchten Fachzeitschriftenartikelkorpora kontrastiert.

Die Makrostruktur der Letters ist relativ starr mit wenigen Variationsmöglichkeiten nach textsortenspezifischen Konventionen vorgegeben und ähnelt deutlich der von Fachzeitschriftenartikeln aus den untersuchten Disziplinen. Dabei wird in den Letters jedoch bisweilen auf Zwischenüberschriften verzichtet, was den Vorgaben nach Kürze und damit dem geringen Textumfang der Texte zuzuschreiben ist.

Der Gesamtpersoneneinbezug ist im Gesamt-Letterkorpus mit einer Texthäufigkeit von etwa 4 Bezügen auf Sender bzw. Adressaten pro Druckseite relativ schwach ausgeprägt. Hierbei ist der Sendereinbezug (vornehmlich in Form der ersten Person Plural) mit einer Texthäufigkeit von ca. 3 wesentlich stärker vertreten als der Adressateneinbezug mit einer durchschnittlichen Texthäufigkeit von 0,9 (siehe dazu Kapitel 8.2). Im Fachzeitschriftenartikelkorpus ist der Gesamtpersoneneinbezug mit einer Texthäufigkeit von ca. 4,1 nur unwesentlich stärker ausgeprägt.

Das Vorkommen metakommunikativer Elemente ist relativ gering, die Texthäufigkeit im Gesamt-Letterkorpus liegt bei etwa 2,2. Damit ist sie genauso stark ausgeprägt wie in den Fachzeitschriftenartikeln.

Obwohl kaum ein quantitativer Unterschied besteht, zeichnen sich qualitative Unterschiede zu den Fachzeitschriftenartikel-Vergleichskorpora ab. So ist der prozentuale Anteil der Kategorie der Gliederungselemente (insgesamt 9,7 %) in den Letters deutlich schwächer als in den Fachzeitschriftenartikeln (insgesamt 14,2 %). Der Grund hierfür ist erneut im geringeren Umfang der Letters zu sehen, durch den eine ankündigende Textgliederung weitgehend überflüssig wird.

Die Kategorien kommentierende Elemente (42,3 %) und Verweiselemente (47,9 %) sind im Letterkorpus am stärksten vertreten. Textexterne Verweise aus der Gruppe der Verweiselemente dienen dazu, auf mögliche verwandte Forschung zu verweisen, in deren Kontext sich die in den Letters vorgestellten innovativen Ergebnisse einordnen. Insbesondere das Letter-Korpus zur Physik weist einen vergleichsweise erhöhten Anteil textexterner Verweise auf. Dies ist durchaus zu erwarten, da die untersuchten Letters aufgrund der Platzbeschränkungen durch die Publikationsorgane nicht alle relevanten Forschungsgrundlagen und -ansätze vorstellen können. Außerdem sind Letters durch ihren vorläufigen Charakter häufig Bestandteile von noch nicht abgeschlossener Forschung. Dadurch sind Verweise auf angeschlossene oder ähnliche Forschungsprojekte zu erwarten.

Dabei überwiegen bei Weitem die textexternen Verweise, die nicht in den Satz integriert sind, also in Parenthesen erfolgen, da sie sprachökonomischer sind.

Metasprachliche Elemente sind mit einer Texthäufigkeit von ca. 1,7 nur schwach vertreten, wie es bei Texten dieses hohen Fachlichkeitsgrads im Allgemeinen üblich ist. Auch in den Fachzeitschriftenartikeln ist die Texthäufigkeit metasprachlicher Elemente mit 1,8 kaum höher.

Hinsichtlich der Verwendung von Zeitformen wurde in den Letters ein erhöhter Anteil der Verben im *simple past* von 10,7 % festgestellt (zum Vergleich: In den Fachzeitschriftenartikeln beträgt der durchschnittliche Anteil des *simple past* nur etwa 7 %). Das *simple past* wird dabei vornehmlich für die Beschreibung und Auswertung von empirischen Untersuchungen verwendet. Sein erhöhter Anteil weist darauf hin, dass aufgrund der Längenbeschränkungen die Darlegung der Forschungshintergründe usw. (für die in der Regel *simple present* oder *present perfect* verwendet werden) zugunsten der Präsentation der empirischen Untersuchungen eingeschränkt wird. Die empirischen Untersuchungen sind entscheidend, um sich Forschungsansprüche zu sichern. Da sich Letters vornehmlich neuen, relativ unerschlossenen Forschungsthematiken widmen, kommt der empirischen Arbeit hier eine herausragende Stellung zu.

Der Passivanteil liegt in den untersuchten Letters meist zwischen 20–30 % der finiten Verbformen. Er befindet sich damit auf dem für Fachtexte erwartbaren hohen Niveau.

Hinsichtlich der Satzkomplexität bleibt festzuhalten, dass in den Letters im Durchschnitt über die Hälfte (etwa 57 %) der Sätze in Form von einfachen Sätzen realisiert werden. Hypotaxen machen etwas mehr als ein Drittel (ca. 37 %) aus, Parataxen haben nur einen geringen Anteil von ca. 5 %. Durch die Verwendung von einfachen Sätzen kann eine höhere Informationsdichte erreicht werden, da Nebensätze eingespart werden. Dies kommt wiederum den Anforderungen nach Kürze der Fachtextsorte zugute.

Die Texthäufigkeit der Stilmittel in den Letters beträgt insgesamt 5,3 Stilmittel pro Druckseite. Ihr Anteil im Letterkorpus ist damit geringer als im Fachzeitschriftenartikelkorpus (Texthäufigkeit 6,2). Bei den vorhandenen Stilmitteln überwiegen die syntaktischen Stilmittel mit etwa 95 % am Gesamtvorkommen in den Letters sehr deutlich. Diese dienen hauptsächlich Zwecken der Informationsdarstellung und nicht der Expressivität.

Das Vorkommen von Heckenausdrücken ist in den untersuchten Letters niedrig (durchschnittliche Texthäufigkeit: 1,1), wie in naturwissenschaftlich-technischen Fachtexten im Allgemeinen üblich. Allerdings ist es dennoch höher als in den untersuchten Fachzeitschriftenartikeln (durchschnittliche Texthäufigkeit: 0,8). Besonders deutlich wird dies im Vergleich des Letterkorpus zur Physik mit einer Texthäufigkeit von 1,6 Heckenausdrücken pro Druckseite zum Fachzeitschriftenartikelkorpus zur Physik mit einer Texthäufigkeit von 0,9 Heckenausdrücken pro Druckseite. Da es das Ziel von Letters ist, Forschungsergebnisse zu innovativen und damit zwangsläufig noch relativ unerforschten Themen zu veröffentlichen, ist das höhere *Hedging*-Vorkommen hier zu erwarten, da auf unerforschtem Terrain ein größeres Schutzbedürfnis seitens der Autoren besteht.

In den Letters beider untersuchter Disziplinen sind etwas mehr visuelle Elemente als in den Fachzeitschriftenartikeln enthalten. Die Texthäufigkeit beträgt insgesamt 0,8 visuelle Elemente pro Druckseite in den Letters, gegenüber 0,6 visuellen Elementen pro Druckseite in den Fachzeitschriftenartikeln. Visuelle Elemente stellen komplexe Informationen bzw. Daten auf sprachökonomische und übersichtliche Weise dar. Durch diese Komprimierung unterstützen sie das Streben nach Kürze in den Letters.

Die visuellen Elemente in den Letters sind im Allgemeinen vergleichsweise klein dimensioniert. Es werden außerdem häufig mehrere visuelle Elemente mit einer Bildunterschrift zusammengefasst. Eine wahrscheinliche Ursache dafür ist erneut in dem geringen Textumfang zu sehen, der seitens der Publikationsorgane für Letters zugelassen wird. Durch die kleinere Dimensionierung soll offenbar Platz eingespart werden. Hier handelt es sich aber wahrscheinlich um Entscheidungen, die meist bei der Drucklegung und damit nicht von den Autoren selbst getroffen werden.

Der Anteil formalisierter Sprache ist in den Letters im Verhältnis zur Verbalsprache relativ gering (ca. 1:12). Er liegt weit unter dem Anteil der formalisierten Sprache in den hier untersuchten Fachzeitschriftenartikeln (Verhältnis ca. 1:5). Eine mögliche Ursache hierfür kann darin bestehen, dass in den Letters auch Zwischenergebnisse veröffentlicht werden. Wenn das eigentliche Forschungsprojekt noch nicht abgeschlossen ist, werden nur bereits gewonnene (Zwischen-)Erkenntnisse veröffentlicht, während die Forschungsprozesse selbst noch andauern und Gegenstand späterer umfangreicherer Veröffentlichungen nach Abschluss der Forschungsarbeit sind, in denen dann die relevanten Berechnungen, Formeln usw. eingehender erläutert werden. Ein weiterer Grund kann erneut in der Platzbeschränkung liegen: Auf eine detaillierte Darstellung der Forschungsprozesse, für die formalisierte Sprache benötigt wird, wird zugunsten der Darstellung der Ergebnisse verzichtet.

Aus den oben zusammengefassten Ergebnissen der Fachtextanalyse ist zu erkennen, dass sich textexterne Faktoren, insbesondere die Platzbeschränkungen seitens der Publikationsorgane, sichtbar auf die textuelle Ausprägung der Fachtextsorte Letters auswirken. Dadurch wird die Mehrheit der Unterschiede bedingt, die im Vergleich zu den untersuchten Fachzeitschriftenartikeln auftreten.

Auch der Textgegenstand, nämlich ein weitgehend innovatives Forschungsthema, wirkt sich auf die textuelle Gestaltung aus.

Gemeinsamkeiten zwischen Letters und Fachzeitschriftenartikeln entstehen vornehmlich durch **Ähnlichkeiten in der Kommunikationssituation**. Insbesondere aufgrund des vergleichbaren Adressatenkreises in der fachinternen Kommunikation rezipieren und veröffentlichen sowohl Sender als auch Rezipienten in der Regel Fachtexte beider Fachtextsorten.

Ein Berührungspunkt zwischen Fachzeitschriftenartikel und Letter ist der nahezu identische makrostrukturelle Aufbau. Letters haben in der Regel dieselbe Gliederung wie Fachzeitschriftenartikel, auch wenn auf Zwischenüberschriften häufig verzichtet wird. Dies ist in der hohen Fachlichkeit und überlappenden Textgegenständen begründet. Auch für das in beiden Textsorten geringe Vorkommen metakommunikativer und metasprachlicher Elemente sowie den vergleichbar gering ausgeprägten Personeneinbezug ist das der Fall.

Innerhalb des Letterkorpus sind auch fachspezifische Unterschiede festzustellen. Die folgende Tabelle stellt aus diesem Grund die für die Letters der jeweiligen Disziplin ermittelten Werte dar.

	Informatik	Physik
Makrostruktur	- Zwischenüberschriften mit Dezimalgliederung - starrer Aufbau	- In 4 Texten keine Zwischenüberschriften - starrer Aufbau
Personeneinbezug	- mittlerer Sendereinbezug (TH 3,0) - schwacher Adressateneinbezug (TH 1,2)	- mittlerer Sendereinbezug (TH 3,0) - sehr schwacher Adressateneinbezug (TH 0,5)
Metakommunikation	- wenig metakommunikative Elemente (TH 1,8) - wenig metasprachliche Elemente (TH 1,9)	- mittleres Vorkommen metakommunikativer Elemente (TH 2,6) - wenig metasprachliche Elemente (TH 1,5)
Syntax	- erhöhter Anteil *simple past* (11,9 %) - Passivanteil 23,8 % - 52,6 % einfache Sätze - 41,2 % Hypotaxen - 6,2 % Parataxen	- erhöhter Anteil *simple past* (9,9 %) - Passivanteil 25,6 % - 62,2 % einfache Sätze - 33,3 % Hypotaxen - 4,5 % Parataxen
Stil	- Texthäufigkeit Stilmittel: 4,3 - Texthäufigkeit *Hedging*: 0,7	- hohe Texthäufigkeit Stilmittel: 6,4 - Texthäufigkeit *Hedging*: 1,6
Visuelle Elemente	- Texthäufigkeit: 0,7	- Texthäufigkeit: 0,9

Tab. 15: Übersicht über die für die Letters ermittelten Werte, unterteilt nach Fachgebieten

10 Intertextualität

10.1 Überblick

Der **Intertextualitätsbegriff** wurde in den 1960er Jahren von J. Kristevea (1967) auf Grundlage der Arbeiten zum Dialogizitätskonzept von M. Bachtin (1979) eingeführt, das sich bei ihm in erster Linie auf sprachliche Äußerungen innerhalb von literarischen Texten bezieht und eher intratextuell verwendet wird (Pfister 1985). J. Kristevea erweitert den Textbegriff und versteht jeden Text als Sammlung von Zitaten, die aus der Aufnahme und Umwandlung anderer Texte entsteht. Damit sind Einzeltexte nicht klar voneinander abgegrenzt, sondern Teil eines großen textuellen Netzwerks, jeder Text ist demnach intertextuell.

Ausgehend von diesem Konzept entstanden zwei Hauptrichtungen: Eine **radikale** und eine **moderate** Auslegung (vgl. Schweigkofler 2007, 6ff.). Die Verfechter der radikalen Auslegung gehen von einem offenen Textbegriff aus, so dass es keine abgeschlossenen eigenständige Texte, sondern nur einen universalen Intertext gibt.

Die Anhänger der moderaten Auslegung verstehen dagegen Intertextualität als unterschiedliche Beziehungen zwischen Texten.

In der vorliegenden Arbeit schließen wir uns der zweiten Auslegung an, da sie praktikabler ist und sich eher konkret an einem Textkorpus nachweisen lässt. Aus diesem Grund werden im Folgenden unterschiedliche Ansätze im Überblick vorgestellt, die dieser Richtung zuzuordnen sind.

Unterschiedliche Herangehensweisen an die Thematik bringen folglich ein unterschiedliches Verständnis von Intertextualität hervor (Pfister 1985).

Im Rahmen der Prämisse eines universalen Intertextes treten der Textautor als handelndes Subjekt und die Autorintention völlig in den Betrachtungshintergrund, da sich Texte gewissermaßen gegenseitig hervorbringen und alle Texte Teil eines Ganzen sind. Hier wird davon ausgegangen, dass jeder produzierte Text ein bewusstes oder unbewusstes Zitat anderer Texte darstellt.

Die moderaten Ansätze differieren dagegen zwischen bewusster und unbewusster Intertextualität. Dabei werden nur solche Texte als Prätexte betrachtet, zu denen eine bewusste Referenz hergestellt wird.

Um zwischen beiden Herangehensweisen einen verbindenden Kompromiss zu finden, schlägt M. Pfister eine Skalierung von Intertextualität vor. Hierzu verwendet er sechs qualitative Kriterien:

- Referentialität (Intensität der Referenz),
- Kommunikativität (Grad, zu dem der intertextuelle Bezug dem Autor/Rezipienten bewusst ist),
- Autoreflexivität (explizite/implizite Metakommunikation über Intertextualität),
- Strukturalität (Maß, in dem der Prätext referiert wird),
- Selektivität (Deutlichkeit mit der bestimmte Elemente aus dem Prätext hervorgehoben werden) bzw.
- Dialogizität (Grad der Spannung, die zwischen neuem und ursprünglichen Zusammenhang erzeugt wird).

Zwei quantitative Kriterien ergänzen das Modell und ermöglichen eine Konkretisierung: Dichte und Häufigkeit der intertextuellen Bezüge sowie Anzahl und Streuung der referierten Prätexte.

Dieses textorientierte Modell ist zur Beschreibung und Skalierung von Intertextualität in konkreten Texten, sowohl in literarischen als auch Gebrauchstexten, praktikabel. Zugunsten der Skalierung und gleitenden Einstufung wird hier auf eine Unterteilung in Intertextualtitätsklassen verzichtet.

S. Holthuis (1993) entwickelt ein systematisches Intertextualitätsmodell, mit dem sie sich zum Ziel setzt, Intertextualität bzw. intertextuelle Beziehungen zwischen Texten möglichst vollständig darzustellen und auch Intertextualitätssignale mit einzubeziehen. Dabei zielt sie in erster Linie auf literarische Texte ab. S. Holthuis betrachtet Intertextualität nicht als dem Text inhärent, sondern als zwischen Text und Rezipienten gebildet. Mit diesem Ansatz rückt sie den Rezipienten verstärkt in den Fokus der Betrachtungen und ordnet ihr Modell sowohl als text- als auch rezipientenorientiert ein.

Die Hauptunterscheidung in diesem Modell ist die zwischen **ästhetischer Intertextualität**, womit Bezüge in literarischen Texten auf andere literarische und nicht-literarische Texte gemeint sind, und **nicht-ästhetischer Intertextualität** für Bezüge in nicht-literarischen Texten.

Auf einer weiteren Ebene erfolgt die Differenzierung über die Textautoren: die **Auto-Intertextualität** beschreibt Bezüge zwischen Texten desselben Autors, während sich **Hetero-Intertextualität** auf Bezüge zwischen Texten unterschiedlicher Autoren bezieht.

An diese Ebene schließen sich noch fünf weitere untergeordnete Unterscheidungsebenen an, auf die hier nicht näher eingegangen werden soll.

Eine weitere Unterscheidung dieses Modells ist die Quasi- oder Pseudointertextualität, die angedeutete aber nicht rekonstruierbare intertextuelle Bezüge beschreibt.

Dieses Modell ist bisher das einzige Intertextualitätsmodell in dieser Komplexität. Das liegt daran, dass neuere Ansätze von systematischen bzw. hierarchischen Modellen abrücken und Intertextualität aufgrund der Heterogenität intertextueller Bezüge als Netz darstellen (vgl. Adamzik 2011).

Den Versuch, ein Intertextualitätsmodell für Fachtexte zu entwickeln, unternimmt T. Griffig (2005), der zu diesem Zweck intertextuelle Bezüge in deutsch- und englischsprachigen Fachzeitschriftenartikeln der Linguistik untersucht. T. Griffig unterscheidet dabei vier Intertextualitätsdimensionen:

A) Bezugsträger (Differenzierung nach Autorenbezug (konkrete Autoren, Selbstbezug, nicht spezifizierte Gruppe/Fachkreis)),

B) Integration und Nicht-Integration des Bezugsträgers (Art der Verweise),

C) Originalnähe (direkte oder indirekte Zitate) und

D) Fachliche Bewertungen und Vergleiche (Meinungsäußerungen der zitierenden Autoren).

Leider beschränkt er sich bei diesem Modell vornehmlich auf explizit markierte fachliche Bezüge und geht kaum auf andere Arten der Intertextualität ein.

Aus kommunikativ-pragmatischer Sicht befasst sich J. Helbig (1996) ausführlich mit Intertextualität und ihrer **Markierung** in literarischen Texten und kann dabei einige grundlegende Merkmale ermitteln, die sich auf Fachtexte übertragen lassen und im Folgenden überblicksweise dargestellt werden.

Nach J. Helbig ist jeder Text ein „Intertext“ (Helbig 1996, 61), der Elemente anderer Texte enthält. Als Differenzierungsmöglichkeit schlägt J. Helbig vor, zwischen einer latenten und einer manifesten Präsenz von Fremdtextelementen zu unterscheiden. Diese Unterscheidung beruht auch auf dem Grad der Markiertheit der intertextuellen Elemente. Unter Markiertheit versteht J. Helbig die Kennzeichnung fremder Elemente, die nicht vom Autor des zitierenden Textes stammen. Dies erfolgt durch eine formale Opposition sprachlicher Einheiten, also durch eine unübliche und dadurch auffallende Verwendungsweise: So kann Ironie beispielsweise durch Anführungszeichen gekennzeichnet werden. Dabei liegt es offensichtlich zu einem großen Teil am Adressaten, ob die Markierung als solche erkannt wird oder nicht. Zur Markierung werden rezeptionslenkende Signale bzw. Intertextualitätssignale eingesetzt, dabei kann die Markierung je nach Absicht des Autors mehr oder weniger explizit erfolgen. So ist es unter bestimmten Umständen denkbar, dass ein intertextueller Bezug wenig markiert oder auch gänzlich unmarkiert bleibt und damit vom Rezipienten möglicherweise nicht erkannt wird. Dies kann beabsichtigt sein (z. B. Plagiat). Die Markierung intertextueller Bezüge ist funktional motiviert, d.h. sie stellt keine Voraussetzung für Intertextualität dar. Die folgende Abbildung bringt die Zusammenhänge zwischen Intertextualität und Markierung zum Ausdruck.

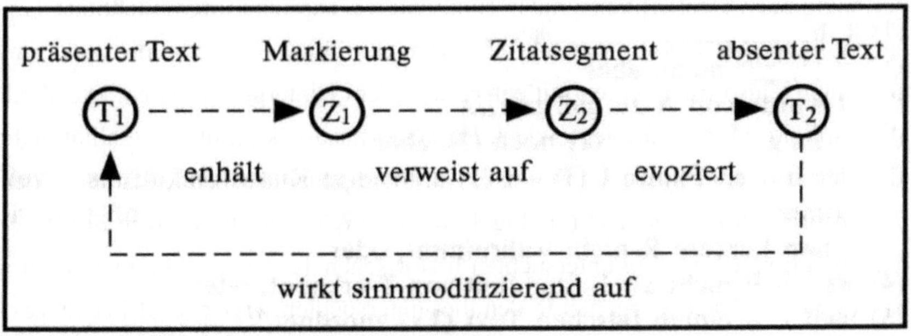

Abb. 19: Markierung nach J. Helbig (1996, 73)

Um die unterschiedlichen Abstufungen intertextueller Markierung zu klassifizieren, schlägt J. Helbig eine Progressionsskala mit vier Stufen vor (S. 83ff.). Diese umfasst:

a) Nullstufe

b) Reduktionsstufe

c) Vollstufe

d) Potenzierungsstufe.

Dabei steht die **Nullstufe** für unmarkierte Intertextualität. Die Fremdtextreferenzen sind hier nicht gekennzeichnet und werden dem Rezipienten nur durch Hintergrundwissen und Erkennen des zitierten Textes deutlich. Das Fremdtextelement fügt sich somit nahtlos in den zitierenden Text ein. J. Helbig bezeichnet dies als „sprachlich-syntaktische Kongruenz von Zitatsegment und Kontext" (Helbig 1996, 88).

Der zitierende Autor kann bei diesem Vorgehen unterschiedliche Absichten haben. So kann es sich um a) ein unbewusstes Zitieren, b) ein verschleiertes Zitat (Plagiat) oder c) in literarischen Texten um künstlerische Aspekte des Zitierens (z. B. größere Herausforderungen für den Rezipienten zu schaffen) handeln.

Die **Reduktionsstufe** bezieht sich auf implizit markierte Intertextualität. Die Differenzierung unterschiedlicher Typen von Markierung erfolgt bei J. Helbig vorrangig nach Deutlichkeitsgraden (implizite vs. explizite Intertextualität). Unter impliziter Markierung versteht er eine unauffällige Referenz, die nur „Eingeweihten", also Rezipienten mit entsprechendem Hintergrundwissen, klar wird. Die implizite Markierung legt, wie J. Helbig es ausdrückt, „Intertextualität nicht als solche offen, kann jedoch mutmaßliche Intertextualitätssignale stärker in den Wahrnehmensfokus rücken" (Helbig 1996, 95). Während diese Form der Referenz in den von J. Helbig untersuchten literarischen Texten vollkommen legitim ist, wäre ein solches Vorgehen in den hier untersuchten wissenschaftlichen Texten kommunikationshindernd (da dem Rezipienten möglicherweise für das Verständnis notwendige Quellen bzw. Hintergrundtexte vorenthalten werden) und brächte ggf. die Gefahr eines Plagiatsvorwurfs mit sich. Es ist also kaum zu erwarten, dass die implizite Markierung im hier untersuchten Textkorpus eine bedeutende Rolle spielt. Die häufiger verwendete explizite Markierung ist deutlicher und dient der Vermeidung von Ambiguität in Fachtexten.

Um die Abstufungen auf nachvollziehbare und quantifizierbare Weise treffen zu können, führt J. Helbig insgesamt drei Markiertheitskriterien ein, von denen mindestens eines erfüllt sein muss. Eine „intertextuelle Spur" (Helbig 1996, 93) wird durch 1) empathische Verwendung in den verstärkten Wahrnehmensfokus gerückt; eine intertextuelle Referenz fällt durch 2) linguistische oder graphemische Interferenz auf (z. B. Anführungszeichen, Kursivdruck usw.); durch 3) explizite Informationsangabe wird die intertextuelle Referenz deutlich offen gelegt. Diese Merkmale können einzeln oder in unterschiedlicher Kombination gemeinsam auftreten und beschreiben so eine Explizitheitsskala intertextueller Markierung. Hierbei kennzeichnen die beiden ersten Kriterien nur das referierte Element aus dem Fremdtext an sich, während das dritte Kriterium auf den gesamten Referenztext Bezug nimmt. Diese Art der Bezugnahme wird in Fachtexten deutlich bevorzugt (z. B. Bibliographieangaben).

Dabei können Spuren aus einem Referenztext durch Verfremdungssignale, Emphase usw. markiert werden. Die Kennzeichnung eines vollständigen Referenztextes kann durch die Darstellung des Rezeptionsvorgangs, Beschreibung oder Identifizierung des Referenztextes oder direkte Thematisierung der Intertextualität erfolgen.

Für die Deutlichkeitssteuerung von impliziter Textualitätsmarkierung ermittelt J. Helbig verschiedene Methoden, wie die Emphase durch Quantität und die Emphase durch Position.

Die **Vollstufe** bezieht sich auf explizit markierte Intertextualität. Hierdurch wird höhere Transparenz erzeugt, da die Referenz deutlicher ist. Zum Erkennen der Referenz werden nur geringe Anforderungen an den Rezipienten bzw. dessen Hintergrundwissen gestellt. J. Helbig ermittelt unterschiedliche Verfahren zur expliziten Markierung: 1) Onomastische Markierungen (durch Wiederverwendung), 2) Markierung durch linguistische Codewechsel (durch linguistische oder typographische Interferenzen), 3) Markierung durch graphemische Interferenzen (zum Beispiel durch Einrücken) und 4) mehrfach markierte Intertextualität, bei der die zuvor genannten Verfahren miteinander kombiniert werden, um zusätzlich gesteigerte Deutlichkeit zu erreichen (beispielsweise typographische Markierung mit einem metakommunikativen Verb). Die letzte Vorgehensweise ist besonders häufig.

Über die **Potenzierungsstufe** kann die Markierung von Intertextualität verstärkt werden. Dies wird durch explizite Thematisierung der (Referenz-) Textproduktion und -rezeption erreicht. Diese „thematisierte Intertextualität", wie es J. Helbig nennt (1996, 131), kann beispielsweise durch auf den Referenztext bezogene metakommunikative Elemente erreicht werden.

Die Markierung durch Identifizierung des Referenztextes, wie zum Beispiel durch das Literaturzitat in Form einer Quellenangabe, ist die deutlichste Art der Markierung und in wissenschaftlichen Fachtexten am ehesten zu erwarten.

Die Markierung von Intertextualität kann verschiedenen Funktionen dienen. Zum einen bewirkt sie eine Wahrnehmungs-, Interpretations- bzw. Rezeptionssteuerung. So kann sie einem Dialog zwischen Autor und Rezipienten gleichkommen, der Rezeptionsanweisungen über bevorstehende Referenzen bzw. Intertextualität des vorliegenden Textes enthält. Damit findet eine Signalisierung der Referenz bzw. Intertextualität statt. Auch ästhetische Gesichtspunkte können, insbesondere in literarischen Texten, eine Rolle spielen.

Markierung von Intertextualität ist somit in erster Linie Rezipienten-orientiert. Ein Verzicht darauf kann zur Verschleierung von Quellen dienen, wodurch die Referenz nur einer „elitären" Gruppe mit ausreichendem Hintergrundwissen vorbehalten bleibt. Auf eine Markierung kann auch verzichtet werden, wenn es sich um weithin bekannte Zitate bzw. allgemein bekannte Referenztexte handelt, für deren Erkennung keine zusätzliche Markierung vonnöten ist. Ein weitverbreitetes Beispiel hierfür sind bekannte Shakespeare- oder Goethe-Zitate.

Die Markierung einer intertextuellen Referenz kann beim Rezipienten einen kognitiven Prozess auslösen, der mit der Wahrnehmung eines Störfaktors beginnt. Anschließend wird der Störfaktor als Markierung und dann ggf. der Referenztext identifiziert. Abhängig vom jeweiligen Hintergrundwissen kann der Rezipient daraufhin Zusammenhänge oder Konnotationen zum Referenztext aktivieren, die auf den präsenten Text übertragen werden und Schlussfolgerungen für das Textverständnis nach sich ziehen.

Intertextualität hat auch eine Referenztext-orientierte Funktion, so können sich Prä- und Posttexte gegenseitig bedingen und beeinflussen, so dass Posttexte, die auf Basis bestimmter Prätexte verfasst wurden, für sich genommen ihre Bedeutung verlieren (z. B. Parodien, Klageerwiderung, etc.). In diesen Fällen dient die Bezugnahme auf den entsprechenden Referenztext dazu, die Funktion des vorliegenden Textes zu unterstützen.

Unter Umständen kann eine intertextuelle Markierung auch dazu dienen, die Aufmerksamkeit des Rezipienten auf den Autor zu lenken (z. B. bei Selbstzitaten).

Wie bereits eingangs erwähnt, hat die Untersuchung von Intertextualität in Fachtexten bisher wenig Aufmerksamkeit erfahren. Vornehmlich sind Unterformen (z. B. das Literaturverzeichnis in der Makrostruktur, die Darstellung der Forschungssituation in der Einleitung usw.) betrachtet worden. Dabei wird Vernetztheit bzw. Intertextualität in wissenschaftlichen Texten besonders deutlich, da hier in hohem Maße Zitate, ein Literaturverzeichnis usw. verwendet werden (Adamzik, im Druck). Ein möglicher Grund für diese Vernachlässigung besteht darin, dass in der Textlinguistik lange davon ausgegangen wurde, dass der Text die oberste Einheit der linguistischen Forschungen darstellt (vgl. Kap. 1.3). Deshalb wurden Text-Text-Bezüge in den Untersuchungen nicht berücksichtigt. Die Intertextualitätsforschung stellt diese Prämisse in Frage und widerspricht damit den bisherigen Ansätzen in dieser Hinsicht. Dadurch gewinnt die Handlungsdimension von Texten mehr Gewicht. Hierbei werden hinsichtlich der Text-Text-Bezüge mehrere Unterformen unterschieden, wie Zitate, kommentierende oder referierende Passagen, Texterwähnungen usw. (ebd.).

Während die oben beschriebenen Ansätze sich vorrangig auf Bezüge zwischen Einzeltexten beziehen, kann der Intertextualitätsbegriff auch erweitert werden, um Beziehungen zwischen ganzen Textsystemen und auch Textsorten einzubeziehen.

J. Klein (2000) prägte in diesem Kontext den Begriff „Textsorten-Intertextualität“ zur Beschreibung von Beziehungen zwischen Textsorten.

K. Adamzik setzt sich für eine weite Auslegung des Intertextualitätsbegriffs ein und sieht als Grundlage des Intertextualitätskonzepts den Umstand, dass durch einen Textverfasser rezipierte Texte in unterschiedlichem Maße Einfluss auf dessen Textproduktion haben. Schon allein in dessen Vorwissen, Anschauungen usw. schlägt sich Vernetztheit nieder (Adamzik 2004).

Ausgehend von dieser Anschauung setzt sich K. Adamzik (2011) zum Ziel, einen Rahmen für die Beschreibung von Textsortennetzen zu schaffen. Diese können aus ganz unterschiedlichen Textsorten zusammengesetzt sein. Adamzik illustriert dies am Beispiel der Kommunikation des Wissenschaftsbetriebes (diese umfasst Literaturverzeichnisse, Aufsätze usw. aber auch Anträge auf Fördermittel etc.).

Zur Beschreibung der Beziehungen zwischen Textsorten entwickelt sie ein Modell, das verschiedene Beziehungstypen umfasst:

Zwischen Textsorten kann ein **funktioneller Zusammenhang** bestehen, wie ein Handlungszusammenhang oder ein Zusammenhang zwischen Gruppen von Kommunikationspartnern.

Räumliche Nähe ist ein weiteres mögliches Zusammengehörigkeitsmerkmal von Textsortennetzen. So sind zum Beispiel verschiedene Texte in einer Zeitschrift dadurch miteinander vernetzt, dass sie im selben Medium gemeinsam publiziert werden.

Ein weiteres wichtiges Zusammengehörigkeitskriterium ist ein **thematischer Zusammenhang,** wie ihn beispielsweise Aufsätze und Monographien zu demselben Thema zeigen.

Schließlich stellt auch **Formähnlichkeit** eine Beziehung zwischen Textsorten dar, die sich zum Beispiel in der Kommunikationsform (mündliche oder schriftliche) niederschlägt.

Wenn Textsorten thematische bzw. funktionale Ähnlichkeiten aufweisen, besteht K. Adamzik zufolge zwischen ihnen eine **paradigmatische Relation**. Das ist bei verwandten Textsorten der Fall, d.h. sie sind „austauschbar", also parallele oder alternative Textsorten.

Wenn Textsorten eine **syntagmatische Relation** zueinander aufweisen, bezeichnet K. Adamzik sie als Vor- und Nachtextsorten bzw. Prä- und Posttexte. Diese setzen einander voraus (z. B.: Gesetzgebungsverfahren), ihre Reihenfolge ist nicht (ganz und gar) beliebig (dennoch können einige Positionen austauschbar sein); sie bedingen einander.

Wie die Darlegungen oben zeigen, gibt es bei einer weiten Auslegung des Intertextualitätsbegriffs zahlreiche Verknüpfungspunkte zwischen Textsorten weshalb „alles mit allem zusammenhängt" (Adamzik 2011, 374). K. Adamzik setzt sich deshalb dafür ein, die Beziehungen zwischen Textsorten als Netz darzustellen. Darin kommt auch ihre Skepsis gegenüber hierarchischen Modellen zum Ausdruck.

Sie bestimmt folgende Merkmale von Intertextualität speziell in der wissenschaftlichen Kommunikation (Adamzik 1998, 2):

- Zwang zu systematischer Intertextualität (Kenntnis und Einarbeitung von relevanten Prätexten),

- Zwang zur Markierung der Intertextualität (präzise Quellenangaben) und
- Vorstellung, dass Bezüge auf andere Texte eindeutig feststellbar sind und sich bestimmte Gedanken/Konzepte einzelnen Autoren zuweisen lassen (wird durch Zwang zur Markierung bedingt).

Wie K. Adamzik feststellt, lassen sich diese Anforderungen in der Praxis jedoch nur schwer erfüllen, da es eine enorme Fülle wissenschaftlicher Texte gibt und die Intertextualität in der wissenschaftlichen Kommunikation sehr häufig ist. Dadurch können nicht alle relevanten Prätexte rezipiert und überblickt werden und Wissenschaftler können sich nicht aller Anregungen bewusst sein, die sie im Laufe der Zeit aus verschiedenen Fachtexten gewonnen haben. Zudem können nicht alle Gedanken und Konzepte bestimmten Autoren zugeordnet werden.

Weiterhin erläutert K. Adamzik am Beispiel eines französischen Fachtextes, dass Intertextualität kulturell geprägt sein kann. Im erwähnten Beispiel ist der Zwang zur Markierung geringer ausgeprägt und die Intertexte sind stärker in den zitierenden Text integriert als es in deutschen Fachtexten der Fall ist.

Für das Ziel, konkrete Intertextualität in der wissenschaftsinternen Fachkommunikation zu untersuchen, ist eine allzu weite Auslegung des Intertextualitätsbegriffs wenig praktikabel, da sich sonst eine unüberschaubare Flut von Texten ergeben würde. Zudem sind die Anschauungen, Ausbildungen, wissenschaftlichen Hintergründe der Fachtextautoren weder aus der Ferne nachvollziehbar noch quantifizierbar. Den nachfolgenden empirischen Untersuchungen werden deshalb in den Korpustexten nachweisbare Hinweise auf Intertextualität zugrunde gelegt. Dadurch wird eine engere Auslegung des Begriffs angenommen.

10.2 Intertextualität in den untersuchten Fachtexten

Während sich bestehende Untersuchungen der Intertextualität in Fachtexten bisher vornehmlich auf die fachexterne Kommunikation beziehen (Adamzik im

Druck, 5), soll diese Arbeit dazu beitragen, die Lücke zur fachinternen Kommunikation zu schließen.

Einige der bereits untersuchten textinternen Merkmale geben Hinweise über die intertextuellen Beziehungen, in die die untersuchten Fachtexte eingebettet sind. So weist beispielsweise das Literaturverzeichnis, welches fester Bestandteil der Makrostruktur aller untersuchten Fachtexte ist, besonders augenfällig auf deren Intertextualität hin. Es ist daher wenig überraschend, dass dies eines der intertextuellen Merkmale von Fachtexten ist, das bereits häufiger im Rahmen von Fachtextuntersuchungen bearbeitet wurde.

Hier sollen die Fachtexte mit dem Fokus auf Intertextualität betrachtet werden. Dabei soll aufgrund der breiten Heterogenität intertextueller Bezüge keine systematische oder hierarchische Einordnung intertextueller Beziehungen vorgenommen werden, sondern es soll lediglich der intertextuelle Kontext, in den die untersuchten Fachtexte einzuordnen sind, beschrieben werden. Ein besonderes Interesse ist darauf gerichtet, inwiefern zwei verwandte Textsorten der fachinternen Kommunikation miteinander und mit anderen Textsorten vernetzt sind. Die Tatsache, dass die Kommunikationsteilnehmer für beide Textsorten übergreifend den Begriff „Papers" verwenden, lässt auf eine starke intertextuelle Vernetzung schließen.

10.2.1 Das Literaturverzeichnis als intertextuelle Komponente

Wie bereits eingangs erwähnt, ist das Literaturverzeichnis einer der wenigen Teiltexte von Fachtexten, welcher bereits unter intertextuellen Gesichtspunkten untersucht wurde (vgl. Adamzik im Druck). In Kapitel 8.1 wurde das Literaturverzeichnis als Bestandteil der Makrostruktur untersucht, hier soll es unter intertextueller Fragestellung behandelt werden.

Das Literaturverzeichnis weist, ebenso wie textexterne Verweise, die referentielle Intertextualität eines Fachtextes nach. Referentielle Intertextualität bezeichnet dabei das Referieren von Fachtexten mit einem ähnlichen Sachverhalt (Baumann 2008).

Die folgende Tabelle gibt einen Überblick über die Anteile der im Inhaltsverzeichnis referierten Textsorten.

	Fachzeitschriftenartikel	**Letters**	**Andere Textsorten**
Info Fachzeitschriftenartikel	60,3	5,1	34,4
Info Letters	57,7	28,2	14,1
Physik Fachzeitschriftenartikel	70,4	17,6	12,0
Physik Letters	53,3	40,2	17,4
Gesamt	**57,9**	**24,7**	**17,4**

Tab. 16: Anteile referierter Textsorten im Literaturverzeichnis in %

Bei diesen Werten kann es sich jedoch nur um Näherungswerte handeln, da nicht alle im Literaturverzeichnis angegebenen Fachtexte eingesehen bzw. einer Textanalyse unterzogen werden konnten. Wenn nicht klar wurde, um welche Textsorte es sich handelt, wurde der entsprechende Text nicht in die Tabelle aufgenommen.

Trotz dieser Unsicherheit lässt sich ersehen, dass die Fachzeitschriftenartikel die deutlich dominierende Textsorte ist. Dies untermauert erneut ihre Bedeutung für die fachinterne Kommunikation der beiden untersuchten Disziplinen. Insbesondere in den Fachzeitschriftenartikelkorpora überwiegt diese Textsorte deutlich, während die Letters in den jeweiligen Letter-Korpora von höherer Bedeutung sind als in den Fachzeitschriftenartikelkorpora.

Es wurde bereits an anderer Stelle deutlich gemacht, dass Letters und Fachzeitschriftenartikel in einem Prätextverhältnis zueinander stehen können (vgl. Kap. 7.2). Dies wäre beispielsweise dann der Fall, wenn ein Letter mit kürzerer Veröffentlichungsdauer publiziert und diesen in einem später – beispielsweise nach Beendigung des Forschungsprojekts – veröffentlichten Fachzeitschriftenartikel referiert. Während diese Konstellation sehr wahrscheinlich erscheint, kann sie anhand der hier untersuchten Korpora nicht nachgewiesen werden, da die Texte zufällig ausgewählt wurden. Um obige Theorie zu bestätigen, müsste eine dementsprechend gezielte Fachtextauswahl getroffen werden, die auf die Arbeiten einiger weniger Autoren beschränkt ist.

Wie obige Tabelle zeigt, haben besonders in den Fachtexten zur Physik die Letters einen deutlich höheren Stellenwert als in den Fachtexten zur Informatik. Dort spielen andere Fachtextsorten eine vergleichsweise größere Rolle.

Allerdings sind die untersuchten Korpora zu klein, um verbindliche Aussagen über die allgemeinen Referenzgewohnheiten der untersuchten Disziplinen zu treffen. Die hier ermittelten Ergebnisse gelten nur für das analysierte Korpus und sind eher als Tendenz zu betrachten.

Die referierten Fachzeitschriftenartikel und Letters wurden in erster Linie in den dedizierten Publikationsorganen (siehe Kap. 7.2.3) veröffentlicht, sind aber häufig auch konferenzbegleitend erschienen. Insbesondere in der Informatik scheint dies eine gängige Art der Veröffentlichung zu sein.

Zu den anderen zitierten Textsorten gehören neben fachlichen Aufsätzen in Sammelbänden und Monographien (darunter auch Qualifikationsarbeiten, wie Diplomarbeiten, Dissertationen usw.), Anleitungen und Handbücher (*user manuals*, *guidelines*), Internetseiten und Videos.

Auf die Intertextualität unterschiedlicher Textsorten wird im Folgenden eingegangen.

10.2.2 Ausprägung von Intertextualität im Fachtextkorpus

Im untersuchten Korpus zeigt sich Intertextualität in den unterschiedlichen Textsorten auf verschiedene Weise. So beschränken sich die Fachtextautoren nicht auf Hinweise auf den schriftlichen Diskurs, sondern verweisen auch auf den <u>mündlichen Diskurs</u>. Dies geschieht vornehmlich in den Danksagungen, wo sich z. B. für anregende Gespräche bedankt wird: „The authors would like to thank Ulrich T. Schwarz for helpful discussions“ (PL IE 2, 3).

Die auf Konferenzen vorgestellten Fachtexte haben ebenfalls einen Bezug zum mündlichen Diskurs, da sie mit dem entsprechenden Vortrag und ggf. der zugehörigen Diskussion vernetzt sind. Diese Art von Bezug kann jedoch als auf die Konferenz zeitlich begrenzt betrachtet werden und ist im präsenten schriftlichen Fachtext nicht evident. Hierin unterscheidet er sich zum oben hergestellten Bezug auf mündliche Diskussionen/Anregungen, die dankend erwähnt und damit referiert werden. Hier besteht ein thematischer und funktioneller Zusammenhang zwischen den Texten. Zwischen den Texten und Vorträgen und Diskussionen auf Konferenzen ist zudem von räumlicher Nähe auszugehen.

In den **Danksagungen** finden sich weitere Bezüge auf einen breiten Bereich intertextueller Verknüpfungen: In beinahe allen untersuchten Fachtexten bedanken sich die Autoren bei unterschiedlichen Institutionen für die Bereitstellung von Fördermitteln, Daten, Software, Geräten usw. Dieser Unterstützung gehen aller Wahrscheinlichkeit nach ein reger Brief-/E-Mailwechsel, zahlreiche Anträge, Vereinbarungen, Verträge, etc. voraus, die zumindest zum Teil der fachexternen Kommunikation angehören. Hier deutet sich ein breites Textsortenfeld mit funktionellem Zusammenhang an, das im präsenten Fachtext abgesehen von der Danksagung nicht näher referiert ist.

Ein weiterer relativ häufig anzutreffender intertextueller Bezug verweist auf die **Verbesserungsvorschläge** der *peer referees*, die sowohl fachliche als auch textuelle Verbesserungen im Vorfeld der Veröffentlichung beinhalten können. Hier erfolgt kein inhaltliches Zitat und in der Regel kein direkter Verweis auf den Autor (meist bleiben die Referees anonym), doch es wird auf die Existenz des Textes und seinen Einfluss auf den präsenten/zitierenden Text hingewiesen. Zudem besteht ein Prätextverhältnis zwischen der ursprünglichen Version des Fachtextes, den Hinweisen des Referees auf diese und der überarbeiteten Version, die von den Hinweisen beeinflusst wird.

Eine weitere, weniger offensichtliche Form der Intertextualtität können **Abbildungen** darstellen. Hier werden in Diagrammen, Graphiken, Tabellen usw. empirische Daten vorgestellt bzw. „zitiert“, die im Vorfeld durch Experimente, Messungen etc. gesammelt und in eigenständigen Texten (Notizen, Messwerttabellen, Protokolle usw.) festgehalten wurden. Es erfolgt zwar kein Verweis auf den Gesamttext, wie es bei einem Zitat von Sekundärliteratur der Fall ist, dafür jedoch ein umfassendes inhaltliches Zitat.

In der Regel reflektiert der gesamte veröffentlichte Fachtext, nicht nur die Abbildungen, sondern mehrere nicht veröffentlichte Prätexte, wie wissenschaftliche Aufzeichnungen, Zwischenergebnisse, schriftlich festgehaltene Vorüberlegungen usw. Diese werden inhaltlich und ohne Markierung zitiert.

In einigen Fällen in den Fachtexten der Informatik ist auch Intertextualität zum Untersuchungs- bzw. Fachtextgegenstand selbst nachweisbar, nämlich dann, wenn sich der jeweilige Fachtext mit Programmierungen auseinandersetzt. Der Programmcode ist Text, vor allem in anwendernaher Form, und wird meist direkt referiert und abgebildet.

Eine weitere Form von Intertextualität können **Termini** darstellen, die – wenn sie auf spezifische Forschungen/Berechnungen/Prämissen/etc. zurückzuführen sind – nicht nur Inhalte, sondern ggf. auch die Personen, nach denen sie benannt sind, übertragen. Häufig werden die Termini nach Personen benannt, die die wesentliche Forschung zu dem wissenschaftlichen Phänomen, das der Terminus bezeichnet, leisteten. So verweist beispielsweise der Terminus „Bose-Einstein condensate“ (PL AE 1) auf Satyendranath Bose und Albert Einstein, die 1924/1925 die grundlegenden Forschungsarbeiten zu diesem speziellen Teilchenaggregatszustand veröffentlichten[31] und damit zu den Namensgebern dieses Terminus wurden. Dadurch reflektiert der Terminus bei Fachleuten zusätzlich zu den Verfassern auch die jeweiligen Werke.

---

31 S. Bose (1924): „Plancks Gesetz und Lichtquantenhypothese.“ Zeitschrift für Physik 26, Berlin, Heidelberg: Springer.
A. Einstein (1925): „Quantentheorie des einatomigen idealen Gases – Zweite Abhandlung.“ Sitzungsberichte der preussischen Akademie der Wissenschaften, 3–10.

Der bei weitem prominenteste intertextuelle Bezug ist natürlich der auf andere Fachtexte, der zur fachlichen Einordnung bzw. Positionierung der jeweiligen Arbeit dient. Diese Texte werden, wie oben erläutert, im Inhaltsverzeichnis referiert und auch entsprechend im Fließtext mit expliziter Markierung durch textexterne Verweise aufgegriffen. Darauf wird im Folgenden näher eingegangen.

10.2.3 Textexterne Verweise

Die intertextuelle Referenz auf andere Fachtexte erfolgt durch **textexterne Verweise** im Fließtext, die auf den entsprechenden Eintrag im Literaturverzeichnis Bezug nehmen, so dass der Rezipient bei Interesse den zitierten Text ermitteln und einsehen kann. Durch die Referenz auf andere Fachtexte wird ein Fachtext in den komplexen Kontext der wissenschaftlichen (Gesamt-)Kommunikation eingeordnet (Baumann 1992a, 92; Jakobs 1999). Durch die Verknüpfung mit anderen Arbeiten des Faches wird dieser erkenntnistheoretisch positioniert, d. h. er bezieht Stellung zu unterschiedlichen Ansätzen und ordnet sich einer bestimmten Denkrichtung zu. Weiterhin kann der Fachtext in eine wissenschaftliche Nische platziert und somit seine Relevanz für das Forschungsfeld begründet werden.

Das Vorkommen von textexternen Verweisen bzw. deren Häufigkeit hängt wesentlich davon ab, ob und wie intensiv bereits zu dem jeweiligen Textthema geforscht und publiziert wurde.

Häufig werden den Referenztexten im Quellenverzeichnis Nummern zugeordnet. Die textexternen Verweise erfolgen dann lediglich durch Nennen der zugeordneten Nummer in eckigen Parenthesen oder werden hochgestellt. So kann auf die Angabe des Autors und der Jahreszahl verzichtet werden. Dieses Vorgehen wird in 16 der 24 untersuchten Fachtexte angewendet und hat textökonomische Gründe.

In Anlehnung an J. Swales (1990, 148f.) kann zwischen zwei Hauptkategorien von textexternen Verweisen unterschieden werden: In den Satz **integrierte** und **nicht-integrierte** Verweise.

In den Satz integrierte Verweise beinhalten eine Autorennennung, zum Beispiel:

a) als Satzsubjekt:

- Gales (1999) first applied such a factorization to Gaussian matrices for ASR (IL BE 1, 2265).

b) Der Autor kann ebenfalls durch *by-agent* genannt sein:

- However, recent observations by Hekker et al. (2006) suggest that... (PL BE 2, 48).

c) Eine weitere Möglichkeit ist die Autorennennung im Genitiv:

1) We would like to acknowledge the use of software based on E. Loupias' salient point detector [12] (IL IE 1, 51).

2) ... for example in Bunge's formulation of the harmonic texture analysis (Bunge, 1969, 1982) (PF IE 1, 738).

d) Außerdem kann der textexterne Verweis mit einem berichtenden bzw. verweisenden Zusatz erfolgen, zum Beispiel:

- According to Thomas and Lombard [23], the geometric conservation law (GCL) is satisfied... (PF IE 2, 85).

Die nicht-integrierten Verweise erfolgen ohne Autorennennung, meist durch Angabe der Quelle in Parenthesen oder Nachsätzen, zum Beispiel:

1) Systems with more degrees of freedom and of much higher complexity may be realised in ODE simulations, cf. [13] (IF IE 1, 7).

2) It is of course possible to test the likelihood that peaks appear by chance in the same bin, or bins, of either spectrum (Broomhall et al. 2007) (PL BE 2, 51).

In 18 der 24 untersuchten Fachtexte überwiegen deutlich die nicht integrierten Verweise, diese werden demnach bevorzugt verwendet. Ein Grund dafür dürfte in der Textökonomie zu suchen sein.

Überdies erfolgt durch Integration in den Satz in der Regel ein erweitertes Zitat und damit wird eine verstärkte Betonung auf den Autor des referenzierten Textes bzw. seine Forschung gelegt. Diese Art des Textverweises bleibt deshalb den besonders wichtigen Referenztexten vorbehalten.

Wörtliche Zitate treten im vorliegenden Korpus äußerst selten auf, es gibt insgesamt nur vier Beispiele aus drei Texten. Daraus lässt sich schließen, dass das direkte Zitieren eine eher unübliche Vorgehensweise im untersuchten Kommunikationsbereich darstellt. Im untersuchten Korpus überwiegt die Paraphrase.

Zwei der vorhandenen wörtlichen Zitate erfolgen über einen nicht integrierten Textverweis:

1) This whole area has been described as being 'about as easy as reconstructing a pig from a sausage' [5] (IF BE 2, 2).

2) Our approach to strong decays is similar in spirit to what was done decades past for electromagnetic and current induced transitions among hadrons, known variously as Melosh transformation or more generally "single quark transition algebra" [10] (PF BE 1, 2).

Die beiden anderen Beispiele werden über einen integrierten Textverweis referenziert:

1) ... then this is further support for Johnson's slogan that 'patterns document architectures' [12] (IF BE 2, 16).

2) Markus Kuhn [4] notes that, in Ada, made (sic.) these routines "have been made redundant" (IL AE 1, 72).

Die wörtlichen Zitate werden, wie auch in anderen Kommunikationsbereichen üblich, durch Anführungszeichen markiert.

Die folgende Tabelle gibt die Texthäufigkeit der textexternen Verweise im Fließtext der untersuchten Fachtexte wieder:

		TH textexterne Verweise	
Informatik	Fachzeitschriftenartikel	1,7	1,7
	Letters	1,6	
Physik	Fachzeitschriftenartikel	1,7	1,9
	Letters	2,3	

Tab. 17: Texthäufigkeit der textexternen Verweise

Die Verweise beziehen sich stets auf einen Eintrag im angehängten Literaturverzeichnis, also nicht nur auf einzelne Fremdtextelemente, sondern auf den gesamten Fremdtext. Dies ist eine Besonderheit wissenschaftlicher Intertextualität, hier werden nur selten einzelne Elemente losgelöst vom Gesamtreferenztext referiert.

Des Öfteren werden jedoch einzelne Elemente aus dem Referenztext explizit hervorgehoben, auf die sich insbesondere bezogen wird. Hier folgen einige Beispiele hierfür:

- … for example in Bunge's formulation of the harmonic texture analysis (Bunge, 1969, 1982) (PF IE 1, 738).
- According to Thomas and Lombard [23], the geometric conservation law (GCL) is satisfied… (PF IE 2, 85).

10.2.4 Arten der Referenz und Markierung

Die Referenz auf andere Texte erfolgt im Wesentlichen durch Verweise bzw. Zitate, in der folgenden Tabelle werden die Anteile dargestellt.

	Gesamtzahl Zitate	**Erweitert**	**Einfach**	**Selbstzitat**	**Sammelzitat**	**Zitat der Referees**	**Z. aus mdl. Diskurs**
FZA Info	104	45	59	19	23	1	6
Letters Info	98	42	56	21	13	3	2
Gesamt	202	87	115	40	36	4	8
In %		**43,1 %**	**56,9 %**	**19,8 %**	**17,8 %**	**2 %**	**4 %**
FZA Physik	151	83	68	44	34	2	3
Letters Physik	134	43	91	18	39	2	4
Gesamt	285	126	159	62	73	4	7
In %		**44,2 %**	**55,8 %**	**21,8 %**	**25,6 %**	**1,4 %**	**2,5 %**
Alle Gesamt	**487**	**213**	**274**	**102**	**109**	**8**	**15**
Alle in %		**43,7 %**	**56,3 %**	**20,9 %**	**22,4 %**	**1,6 %**	**3,1 %**

Tab. 18: Verteilung der textexternen Zitate

Als erweiterte Zitate werden hier Zitate verstanden, die nicht nur einen einfachen Verweis auf den jeweiligen Text (bzw. seinen Eintrag im Inhaltsverzeichnis) darstellen, sondern zusätzliche Informationen zum Inhalt des Textes oder seinen Autoren liefern. Die erweiterten Zitate sind stärker markiert als die einfachen Zitate, denn der Rezipient erhält hier mehr Informationen über den referierten Fachtext bzw. dessen Aussagen als in einem einfachen Zitat, das ggf. lediglich aus der Angabe der zugehörigen Nummer im Literaturverzeichnis besteht und somit vom Rezipienten verlangt, sich durch eigene Aktivität, nämlich Nachschlagen im Literaturverzeichnis, weitere Informationen (Autor, Erscheinungsort, etc.) zu verschaffen. Die einfachen Zitate erfolgen in den untersuchten Texten in der Regel durch nicht-integrierte Verweise.

Wie die Tabelle zeigt, weisen die einfachen und erweiterten Zitate im Untersuchungskorpus etwa die gleichen Häufigkeiten auf. Die erweiterten Zitate sind denjenigen Texten vorbehalten, die für die Untersuchungen im zitierenden Text von besonders hoher Bedeutung sind.

Etwa ein Viertel der Literaturreferenzen sind Selbstzitate (siehe Tabelle oben), d. h. Verweise auf andere Fachtexte der Autoren des referierenden Textes. S. Holthuis bezeichnet dies als auto-intertextuelle Intertextualität im Gegensatz zu hetero-intertextueller Intertextualität (Verweis auf Texte anderer Autoren) (Holthuis 1993). Zwischen den referierten und dem referierenden Text kann sowohl eine syntagmatische als auch eine paradigmatische Relation bestehen. So existiert in der Regel ein thematischer sowie ein funktioneller Zusammenhang, da die Fachtexte von demselben Autor verfasst wurden. Wenn die referierten Texte frühere Forschung darlegen, auf die im referierenden Text aufgebaut wird, kann auch ein Prätextverhältnis entstehen.

In etwa einem Viertel der im Korpus vorhandenen Selbstzitate wird unmittelbar auf frühere Forschung Bezug genommen. Zum Beispiel wendet der Letter zur Informatik „The cycle roommates problem: a hard case of kidney exchange“ (IL BE 2) einen Algorithmus an, den der Autor bereits Jahre zuvor in einer früheren Arbeit mit dem Titel „An efficient algorithm for the ‚stable roommates‘ problem“ beschrieben hatte. Hier wäre der zitierende Text ohne die Grundlagenarbeit aus dem zitierten Text nicht möglich.

Bei einem Vergleich der Literaturverzeichnisse und der textexternen Verweise im Fließtext ist festzustellen, dass nicht unbedingt alle Posten im Literaturverzeichnis auch im Fließtext explizit aufgegriffen werden. Möglicherweise handelt es sich hier um unmarkierte Zitate.

Unmarkierte Zitate erfordern zu ihrer Erkennung ein hohes Maß an Fachwissen und eine genaue Kenntnis der vorhandenen disziplinenspezifischen Fachliteratur, was jedoch im Allgemeinen bei den Rezipienten der hochspezialisierten Fachtexte vorausgesetzt werden kann.

Das einzige im untersuchten Fachtextkorpus vorkommende Literaturzitat und Beispiel ästhetischer Intertextualität stammt aus Shakespeares *Romeo and Juliet*: „what's in a name?“ (IF BE 2, 8) und wird weder eingeleitet noch markiert. Es fällt lediglich durch seine stilistische Abweichung vom übrigen Text auf und dient der stilistischen Auflockerung. Nach J. Helbigs Einteilung literarischer Intertextualität liegt hier eine implizite Markierung auf der Reduktionsstufe vor.

Unter Anwendung von K. Adamziks (2011) Rahmen zur Beschreibung von Intertextualität lässt sich zwischen allen Fachtexten des Untersuchungskorpus Formähnlichkeit feststellen, da die Fachzeitschriftenartikel und Letters, wie schon in Kapitel 8 beschrieben, hohe Formähnlichkeit aufweisen. Außerdem ist ein funktioneller Zusammenhang feststellbar, nämlich das fachinterne Informieren über eigene Forschungsarbeit. Zwischen den einzelnen Fachtexten und den Fachtexten, die sie referieren, besteht in der Regel ein enger thematischer Zusammenhang.

Es lassen sich zwischen den untersuchten Fachtextkorpora keine kulturspezifischen Unterschiede hinsichtlich der Intertextualität feststellen. Offenbar wird die Ausprägung und das Vorkommen intertextueller Bezüge eher vom jeweiligen

Fachtextgegenstand (so ist für gut erforschte Themen mehr Literatur verfügbar, die zitiert werden muss oder kann, als für wissenschaftliches Neuland) oder ggf. den Vorlieben und Gewohnheiten des jeweiligen Fachtextautors vorgegeben als von kulturellen Einflüssen auf die Fachtextautoren.

11 Umfrage

11.1 Motivation und Ziele

Die Textanalyse des Untersuchungskorpus in den vorangehenden Kapiteln hat ergeben, dass zwischen den von Amerikanern, Briten und Deutschen verfassten englischsprachigen Fachzeitschriftenartikeln und Letters nur geringe Unterschiede in der Vertextung bestehen. Demzufolge haben kulturelle Unterschiede offensichtlich nur geringfügige Auswirkungen auf die Ausprägung der textuellen Merkmale dieser Fachtextsorten.

Um einige Anhaltspunkte dafür auszumachen warum dies der Fall ist bzw. wie die interkulturelle Angleichung erfolgt, wurde eine Befragung von deutschsprachigen Informatikern und Physikern durchgeführt. Zwar kann aufgrund des relativ geringen Umfangs der Befragung nicht für alle deutschsprachigen Informatiker/Physiker generalisiert werden, aber es lassen sich einige richtungsweisende Tendenzen feststellen.

Ziel der Umfrage war es in Erfahrung zu bringen:

- inwieweit sich die Fachtextautoren über Textkonventionen bewusst sind,
- ob die Aneignung von Fachtextkonventionen eher unbewusst bei der Textrezeption oder durch einen bewussten Lernprozess erfolgt,
- welche Hilfsmittel bei der Textproduktion zum Einsatz kommen (z. B. Styleguides),
- wie viel Einfluss die Reviewer/Referees in sprachlicher Hinsicht nehmen,
- welche Rolle die Fachzeitschriften als Kontrollinstanz im Hinblick auf die Textproduktion spielen,
- wie groß der Anteil englischsprachiger Texte am Gesamtpublikationsaufkommen der befragten Wissenschaftler ist.

11.2 Durchführung

11.2.1 Die Befragten

Befragt wurden, unabhängig von ihrem akademischen Grad, Mitarbeiter der Institute für Informatik und Physik an den Universitäten Leipzig und Stuttgart, die über Erfahrung mit der englischsprachigen Publikation in internationalen Fachzeitschriften verfügen.

Insgesamt nahmen 61 Personen an der Befragung teil. Davon waren 24 Informatiker und 37 Physiker. Aus arbeitstechnischen Gründen konnte die Umfrage nicht größer angelegt werden und musste auf Teilnehmer aus dem akademischen Bereich beschränkt bleiben.

Insgesamt wurde der Fragebogen an 53 Informatiker versendet: Damit ergibt sich hier eine Rücklaufquote von 45,3 %. Da sich zu Beginn der Durchführung der Umfrage bei den Physikern eine deutlich geringere Rücklaufquote als bei den Informatikern abzeichnete, wurde der Fragebogen an 116 Physiker verschickt, damit aus einer vergleichbaren Anzahl an Antworten aus beiden Fächern geschöpft werden konnte: Bei den Physikern ergibt sich somit eine Rücklaufquote von 31,9 %.

Demographische Fragestellungen müssen außer Acht gelassen werden. Das Alter der Teilnehmer wurde nicht ermittelt, weil es für die Fragestellungen nicht relevant ist. Hier zählt die Erfahrung mit englischsprachigen Publikationen.

Weiterhin waren nur 4,9 % der Befragten Frauen. Dies spiegelt aber die akademische Wirklichkeit in den Natur- und Technikwissenschaften in Deutschland wider (vgl. Schinzel 2004).

Für die in der Einleitung erläuterten Fragestellungen ist im Rahmen dieser Arbeit nur die schriftliche Fachtextproduktion von Interesse. So wurde nicht nach den mündlichen Diskursgewohnheiten in der Fremdsprache gefragt.

11.2.2 Technische Durchführung

Der Fragebogen wurde als Email direkt an die Wissenschaftler versandt. Es wurde eine Email-Umfrage gewählt, da auf diesem Wege leichter ausreichend Teilnehmer erreichbar sind. Zudem wird bei Email-Umfragen erfahrungsgemäß eine höhere Ausschöpfungsquote als in anderen Umfrageformen erreicht. Um den Arbeitsaufwand für die Befragten zu minimieren und eine Beantwortung in unter zehn Minuten zu ermöglichen, wurde der versendete Fragebogen kurz gehalten. Dies dient ebenfalls der Erhöhung der Ausschöpfungsquote (Noelle-Neumann/Petersen 1998).

Zur besseren Vergleichbarkeit der ermittelten Werte werden im Folgenden stets Prozentwerte und keine absoluten Werte angegeben. Tabellen mit den absoluten Werten zu allen Fragen befinden sich im Anhang dieser Arbeit.

Bei einigen Fragen konnten mehrere Antworten gegeben werden. In diesen Fällen wurden die Prozentwerte gegebenenfalls auf die Gesamtzahl der jeweils gegebenen Antworten und nicht auf die Anzahl der Befragten bezogen. Dies geht an den entsprechenden Stellen aus dem Text hervor.

Durch Rundungsverfahren kann es gelegentlich zu Gesamtwerten von etwas mehr oder weniger als 100 % kommen. Da nicht alle Befragten jede Frage vollständig beantworteten bzw. einige wenige Antworten nicht auswertbar waren, kann es bei einigen Fragen auch zu geringeren Gesamtwerten kommen.

Für die Mehrheit der Fragen wurden Antwortoptionen zum Ankreuzen vorgegeben. Dies dient der besseren Auswertbarkeit und der Verringerung des Arbeitsaufwandes für die Teilnehmer. Dabei wurde die letzte Antwortoption „Andere“ bzw. „Sonstiges“ als offene Antwort gestaltet, die alternative Antworten ermöglichte.

In der Einführung zur Umfrage wurde um ergänzende und erläuternde Kommentare gebeten. Die Mehrheit der Befragten kam dieser Bitte nach. Sofern die Kommentare aufschlussreich erscheinen, werden sie in den Darlegungen in anonymisierter Form widergegeben. Die Kommentare ermöglichen neben der quantifizierenden Auswertung des Fragebogens auch weiterführende qualitative Erkenntnisse.

Die qualitativen Ergebnisse sind naturgemäß nicht in einer quantifizierenden Form darstellbar, da durch die Selbstrekrutierung die Werte verzerrt werden würden.

Verschiedene Untersuchungen (besonders Skudlik 1990) haben bereits gezeigt, dass zwischen unterschiedlichen Fächern z. T. große Unterschiede in den Publikationsgewohnheiten bestehen können. Aus diesem Grund wird im Folgenden stets zwischen Informatikern und Physikern differenziert.

11.3 Auswertung

11.3.1 Fragen zu den Veröffentlichungen

Zunächst wurde das englischsprachige Publikationsaufkommen der Teilnehmer ermittelt. Demzufolge veröffentlicht die Mehrheit der Befragten (70,9 % der Informatiker und 67,6 % der Physiker) durchschnittlich bis zu fünf englischsprachige Texte im Jahr. Von den Informatikern gab einer der Befragten an, weniger als eine englischsprachige Veröffentlichung jährlich zu haben, bei den Physikern war das nicht der Fall. Etwa ein Viertel der Teilnehmer (29,2 % der Informatiker und 21,6 % der Physiker) antworteten, mehr als 5 englischsprachige Texte im Jahr zu publizieren. Von den Physikern gaben weitere 10,8 % an, im Jahr sogar mehr als 10 englischsprachige Veröffentlichungen durchzuführen. Demzufolge ist das englischsprachige Publikationsaufkommen bei den befragten Physikern etwas höher. Insgesamt zeugen die Ergebnisse von einer relativ regen Aktivität der Teilnehmer bezüglich englischsprachiger Veröffentlichungen.

Verfassen Sie Artikel für Zeitschriften/Journals auf Deutsch?		
	Informatiker	**Physiker**
Nein	33,3 %	62,2 %
Ja	66,7 %	37,8 %
Davon Anteil am Gesamtvolumen:		
< 10 %	62,5 %	64,3 %
< 50 %	31,3 %	7,1 %
> 75 %	6,3 %	-

Tab. 19: Anteil deutschsprachiger Publikationen

Auf die Frage, ob zusätzlich zu den englischsprachigen Veröffentlichungen auch deutschsprachige Veröffentlichungen stattfinden, antworteten 66,7 % der Informatiker und 37,8 % der Physiker mit Ja. Von den Teilnehmern, die mit Ja antworteten gab die Mehrheit (Informatiker: 62,5 %; Physiker: 64,3 %) jedoch an, dass die deutschsprachigen Veröffentlichungen nur bis zu 10 %, also einen geringen Anteil, an ihren Gesamtveröffentlichungen einnehmen.

Die Mehrheit der befragten Physiker (62,2 %) und ein Drittel der befragten Informatiker (33,3 %) antworteten dagegen, nicht auf Deutsch zu publizieren.

Es kann also festgehalten werden, dass insgesamt 75 % der befragten Informatiker und 86,5 % der Physiker über 90 % ihrer Veröffentlichungen in Englisch haben. Das steht im Einklang mit in anderen Umfragen ermittelten Ergebnissen (Stickel 2000).

Einige der Befragten äußerten dazu in Kommentaren ihr Bedauern:

- Ist eigentlich bedauerlich. Auf Deutsch kann ich besser formulieren. Es ist schwierig, auf Englisch Nuancen richtig zu treffen.
- Nur in Englisch, die Sichtbarkeit deutschsprachiger Artikel ist zu gering, leider.

Die Kommentare zeigen, dass der Publikationszwang in der Fremdsprache zumindest bei einzelnen noch immer als Belastung wahrgenommen wird, obwohl diese Anforderung schon seit langem besteht und sich insbesondere die Naturwissenschaftler bereits früh mit der Funktion des Englischen als internationaler Wissenschaftssprache abgefunden und arrangiert haben (Stickel 2000).

Als Grund für die Publikation in Englisch wurde in den Kommentaren in erster Linie die Notwendigkeit, sich im internationalen Austausch Gehör zu verschaffen, genannt. Nur durch Artikel, die von vielen Fachkollegen gelesen werden, können sich Wissenschaftler profilieren. So ist mit englischsprachigen Texten (nahezu) die Gesamtheit der Wissenschaftsgemeinde zu erreichen, während deutschsprachige Artikel nur von einem kleinen Teil derselben rezipiert werden (siehe Kapitel 3). Zudem publizieren die großen Fachzeitschriften der Informatik und der Physik in Englisch, so dass den Autoren keine Wahl gelassen wird, wenn sie einen Beitrag in einer prestigeträchtigen Fachzeitschrift veröffentlichen wollen. Die Verwendung des Englischen ist demzufolge von karriereentscheidender Bedeutung für Wissenschaftler. Diese Problematik geht auch aus einigen der Kommentare hervor:

- Man schreibt [deutschsprachige Fachtexte] nur aus gutem Willen. Harte Währung sind Artikel in den englischsprachigen Fachzeitschriften.

- Deutsche Artikel werden nicht zitiert. Schon gar nicht von Nicht-Deutschen. Sogar bei deutschsprachigen Konferenzen sind die meistzitierten Papiere in Englisch.

Dass deutschsprachige Publikationen international nicht wahrgenommen werden, ist unter Naturwissenschaftlern eine weit verbreitete Ansicht, wie bereits frühere Umfragen zutage gefördert haben (Stickel 2000, 136). Dadurch wird die Publikation auf Englisch zur Notwendigkeit.

11.3.2 Fragen zur Textproduktion

Anschließend wurden Fragen zu den Gewohnheiten bei der Textproduktion in Englisch gestellt. Die Teilnehmer gaben ohne Ausnahme an, ihre Texte direkt auf Englisch ohne einen deutschsprachigen Erstentwurf zu verfassen. Dementsprechend wird auch keine Hilfe von Übersetzern in Anspruch genommen. Als Gründe für dieses Vorgehen wurden insbesondere geringerer Arbeitsaufwand und Zeitersparnis genannt. Auch die leichtere Terminologiefindung wurde genannt, da viele Fachbegriffe ohnehin keine deutsche Entsprechung hätten.

Eine weitere Erwägung ist die Erleichterung der Zusammenarbeit mit nichtdeutschsprachigen Kollegen. Wie bereits zuvor (siehe Kapitel 6 „Das Korpus") erläutert wurde, wird ein Großteil der Forschungsprojekte in Physik und Informatik in internationaler Zusammenarbeit durchgeführt, nur selten sind ausschließlich Forscher derselben Sprachgemeinschaft beteiligt. Hier zeigt sich, dass die Anglisierung der Natur- und Technikwissenschaften nicht nur auf den internationalen Austausch beschränkt ist, sondern auch in den eigentlichen Forschungsprozess vorgedrungen ist. So gaben einige der Befragten darüber Auskunft, dass sie bereits ihre Notizen in englischer Sprache abfassen, um die spätere Textproduktion in der Fremdsprache zu erleichtern. Hier wäre es interessant, in welchem Ausmaß das Englische im nationalen Forschungsprozess und in der Ausbildung eine Rolle spielt. So ist es hierzulande beispielsweise an vielen Universitäten üblich, dass Studenten der Naturwissenschaften Vorträge und Präsentationen in Englisch halten oder Versuchsprotokolle in englischer Sprache verfassen. Eine genaue Quantifizierung hierzu muss gegenwärtig offen bleiben, könnte sich aber als aufschlussreich herausstellen.

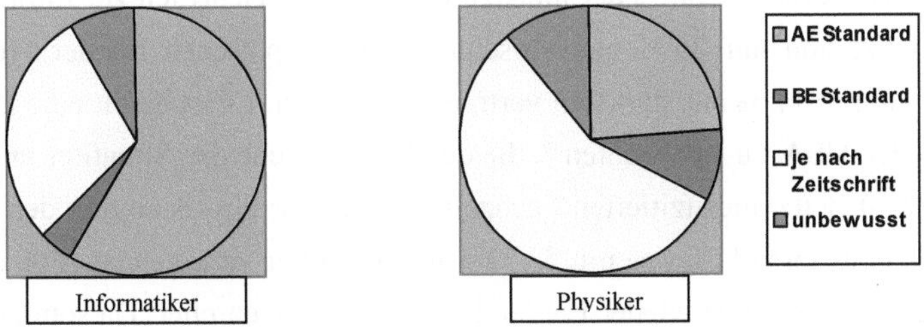

Abb. 20: Auswahl der Sprachvarietät

Hinsichtlich der Auswahl der Sprachvarietät gibt es unter den Befragten zwei bevorzugte Vorgehensweisen: Die standardmäßige Verwendung des amerikanischen Englisch und die Auswahl der Sprachvariante in Abhängigkeit vom Publikationsorgan. Die obige Abbildung veranschaulicht die fachspezifische Verteilung dieser unterschiedlichen Vorgehensweisen.

Die Mehrheit der befragten Informatiker (58,3 %) gab an, für gewöhnlich amerikanisches Englisch zu verwenden. Von diesen meinten wiederum 50 %, dies aus Gründen der Konformität zu tun, da die wichtigsten Forschungseinrichtungen und Publikationsorgane in den USA ansässig seien. 29,2 % der Informatiker antworteten, sich bei der Auswahl der Sprachvariante nach dem jeweiligen Publikationsorgan zu richten. Demgegenüber betonte die Mehrheit der befragten Physiker (56,8 %), sich danach zu richten, ob der Text in einem britischen oder amerikanischen Publikationsorgan erscheinen soll und entsprechend zwischen den Sprachvarianten zu wechseln. Nur 24,3 % der Physiker gaben an, standardmäßig amerikanisches Englisch zu verwenden. Lediglich ein sehr kleiner Teil der Befragten (4,2 % der Informatiker und 8,1 % der Physiker) gab an, regulär britisches Englisch zu benutzen.

Die US-amerikanische Dominanz in der natur-/technikwissenschaftlichen Forschung scheint diesen Ergebnissen zufolge von den Informatikern stärker wahrgenommen zu werden als von den Physikern. Eine Ursache hierfür ist darin zu sehen, dass eine größere Anzahl bedeutender Fachzeitschriften zur Informatik aus den USA kommt als zur Physik. Werden die *Journal Citation Reports® Science Edition*[32] (Thomson Reuters 2009) für 2008 zu Grunde gelegt[33], wird deutlich, dass immerhin 60 % der meistzitierten Fachzeitschriften zur Informatik aus den USA und nur 39 % aus verschiedenen europäischen Ländern (davon ist England mit 17 % am stärksten vertreten) stammen. Es ist damit eine klare Führung der USA zu beobachten[34]. In der Physik sieht die Situation anders aus: „Nur" 30 % der meistzitierten Fachzeitschriften zur Physik sind in den USA beheimatet, während Europa mit 53 % deutlich stärker vertreten ist. Von den europäischen Ländern ist wieder England mit 15 % Spitzenreiter. Da somit die Schere zwischen vielzitierten amerikanischen und nicht-amerikanischen Fachzeitschriften in der Physik deutlich geringer ist als in der Informatik, erklärt dies, warum die befragten Physiker seltener standardmäßig amerikanisches Englisch verwenden und häufiger zwischen den Sprachvarianten wechseln als die Informatiker.

Leider konnte im Rahmen dieser Arbeit nicht ermittelt werden, ob die Fachzeitschriften, die weder in den USA noch in Großbritannien beheimatet sind, amerikanisches oder britisches Englisch bevorzugt verlangen.

---

32 In den *Journal Citation Reports®* wird ermittelt aus welchen Fachzeitschriften am häufigsten Beiträge zitiert werden und so deren Einfluss in der jeweiligen Disziplin bestimmt.

33 Berücksichtigt wurden hier jeweils die zehn meistzitierten Fachzeitschriften aus jedem in den *Journal Citation Reports®* erfassten wissenschaftlichen Teilgebiet zur Informatik bzw. Physik, um einen umfassenden Überblick über die jeweilige Disziplin zu erhalten. Damit wurden zur Informatik 70 Fachzeitschriften ausgewertet und zur Physik 80.

34 In der Informatik ist die amerikanische Dominanz besonders in den Teildisziplinen *Software Engineering* und *Theory & Methods* zu beobachten. Dort stammen jeweils neun der zehn meistzitierten Zeitschriften aus den USA. In der Physik gibt es keine solch klaren Teilgebietsabhängigkeiten. Der Zusammenhang zwischen Teildisziplin und Sprachvariante bleibt zu untersuchen.

Als weiterer Faktor für die Auswahlentscheidung über die Sprachvariante wurden Spracherfahrungen durch Auslandsaufenthalte genannt. Durch einen längeren Aufenthalt im Ausland entsteht größere Sicherheit im Sprachgebrauch, so dass die jeweilige Sprachvariante bevorzugt wird. Alle Teilnehmer, die antworteten, standardmäßig britisches Englisch zu verwenden, begründeten diese Entscheidung mit einem längeren Auslandsaufenthalt in Großbritannien.

Ein kleiner Teil der Befragten (8,3 % der Informatiker und 10,8 % der Physiker) antwortete, keine bewusste Auswahlentscheidung hinsichtlich der Sprachvarietät zu treffen. Das lässt auf einen relativ sorglosen Umgang mit der Textproduktion in der Fremdsprache und fehlende Reflektion schließen, wie auch die folgenden Kommentare zeigen:

- Gute Frage. Hängt eigentlich davon ab, welches Englisch gerade in der Rechtschreibkontrolle eingestellt ist.
- Wenn ich das wüsste..., ich denke, eher amerikanisches Englisch, wie es sich halt beim Lesen von anderen Artikeln einprägt.
- Wird eh vom Journal redigiert.

Allerdings ist dieses Verhalten nicht die Norm, wie der geringe prozentuale Anteil zeigt. Dennoch ist es ein Hinweis darauf, dass sprachliche Mängel bei der Veröffentlichungsentscheidung durch die Publikationsorgane kaum ins Gewicht fallen.

Wo haben Sie Englisch gelernt? (Mehrfachantworten möglich)		
	Informatiker in %	**Physiker** in %
Schule	87,5	92
Uni	20,8	18,9
Abendkurse	-	5,4
Selbststudium	50	16,2
Auslandsaufenthalt	25	27

Tab. 20: Erwerb der Englischkenntnisse

Die befragten Wissenschaftler haben ihre Englischkenntnisse in erster Linie im Schulunterricht erworben: 87,5 % der Informatiker und 92 % der Physiker haben bereits in der Schule begonnen, Englisch zu lernen. Da Englisch als erste Fremdsprache im deutschen Schulsystem kaum zu umgehen ist, sind diese Zahlen nicht überraschend. Diejenigen, die in der Schule keinen Englischunterricht erhalten haben, gaben an, dies an der Universität bzw. im Selbststudium nachgeholt zu haben[35].

Zusätzlich zum Englischunterricht in der Schule erklärten 50 % der befragten Informatiker und 16,2 % der Physiker, im Selbststudium ihre Englischkenntnisse zu erweitern. Zudem teilten 20,8 % der Informatiker und 18,9 % der Physiker mit, an der Universität weiter Englisch gelernt zu haben. Demnach investieren die befragten Informatiker nach der Schulzeit mehr Aufwand in ihre Fremdsprachenkenntnisse als die befragten Physiker. Allerdings können hier aufgrund der kleinen Teilnehmerzahl nur tendenzielle Aussagen getroffen werden.

Als weitere Möglichkeit zum Fremdsprachenerwerb nannte etwa ein Viertel der Befragten (Informatiker 25 %; Physiker 27 %) längere Auslandsaufenthalte. Durch die Arbeit und Forschung im englischsprachigen Ausland können sich die Wissenschaftler nicht nur die englische Sprache, sondern auch den englischsprachigen Wissenschaftsstil aus erster Hand aneignen. Auch kürzere Forschungsaufenthalte im Rahmen von Workshops und Konferenzen tragen dazu bei. Hierbei ist zu berücksichtigen, dass „Auslandsaufenthalte“ nicht als Antwortoption vorgegeben war, sondern unter „Anderes“ von den Befragten selbst ergänzt wurde. Wäre eine Antwortoption vorhanden gewesen, wäre die Zahl möglicherweise noch leicht nach oben zu korrigieren.

Weiterhin gab eine überwiegende Mehrheit von 87,5 % der befragten Informatiker und 97,3 % der befragten Physiker an, mehr als 90 % der Fachliteratur auf Englisch zu rezipieren. Das entspricht dem Umstand, dass die Befragten auch

35 Jeweils ein Drittel der Betreffenden erwarben ihre Englischkenntnisse an der Universität bzw. im Selbststudium, und ein weiteres Drittel nutzte beide Möglichkeiten nebeneinander.

überwiegend in Englisch publizieren. Der Anteil nicht-englischsprachiger Fachliteratur am Gesamtvolumen ist in den Naturwissenschaften nur gering (Ammon 1997, 815). Diese Ergebnisse stützen die These, dass das Rezipieren englischsprachiger Fachliteratur ein wichtiger Faktor bei der Aneignung der englischsprachigen Diskurs- und Denkmuster ist und ein unbewusster Lernprozess dabei abläuft.

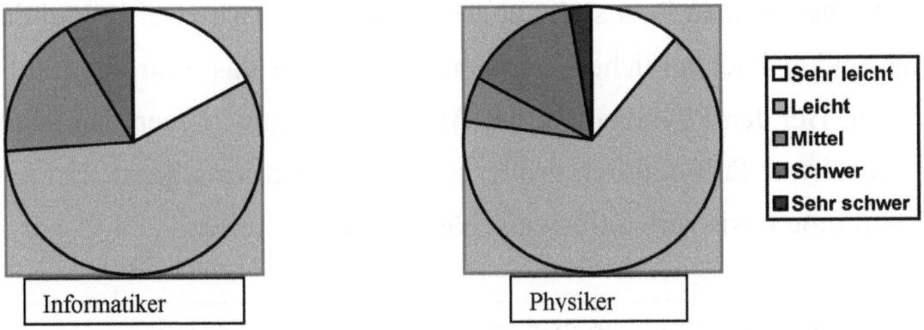

Abb. 21: Selbsteinschätzung der Englischkenntnisse

Auf die Frage, ob ihnen das Schreiben auf Englisch anhand einer Skala von eins bis zehn eher leicht oder schwer fiele, antwortete die überwiegende Mehrheit der Teilnehmer mit „leicht" (Informatiker: 70,9 %, Physiker: 73 %). Davon antworteten sogar 16,7 % der Informatiker und 10,8 % der Physiker, dass ihnen das Schreiben auf Englisch sehr leicht fällt (eins auf der Skala). Nur 8,3 % der Informatiker und 16,2 % der Physiker gaben an, dass ihnen das Schreiben auf Englisch schwer fällt.

Hier stellt sich allerdings die Frage, wie zuverlässig die Selbsteinschätzung der Teilnehmer ausfällt. So wäre es möglich, dass die insgesamt positive Selbstbewertung daraus resultiert, dass den Wissenschaftlern mögliche sprachliche Probleme nicht bewusst sind.

In einer älteren Umfrage aus dem Jahr 1990 von U. Ammon (Ammon 2001, 352) hat die Mehrheit der befragten Wissenschaftler verschiedener Fachgebiete Schwierigkeiten bei der Produktion und Rezeption englischsprachiger Fachtexte eingeräumt. Entweder hat sich das inzwischen geändert, weil die Autoren besser an das Schreiben in Englisch angepasst sind, oder sie nehmen die Probleme weniger bewusst wahr.

S. Skudlik ermittelte in ihrer großangelegten Umfrage unter Wissenschaftlern verschiedener Fachgebiete, dass unter den Wissenschaftlern der anglophon geprägten Fächer, wie den Naturwissenschaften, eine besonders hohe Englischkompetenz vorliegt (1990, 122). Ihre Ergebnisse entsprechen eher den hier erhobenen Werten.

In Abbildung 21 oben lässt sich gut erkennen, dass etwa zwei Drittel der Befragten aus beiden Fachbereichen angaben, dass ihnen das Schreiben auf Englisch leicht fällt. Bei den Physikern ist der Anteil derjenigen, denen das Schreiben auf Englisch schwer fällt deutlich größer als bei den Informatikern. Bei letzteren ist insgesamt eine positivere Selbsteinschätzung festzustellen.

Worauf müssen Sie beim Schreiben in Englisch besonders achten?		
	Informatiker in %	**Physiker** in %
Verständlichkeit	43,8	49
Prägnanz	25	30,6
Terminologie	18,8	14,3
Grammatik	6,3	4,1
Nichts	6,3	2

Tab. 21: Mögliche Unsicherheitsfaktoren

Es wurde weiter gefragt auf welche Aspekte der Textgestaltung die Teilnehmer beim Verfassen von englischsprachigen Publikationen besonders achten müssen. So sollte in Erfahrung gebracht werden, wo die Teilnehmer die meisten Schwierigkeiten bzw. Unsicherheiten wahrnehmen. Denn die Aspekte, auf die sich bei der Textverfassung am meisten konzentriert wird bzw. auf welche die meiste Sorgfalt verwendet wird, sind in der Regel diejenigen, bei denen die meiste Unsicherheit vorliegt. Die Mehrheit der Antworten (68,8 % der Antworten der Informatiker und 79,6 % der Antworten der Physiker) entfällt auf stilistische Aspekte, wie eine verständliche und prägnante Formulierung der dargelegten Informationen. Ebenfalls besonders beachtet wird die richtige Verwendung der

Terminologie (18,8 % der Antworten der Informatiker und 14,3 % der Antworten der Physiker), da sie in fachlicher Hinsicht von Bedeutung ist. Grammatikalische Fragen werden nur von einem kleinen Teil der Befragten besonders beachtet (Informatiker: 6,3 %; Physiker: 4,1 %).

Dass stilistische Fragen offenbar Quell einer gewissen Unsicherheit sind, kann damit zusammenhängen, dass es hierzu nur wenig Anleitung gibt. So widmen sich Ratgeber zum naturwissenschaftlichen Schreiben rhetorisch-stilistischen Gesichtspunkten in der Regel gar nicht oder nur am Rande (Niederhauser 2009). Auch im regulären Englischunterricht in der Schule (wo die meisten der Befragten ihre Englischkenntnisse erworben haben, siehe oben) wird auf Stilistik in fachsprachlichen Texten normalerweise nicht eingegangen. Hier besteht offenbar ein gewisser Ausbildungsbedarf, den die Universitäten leisten müssten.

Eine klare Mehrheit der Befragten (65,5 % der Antworten von Informatikern und 76,7 % der Antworten von Physikern) gab an, dass die Reviewer im Zuge des Peer-Review-Prozesses in erster Linie inhaltliche Änderungen vorschlagen. Sprachliche Änderungen (hinsichtlich Grammatik, Lexik) und Änderungen am Textaufbau werden demzufolge nur relativ selten vorgeschlagen (siehe Tabelle A26 im Anhang). Dies deutet an, dass sprachliche Aspekte bei der Beurteilung wissenschaftlicher Texte eher im Hintergrund stehen. Auch S. Skudlik ermittelt in ihrer Befragung, dass wissenschaftliche Beiträge selten aus sprachlichen Gründen abgelehnt werden (1990, 145).

Zusätzlich gaben 25 % der befragten Informatiker bzw. 48,6 % der Physiker an, dass sie insgesamt nur relativ wenige Hinweise von den Reviewern erhalten. Einer der Teilnehmer äußerte auch sein Bedauern über mangelnde Konstruktivität:

- Leider kommt es sehr häufig vor, dass die Reviewer bei Workshops oder Konferenzen nur sehr wenig konstruktives Feedback geben, welches sich wenn dann auf die jeweilige fachliche Kontribution bezieht. Viel zu häufig bekommt man aber auch sehr unkonstruktive Kommentare zu hören. Realbeispiel: Too shallow for science too boring for the newspaper!

Demzufolge nehmen die Publikationsorgane nur geringen Einfluss auf die sprachliche Gestaltung eines Beitrages.

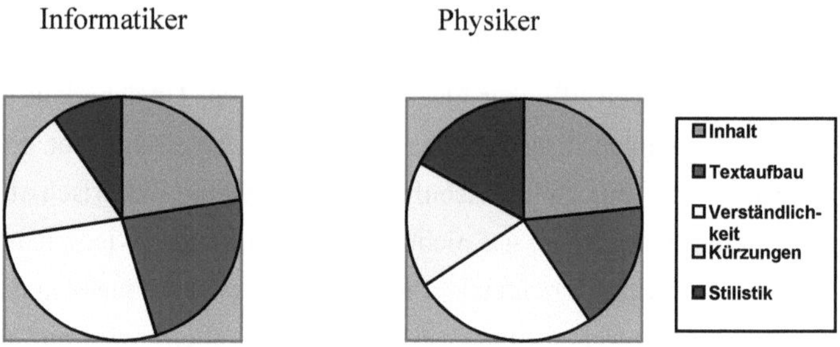

Abb. 22: Überarbeitungskategorien

Die Mehrheit der befragten Wissenschaftler (Informatiker: 58,3 %; Physiker: 51,4 %) gab an, einen wissenschaftlichen Text in ca. drei bis fünf Entwürfen zu erstellen. Nur 12,5 % der Informatiker benötigen mehr als fünf Entwürfe, bei den Physikern sind es immerhin 37,8 %. Diese Angaben sind vorrangig von der individuellen Arbeitsweise abhängig. Einige der Befragten gaben aber auch an, dass es von der Kompliziertheit des Themas und den Reaktionen der Referees abhängig ist, wie viele Überarbeitungen notwendig sind.

Dabei werden in erster Linie inhaltliche Änderungen, Änderungen zur Erhöhung der Verständlichkeit, und Änderungen am Textaufbau vorgenommen. Bei den Informatikern entfällt jeweils etwa ein Viertel der gegebenen Antworten auf diese Kategorien. Bei den Physikern schlägt die dritte Kategorie etwas schwächer zu Buche. Die obenstehende Abbildung zeigt, dass die gegebenen Antworten mehr oder weniger gleichmäßig auf alle Kategorien verteilt sind. Auch hier ist das Vorgehen vorrangig von den individuellen Schreibgewohnheiten abhängig.

Eine klare Dominanz inhaltlicher Anpassungen, wie aufgrund der starken Inhaltsbetonung sowohl seitens der Autoren wie auch der Reviewer zu erwarten gewesen wäre, ist nicht zu erkennen. Daraus lässt sich schließen, dass zwar bei Erstellung und Review weniger Wert auf Stilistik und Verständlichkeit gelegt wird, diese Fragen aber bei der Überarbeitung eine größere Rolle spielen.

Die Mehrheit der Teilnehmer (33,3 % der Informatiker; 29,7 % der Physiker) gab an, dass das Verschriftlichen einer wissenschaftlichen Veröffentlichung abhängig von der Thematik im Durchschnitt 1–2 Wochen dauert. Andererseits wurde in Kommentaren wiederholt darauf hingewiesen, dass der Aufwand abhängig von der Thematik und dem intendierten Publikationsorgan variiert, denn für Publikationen in prestigeträchtigeren Zeitschriften wird deutlich mehr Aufwand betrieben.

Hier wird deutlich, dass der Fachtextgegenstand (mehr oder weniger komplizierte Thematik) und das Publikationsorgan die Kommunikationssituation entscheidend beeinflussen und direkte Auswirkungen auf die Kommunikationsdauer haben können.

Welche Hilfsmittel (zu Textgestaltung, Stil usw.) benutzen Sie beim Schreiben in Englisch?		
	Informatiker in %[36]	**Physiker** in %
Referenztexte	9,4	15
Stylesheets	6,3	8,3
Lektorat	6,3	23,3
Wörterbücher	56,3	45
Sonstiges	9,4	3,3
Keine	12,5	5

Tab. 22: Verwendete Hilfsmittel

Als Hilfsmittel, die bei der Textproduktion in der Fremdsprache verwendet werden, nannten die Teilnehmer in erster Linie Wörterbücher (56,3 % der Antworten von Informatikern und 45 % der Antworten von Physikern). An zweiter Stelle kommt bei den Physikern das Lektorat durch (z. T. muttersprachliche) Fachkollegen (23,3 % der Antworten), von den Informatikern gaben nur 8,3 % der Befragten (entspricht 6,3 % der Antworten) an, ihre englischsprachigen Texte Korrektur lesen zu lassen. Auf die Verwendung von englischsprachigen Refe-

36 Bezogen auf die Anzahl der insgesamt gegebenen Antworten.

renztexten als Vorlage entfallen 9,4 % der Antworten von Informatikern und 15 % der Antworten von Physikern.

Demnach scheinen die Physiker insgesamt häufiger auf verschiedene Hilfsmittel zurückzugreifen als die Informatiker, denn immerhin 16,7 % der befragten Informatiker (entspricht 12,5 % der von Informatikern gegebenen Antworten) gaben an, überhaupt keine Hilfsmittel zu verwenden. Möglicherweise ist dies zum Teil auf die zuvor festgestellte größere Selbstsicherheit hinsichtlich der Textproduktion in Englisch seitens der Informatiker zurückzuführen.

G. Stickel stellt fest, dass Naturwissenschaftler im Allgemeinen weniger Hilfe bei der Textverfassung in Anspruch nehmen, als Wissenschaftler aus anderen Fachbereichen. Er sieht den Grund für diesen Umstand im vergleichsweise geringeren Anteil von Verbaltext an naturwissenschaftlichen Fachpublikationen (2000, 135).

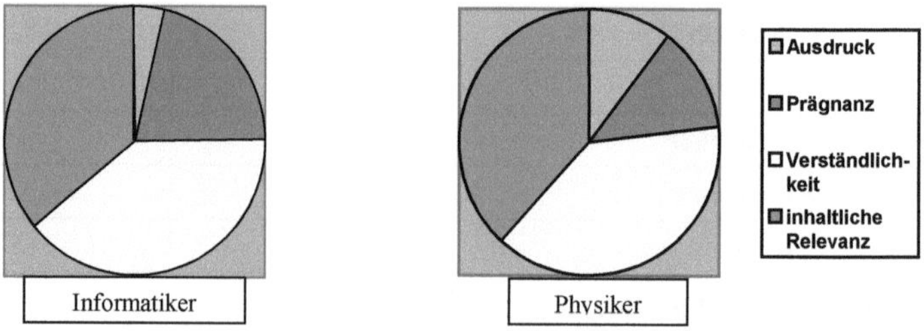

Abb. 23: Kriterien für eine gute Publikation

Eine gute Fachpublikation zeichnet sich den befragten Wissenschaftlern zufolge sowohl durch ein innovatives, forschungsrelevantes Thema als Textgegenstand aus, als auch dadurch, dass dieses auf gut verständliche Weise dargelegt wird. Etwa ein Drittel der von Informatikern wie Physikern gegebenen Antworten entfallen jeweils auf diese beiden Punkte. Auch in den Kommentaren legen die Teilnehmer die Betonung auf den Inhalt einer Publikation, zum Beispiel:

- Wissenschaftlich neuer und hervorragender Inhalt.
- Aktualität der Untersuchungen.

Sprachliche Gesichtspunkte werden erst an dritter Stelle genannt: 21,2 % der Antworten von Informatikern und 12,5 % der Antworten von Physikern beziehen sich auf einen prägnanten Stil und Kürze. Nur ein kleiner Teil der gegeben Antworten (Informatiker: 3,8 %; Physiker: 10 %) entfällt auf einen guten Ausdruck.

Die obenstehende Abbildung zeigt, dass sowohl Informatiker, wie Physiker einer verständlichen Darlegung der Thematik eine ebenso große Bedeutung beimessen, wie dem Inhalt selbst. Dies zeigt, dass die deutschsprachigen Wissenschaftler der Verständlichkeit von Fachtexten durchaus große Bedeutung beimessen und die Verantwortung für das Textverstehen nicht allein beim Leser sehen. Damit ist das Konzept der *reader responsibility* für deutsche Informatiker/Physiker einzuschränken (vgl. Graefen 1994, 155).

Die Ergebnisse dieser Befragung legen nahe, dass unter den befragten Wissenschaftlern unterschiedliche Ansichten zur Bedeutung von sprachlichen und stilistischen Eigenschaften eines wissenschaftlichen Beitrags herrschen. Während einige der Meinung sind, dass die sprachliche Qualität eher nebensächlich ist, messen ihr andere eine größere Bedeutung zu. Diese sind sich der Kommunikationsbarrieren, die aus sprachlichen Mängeln entstehen können, bewusst. Diesen Standpunkt verdeutlichen die folgenden Kommentare:

- Wenn man Englisch nicht wirklich fließend beherrscht (vergleichbar zur Muttersprache), sollte man englische Veröffentlichungen von einem Fachmann des betroffenen Spezialgebietes übersetzen lassen.
- ... bei einem nicht verständlich geschriebenen Paper fällt es mir schwer zu unterscheiden, ob das Paper fachlich relevant ist, oder nicht.

11.4 Zusammenfassung

Die Auswertung der Umfrage bestätigt was die Textanalyse vermuten ließ, nämlich dass deutschsprachige Physiker und Informatiker insgesamt gut mit dem Zwang zur Veröffentlichung auf Englisch zurechtkommen. Zudem wurde bestätigt, dass die Notwendigkeit auf Englisch zu publizieren sehr groß ist. Deutschsprachige Fachtexte spielen im naturwissenschaftlich-technischen Arbeitsalltag nur eine untergeordnete Rolle, wie sowohl die Rezeption überwiegend englischsprachiger Fachliteratur, wie auch die Publikation überwiegend auf Englisch zeigen. Dabei ist festzustellen, dass die befragten Informatiker eher noch in Deutsch publizieren, als die Physiker (vgl. Tab. 19).

Alle befragten Wissenschaftler lesen in erster Linie englischsprachige Fachliteratur. Es werden außer Wörterbüchern wenig Hilfsmittel für die Textproduktion eingesetzt. Beides lässt darauf schließen, dass englische wissenschaftliche Text- und Diskurskonventionen eher unbewusst erworben werden und dass kein bewusster Lernprozess in dieser Hinsicht stattfindet. Dies steht im Einklang mit Spracherwerbstheorien, die besagen, dass der Erwerb einer Fremdsprache in erster Linie durch die inhaltliche Verarbeitung von verständlichem sprachlichen Input („input hypothesis“) und nicht durch organisiertes Lernen erfolgt (Krashen 2009, 20ff). Untersuchungen haben weiterhin gezeigt, dass sich das Lesen auch auf die Aneignung von Textplanungs- und Textorganisationsstrategien auswirkt und dass Personen, die häufig lesen, oft bessere Texte produzieren (Grabe 2003).

Eine wichtige Methode bei der Aneignung fremdsprachiger Diskursstrategien, neben der Rezeption von englischsprachiger Fachliteratur, scheint das Arbeiten und Forschen im Ausland zu sein. Jeweils etwa ein Viertel der befragten Informatiker und Physiker gaben Auslandsaufenthalte als zusätzliche Quelle des Spracherwerbs an. Weiterhin spielen Auslandsaufenthalte eine Rolle bei der Entscheidung für die bevorzugt verwendete Sprachvarietät.

Die starke Fokussierung auf den fachlichen Inhalt, den die Teilnehmer auch in Kommentaren immer wieder betonten, deutet an, dass auf Textkonventionen und Stilistik weniger Wert gelegt wird. Zudem wurde ausgesagt, dass die Reviewer/Referees in sprachlicher Hinsicht wenig Einfluss auf die Texte nehmen, sondern in erster Linie Änderungsvorschläge, die den fachlichen Inhalt betreffen, machen. Daraus kann geschlossen werden, dass die Publikationsorgane, abgesehen von der Auswahl der Sprachvariante, keinen entscheidenden Einfluss auf die Textgestaltung nehmen.

Beinahe ebenso großen Wert wie auf den Inhalt einer Veröffentlichung, legen die Teilnehmer auf eine verständliche Informationsdarlegung. Das lässt vermuten, dass die *reader responsibility* seitens deutschsprachiger Autoren in den untersuchten Disziplinen nicht bzw. nur eingeschränkt gilt. Demnach fühlen sich die befragten deutschsprachigen Autoren gemäß dem Prinzip der *writer responsibility* für das Gelingen der Kommunikation und die Erleichterung der Rezeption ihrer Texte mitverantwortlich.

12 Zusammenfassung

In der vorliegenden Arbeit wurden insgesamt zwölf englischsprachige Fachzeitschriftenartikel (ca. 200 Druckseiten) und zwölf Letters (ca. 121 Druckseiten) zur Informatik und Physik intralingual verglichen. Dabei wurde zwischen Texten unterschieden, die von amerikanischen, britischen und deutschen Autoren (also Nicht-Muttersprachlern) verfasst wurden. Ziel hierbei war, den Grad der Einflussnahme muttersprachlicher bzw. primärkultureller Diskurskonventionen zu bestimmen sowie genauer zwischen Vertextungsstrategien im amerikanischen und britischen Englisch zu differenzieren.

Ein weiteres Ziel war die Beschreibung der Textsorte Letters und ihre Abgrenzung gegenüber der Textsorte Fachzeitschriftenartikel. Eine detaillierte Differenzierung unter diesem Gesichtspunkt findet sich in Kapitel 9.

Im Folgenden werden die gewonnenen empirischen Ergebnisse zusammenfassend dargestellt.

Die untersuchten Fachtexte wurden situationsäquivalent ausgewählt, um eine möglichst gute Vergleichbarkeit zu gewährleisten. Sie dienen der fachinternen Kommunikation unter Fachleuten, so dass eine symmetrische Kommunikationssituation vorliegt.

Die Texte wurden hinsichtlich verschiedener textinterner Faktoren untersucht: Makrostruktur, Personeneinbezug, Metakommunikation, Syntax, Stil und visuelle Elemente.

Vergleich nach Sprachvarianten

Im intralingualen Vergleich wurde zwischen amerikanischem und britischem Englisch sowie Texten deutscher Autoren, die Englisch für die internationale Kommunikation verwenden, unterschieden.

Alle untersuchten Texte weisen eine eher geringe Personalisierung auf. Das Vorkommen von Personeneinbezug (Sender- und Adressateneinbezug) ist insgesamt schwach. In allen Teilkorpora ist der Sendereinbezug deutlich stärker als der Adressateneinbezug vorhanden. Beide werden vorrangig durch die erste Person Plural realisiert, beim Sendereinbezug in Form des *Pluralis auctoris*, beim Adressateneinbezug in Form des *inclusive we*.

Werden die untersuchten Sprachvarianten hinsichtlich des Personeneinbezuges gegenübergestellt, weisen die Texte amerikanischer Autoren jedoch einen eher stärkeren Personeneinbezug als die Texte britischer und deutscher Autoren auf. Hier deutet sich möglicherweise eine kulturelle Besonderheit in der amerikanischen Wissenschaftskommunikation an.

Auf syntaktischer Ebene wird textsorten- und fachübergreifend in den Fachtexten der deutschen Autoren insgesamt deutlich mehr Passiv verwendet (Differenz von 5–9 Prozentpunkten), als in den Texten amerikanischer und britischer Autoren. Dies deutet auf eine Passivpräferenz der deutschsprachigen Autoren hin.

In stilistischer Hinsicht ist bei der Untersuchung der verwendeten Stilmittel festzustellen, dass in den Fachtexten britischer Autoren beider wissenschaftlicher Disziplinen insgesamt mehr Stilmittel verwendet werden als in den Texten der amerikanischen und deutschen Autoren.

Wie diese Ergebnisse zeigen, sind auf verschiedenen Untersuchungsebenen bemerkbare Unterschiede zwischen den Sprachvarianten zu erkennen. Dabei sind die Abweichungen zwischen den Fachtexten der deutschen Autoren von den Fachtexten der muttersprachlichen Autoren aber nicht stärker ausgeprägt als die Unterschiede zwischen den Fachtexten britischer und amerikanischer Autoren. Eine Zusammenfassung unterschiedlicher Englischvarianten zu einem englischen Sprachkorpus ist somit zumindest für einen intralingualen Vergleich ungeeignet.

Vergleich nach Fachtextsorten

Auffälligere Unterschiede als zwischen den Sprachvarianten wurden zwischen den verglichenen Fachtextsorten – Fachzeitschriftenartikel und Letters – ermittelt.

Metakommunikative Elemente sind im Untersuchungskorpus insgesamt eher schwach vertreten. Am häufigsten tritt dabei die Klasse der Inhaltsankündigungen bzw. Elemente des Ankündigens auf. Diese sind in den Fachzeitschriftenartikeln deutlich stärker vertreten als in den Letters, da diese aufgrund der Textkürze weniger ordnende Elemente benötigen.

Zur Beurteilung der syntaktischen Dimension der Texte wurden neben der Passivfrequenz die Verwendung von Zeitformen und die syntaktische Komplexität untersucht.

Hinsichtlich der Verwendung von Zeitformen wurde festgestellt, dass das *simple present,* als objektive Berichtsform, korpusübergreifend klar überwiegt. Das *simple past* dagegen dient vornehmlich dem Schildern von Versuchen und Experimenten. Es tritt in den Letters beider wissenschaftlicher Disziplinen prozentual deutlich häufiger auf als in den Fachzeitschriftenartikeln. Dies ist vermutlich darauf zurückzuführen, dass Letters einen klareren Fokus auf die beschriebenen Forschungsarbeiten und Ergebnisse legen als die Fachzeitschriftenartikel. Dort werden ausführlichere Erläuterungen zu den theoretischen Grundlagen und Forschungshintergründen gegeben.

Weiterhin weisen die Fachzeitschriftenartikel beider Wissenschaften etwas mehr Stilmittel auf als die Letters. Dies könnte auf eine sorgfältigere textuelle Ausgestaltung der Fachzeitschriftenartikel hindeuten.

In den Letter-Korpora beider wissenschaftlicher Disziplinen treten verhältnismäßig mehr visuelle Elemente auf als in den Fachzeitschriftenartikelkorpora. Dabei sind die visuellen Elemente in den Letters im Allgemeinen deutlich kleiner dimensioniert als in den Fachzeitschriftenartikeln. Eine wahrscheinliche Ursache dafür ist, dass seitens der Publikationsorgane für Letters ein geringerer Textumfang zugelassen wird als für Fachzeitschriftenartikel, so dass durch die kleinere Dimensionierung Platz eingespart werden soll.

Die oben genannten Unterschiede werden in erster Linie durch textexterne Faktoren verursacht, wie dem Streben nach Kürze und einer komprimierten und schnellen Informationsdarstellung, die in den Letters betont werden.

Vergleich nach Fachdisziplinen

Der Vergleich zwischen den Fachdisziplinen hat deutliche Unterschiede zutage gefördert.

In den Fachtexten zur Informatik (beide untersuchte Fachtextsorten) fällt der Personeneinbezug insgesamt höher aus als in den Fachtexten zur Physik. Hier liegt offenbar ein disziplinspezifischer Unterschied vor.

Die Passivfrequenz betreffend konnte festgestellt werden, dass in den Texten zur Physik mehr Passiv auftritt als in den Texten zur Informatik. Hier liegt ein weiterer disziplinspezifischer Unterschied vor.

Weiterhin war beim Vergleich der wissenschaftlichen Disziplinen zu beobachten, dass im Korpus zur Physik mehr Stilmittel vorhanden sind als im Korpus zur Informatik. Diese sind jedoch von noch geringerer expressiver Qualität und dienen vornehmlich der Textorganisation. Zudem fällt der Anteil sprachlicher Bilder in den Texten der Physik geringer aus als in den Texten der Informatik.

Fachbedingt treten im Physikkorpus erheblich mehr visuelle Elemente, insbesondere in Form von Diagrammen und anderen Visualisierungen, auf als im Informatikkorpus. Dies ist damit zu begründen, dass in der Physik häufiger konkrete Zahlenwerte in Form von Messwerten, Rechenergebnissen etc. darzustellen sind als in der Informatik.

Die Mehrheit der ermittelten Unterschiede rührt wahrscheinlich teilweise aus verschiedenen fachspezifischen Traditionen der Textgestaltung her. Hierüber könnte ein diachroner Vergleich Aufschluss bieten. Teilweise beruhen sie auch auf den unterschiedlichen Textgegenständen, das ist insbesondere hinsichtlich der Verwendung visueller Elemente der Fall, deren Art und Einsatz primär von der Natur der dargestellten Daten abhängig ist.

Übergreifend über alle Teilkorpora finden sich auch Gemeinsamkeiten, die im Gesamtkorpus auftreten und scheinbar kennzeichnend für die fachinterne Kommunikation in den untersuchten Disziplinen sind.

Im Hinblick auf die Makrostruktur wurde festgestellt, dass der Textaufbau sowohl in den Fachzeitschriftenartikeln als auch den Letters beider Fachrichtungen und aller Sprachvarianten festgefügt und unflexibel ist. Nur in den Letters zur Physik wird z. T. auf Zwischenüberschriften verzichtet. Demzufolge scheint der Aufbau der untersuchten Fachtexte weitgehend unabhängig von der Fachdisziplin zu sein. Auch zwischen den benachbarten Textsorten Fachzeitschriftenartikel und Letters sind keine makrostrukturellen Unterschiede festzustellen.

Hinsichtlich der Metakommunikation wurden metakommunikative und metasprachliche Elemente untersucht. Gemäß dem hohen Fachlichkeitsgrad der untersuchten Texte sind nur wenige metasprachliche Elemente enthalten. Die Kategorie der Einführung von Abkürzungen, Formelzeichen und Symbolen macht dabei deutlich die Mehrheit der vorhandenen metasprachlichen Elemente aus. Ein Umstand, der im Textgegenstand begründet ist, da die untersuchten Texte einen hohen Anteil formalisierter Sprache mit mathematischem Charakter enthalten.

Mit Bezug auf die syntaktische Komplexität wurde eine mittelstarke syntaktische Komplexität ermittelt, da im Gesamtkorpus etwas mehr als die Hälfte der Sätze als einfache Sätze gebildet werden. Parataxen werden nur sehr selten verwendet, Hypotaxen zu über einem Drittel.

Bei der Verwendung von Stilmitteln überwiegen die syntaktischen Stilmittel sehr deutlich, sprachliche Bilder machen insgesamt nur einen Bruchteil aus.

Die oben dargestellten Ergebnisse zeigen, dass die Unterschiede zwischen den Fachtextsorten und zwischen den Disziplinen **stärker ausgeprägt sind, als die Unterschiede zwischen den Sprachkorpora**.

Damit wiegen die Unterschiede zwischen den Sprachvarianten weniger schwer als die textsorten- und fachspezifischen Unterschiede. Somit ist ein kulturspezifischer Einfluss auf den untersuchten Kommunikationsbereich als ausgesprochen schwach einzustufen. Stattdessen ist eine **Tendenz zur Internationalisierung** zu beobachten, die mit der Dominanz des Englischen in der naturwissenschaftlich-technischen Fachkommunikation einhergeht.

Das verwendete Untersuchungskorpus ist aus arbeitstechnischen Gründen auf 24 Fachtexte begrenzt. Zur Verallgemeinerung der gewonnenen Ergebnisse müssten diese an einem größeren Korpus überprüft werden. Da sich die Tendenz zur Internationalisierung jedoch disziplinen- und textsortenübergreifend gezeigt hat, kann davon ausgegangen werden, dass dieses Phänomen bezeichnend für den naturwissenschaftlich-technischen, fachinternen Diskurs in Fachjournals ist.

Hinsichtlich intertextueller Bezüge in den untersuchten Fachtexten wurde festgestellt, dass bei weitem **explizite Bezüge** auf andere Arbeiten des jeweiligen wissenschaftlichen Feldes überwiegen. Diese dienen zur wissenschaftlichen Positionierung des zitierenden Textes. Intertextualität tritt in erster Linie durch indirekte und direkte Zitate von schriftlichen Fachtexten der fachinternen Kommunikation auf, aber auch durch Referenzen auf mündliche Gespräche mit Fachkollegen. Dabei wird das Zitat in der Regel explizit (meist durch Literaturangaben in Parenthesen oder Fußnoten) markiert.

In Danksagungen für finanzielle und wissenschaftliche Unterstützung deuten sich überdies Bezüge zur fachexternen Kommunikation (auf Förderungsanträge, Korrespondenz usw.) an.

Nicht veröffentlichte Forschungsvorleistungen werden implizit in Tabellen, Diagrammen und anderen Abbildungen zitiert.

Kulturelle Einflüsse sind hinsichtlich der Intertextualität der Fachtexte nicht erkennbar, diese scheint vornehmlich vom Fachtextgegenstand (z. B. Menge der verfügbaren Literatur zu einem Thema) und den Vorlieben des Autors bedingt zu werden.

Die empirische Analyse wurde durch eine kurze Befragung von deutschsprachigen Fachtextautoren der untersuchten wissenschaftlichen Disziplinen ergänzt. Durch die direkte Befragung deutschsprachiger Autoren sollten die Ursachen bzw. Auswirkungen für die Tendenz zur Internationalisierung gefunden werden.

Die Befragung bestätigt die Vermutung, dass die Diskurskonventionen für die fachinterne Publikation in erster Linie durch **Rezeption von englischsprachi-**

gen Fachtexten angeeignet werden. So gab die überwiegende Mehrheit der Befragten an, mehr als 90 % der Fachliteratur auf Englisch zu rezipieren. Dies steht im Einklang mit der Notwendigkeit der Aktualität der fachinternen Kommunikation: Um eine möglichst kurze Veröffentlichungsdauer zu ermöglichen, fehlen für Übersetzungen die Zeit und Ressourcen. Außerdem dienen Forschungs- und Arbeitsaufenthalte im Ausland ebenfalls dazu, sich fremdsprachige Diskursstrategien anzueignen.

Die Erfahrungen, die so mit englischen Textproduktions- und Diskursstrategien gesammelt werden, werden bei der eigenen Produktion von englischen Fachtexten weitgehend unbewusst umgesetzt und reproduziert. Darauf deutet die geringe Verwendung von Hilfsmitteln (abgesehen von Wörterbüchern) hin. Nur ein kleiner Teil der Befragten setzt Styleguides und ähnliches ein.

Die Umfrageergebnisse zeigen weiterhin, dass die Dominanz des Englischen in der naturwissenschaftlich-technischen Kommunikation und die damit verbundenen Notwendigkeiten tiefgreifende Auswirkungen auf den Arbeitsalltag deutschsprachiger Forscher haben. Einige der Befragten gaben an, nicht nur ihre Publikationen, sondern bereits ihre Notizen auf Englisch zu verfassen, damit wirkt sich das Englische sogar auf den Forschungsprozess selber, nicht nur auf die wissenschaftliche Kommunikation aus. Hier scheinen weiterführende Forschungen vielversprechend.

Auch der Einfluss der Anglisierung auf die naturwissenschaftlich-technische Ausbildung lohnt weitere Untersuchungen. Immerhin werden vielerorts das Referieren sowie das Schreiben auf Englisch schon während des Studiums geübt.

Die geringen Unterschiede, die sich beim Vergleich der englischsprachigen Fachtexte durch muttersprachliche und nicht-muttersprachliche Autoren zeigen, deuten darauf hin, dass sich primärkulturelle Einflussfaktoren nur in sehr begrenztem Maße auf die Fachtextproduktion im Englischen auswirken. Die Hauptursache hierfür ist in der ausgeprägten internationalen Zusammenarbeit in den untersuchten Wissenschaften zu sehen, auf die bereits mehrfach verwiesen wurde.

Auch die Befragung zu den Gewohnheiten der Fachtextproduktion unter deutschen Wissenschaftlern konnte dies bestätigen. Die fachinterne Kommunikation findet zu einem großen Teil auf internationaler Ebene statt, die durch das Englische beherrscht wird.

Diese Entwicklungen sind auf dem Gebiet des naturwissenschaftlich-technischen Diskurses nicht neu und lassen sich unter diachronen Fragestellungen verfolgen: „In general terms the existence today [...] of transnational discourse communities is likely to lead to universalist tendencies in research genres" (Swales 1990, 65).

Bereits im Jahr 1983 beobachtet B. Spillner sprachübergreifende internationale Tendenzen in der Wissenschaftskommunikation hinsichtlich des Textaufbaus. So räumt er ein, dass „der internationale wissenschaftliche Informationsaustausch in den betreffenden Fachsprachen zu einer Angleichung etwa in der (sic) Argumentationsstrukturen, der Textgliederung, der Zitierweise etc. geführt hat" (Spillner 1983a, 113). Er fügt hinzu: „Durch die zunehmende internationale fachliche Kommunikation zeigen die Fachsprachen der Wissenschaft und der Technik Tendenzen der Annährung in ihren sprachlichen Konventionen" (Spillner 1983b, 22).

Weiterhin beobachtet auch M. Clyne, ein Verfechter des Prinzips der Kulturgebundenheit von Texten, dass zunehmende Internationalisierung und Migration von Akademikern bereits die von ihm beobachteten kulturellen Unterschiede im wissenschaftlichen Diskurs verwischt und besonders in den Naturwissenschaften zu einer Annäherung an englische Diskursmuster geführt haben (Clyne 1987, 215).

Da diese Beobachtungen bereits vor über zwanzig Jahren gemacht wurden, ist anzunehmen, dass sich diese Tendenzen inzwischen noch verstärkt haben. Denn insbesondere moderne, schnelle Kommunikationsmöglichkeiten, wie das Internet, haben den weltweiten Informationsaustausch zunehmend erleichtert. Dadurch wurde der Kommunikationsprozess beschleunigt und erweitert, was die

Dominanz des Englischen im weltweiten Diskurs weiter gefestigt und somit eine Angleichung der Diskursstrukturen weiter begünstigt haben dürfte.

Vor allem Fachtextsorten, wie die Letters, für die es aufgrund ihrer relativ späten Ausprägung keine deutschsprachige Entsprechung gibt, können keine Textstrukturen bzw. Diskursmuster außerhalb der englischen Sprache entwickeln. Die akademische Sozialisierung nicht-englischsprachiger Wissenschaftler findet hier deswegen bereits durch die Textrezeption statt. Anders liegt der Fall bei Textsorten, wie Monographien, Lehrbüchern u. ä., die anderssprachliche Entsprechungen haben oder in unterschiedliche Sprachen übersetzt werden.

Interessante weiterführende Forschung besteht in diachronen Untersuchungen, um Entwicklungstendenzen des naturwissenschaftlich-technischen Diskurses genauer zu determinieren und Rückschlüsse auf zukünftige Anforderungen an Wissenschaftler zu ziehen. Überdies wäre es interessant festzustellen, wie groß der Einfluss des Englischen auf die Ausbildung und Forschung in nicht-englischsprachigen Ländern ist. Daraus ließen sich Schlüsse auf die Erfordernisse der Fremdsprachen- und Fachausbildung ziehen.

Die vorliegende Arbeit hat gezeigt, dass disziplinenspezifische oder textsortenbedingte Unterschiede (selbst zwischen so eng verwandten Textsorten wie Fachzeitschriftenartikeln und Letters) in den hier untersuchten Bereichen der internationalen Fachkommunikation Informatik/Physik deutlicher zum Tragen kommen als kulturelle Faktoren. Damit kann hier von einer Internationalisierung bzw. Angleichung der Textausprägung gesprochen werden.

Eingangs wurde die Frage gestellt, ob Letters Vorstufen zu Fachzeitschriftenartikeln darstellen. Während es in bestimmten Fällen durchaus vorkommen kann, dass zu einem Forschungsprojekt zunächst Zwischenergebnisse als Letters veröffentlicht werden und später umfangreichere Fachzeitschriftenartikel zu demselben Projekt ausgearbeitet werden, zeigen die vorliegenden Untersuchungen jedoch, dass Letters eine vollwertige und eigenständige Fachtextsorte sind. Trotz ihres deutlich geringeren Textumfangs deutet nichts darauf hin, dass bei ihrer Ausarbeitung weniger Sorgfalt waltet, als bei einem Fachzeitschriftenartikel. Weiterhin werden nicht zwangsläufig im Anschluss an alle Letters Fachzeitschriftenartikel ausgearbeitet und umgekehrt.

	Fachzeitschriftenartikel	**Letters**
Makrostruktur	- einheitlicher Aufbau - Zwischenüberschriften mit Dezimalgliederung	- einheitlicher Aufbau - nicht in allen Texten Zwischenüberschriften
Personeneinbezug	- mittlerer Sendereinbezug (TH 3,2) - schwacher Adressateneinbezug (TH 0,9)	- mittlerer Sendereinbezug (TH 3,4) - schwacher Adressateneinbezug (TH 1)
Metakommunikation	- mittleres Vorkommen metakommunikativer Elemente (TH 2,2), dabei treten die Elemente des Ankündigens am häufigsten auf (28,6 %) - wenig metasprachliche Elemente (TH 1,8)	- mittleres Vorkommen metakommunikativer Elemente (TH 2,2), (davon Elemente des Ankündigens: 11,2 %) - wenig metasprachliche Elemente (TH 1,7)
Syntax	- Vorkommen des *simple past*: 4,6 %	- erhöhtes Vorkommen des *simple past*: 10,6 %
Stil	- Ø Texthäufigkeit Stilmittel: 6,2 - Ø Texthäufigkeit *Hedging*: 0,8	- Ø Texthäufigkeit Stilmittel: 5,4 - Ø Texthäufigkeit *Hedging*: 1,1
Visuelle Elemente	- Texthäufigkeit: 0,6	- Texthäufigkeit: 0,8

Tab. 23: Überblick über Fachzeitschriftenartikel und Letters (über Disziplinen und Sprachkorpora übergreifend)

Quellen

Untersuchungskorpus:

IF AE 1: Triantafyllis, Spyridon / Vachharajani, Manish / August, David I. (2005): "Compiler Optimization-Space Exploration." *Journal of Instruction-Level Parallelism* 7. http://liberty.princeton.edu/Publications/jilp_ose.pdf (20.11. 2006).

IF AE 2: Mueller, Erik T. (2006): "Event calculus and temporal action logics compared." *Artificial Intelligence* 170, 1017–1029.

IF BE 1: Hutton, Graham / Wright, Joel (2007): "What is the Meaning of These Constant Interruptions?" *Journal of Functional Programming* 17, 777–792. http://www.cs.nott.ac.uk/~gmh/interrupts.pdf (18.11.2006).

IF BE 2: Gibbons, Jeremy (2006): "Fission for Program Comprehension." *LNCS 4014: Mathematics of Program Construction*, 162–179. http://web.comlab.ox.ac.uk/oucl/work/jeremy.gibbons/publications/fission.pdf (18.11.2006).

IF IE 1: Der, Ralf / Hesse, Frank / Martius, Georg (2006): "Rocking stumper and jumping snakes from a dynamical systems approach to artificial life." *Journal of Adaptive Behaviour* 14, 105–115. http://www.informatik.uni-leipzig.de/~der/Veroeff/rockstump.pdf (16.11.2006).

IF IE 2: Feldmann, Robert / Brewka, Gerhard / Wenzel, Sandro (2006): "Planning with Prioritized Goals." *Proc KR 2006*, 503–514. http://www.informatik.uni-leipzig.de/~brewka/papers/KR06.pdf (16.11.2006).

IL AE 1: Carlisle, Martin C. / Baird, Leemon C. III (2007): "Timing Neural Networks in C and Ada." *SIGAda'07,* November 4–9, 2007, Fairfax, Virginia, USA.

IL AE 2: Price, Graham D. / Vachharajani, Manish (2006): "A Case for Compressing Traces with BDDs." *IEEE Computer Architecture Letters*, vol. 5, no. 2, 18, Jul–Dec, 2006.

IL BE 1: Frankel, Joe / King, Simon (2007): "Factoring Gaussian precision matrices for linear dynamic models." *Pattern Recognition Letters* 28 (2007), 2264–2272.

IL BE 2: Irving, Robert W. (2007): "The cycle roommates problem: a hard case of kidney exchange." *Information Processing Letters* 103 (2007), 1–4.

IL IE 1: Keysers, Daniel et al. (2007) : "Optimal Geometric Matching for Patch-Based Object Detection." *Electronic Letters on Computer Vision and Image Analysis* 6(1), 44–54.

IL IE 2: Petersen, Holger (2007): "String matching with simple devices." *Information Processing Letters* 105 (2007), 32–34.

PF AE 1 : Chapman, G. A. et al. (2005): "On the facular area surrounding decaying sunspots." *Solar Physics* 226, 37–43.

PF AE 2: Weingartner, Jospeh C. / Jordan, Margaret E. (2007): "Torques on Spheroidal Silicate Grains Exposed to Anisotropic Interstellar Radiation Fields." *The Astrophysical Journal*, 672, 382–390.

PF BE 1: Burns, Timothy J. et al. (2007): "Dynamics of hadron strong production and decay." *Physical Review D* 2008 Vol.77, Issue 3.

PF BE 2: Deane, Jonathan H. B. (2006): "Piecewise Isometries: Applications in Engineering." *Meccanica* 41, 241–252.

PF IE 1: Birkholz, M. (2007): "Modelling of diffraction from fibre texture gradients in thin polycrystalline films." *Journal of Applied Crystallography* 40, 735–740.

PF IE 2: Wolf, T. et al. (2007) : "Investigation of the starting process in a Ludwieg tube." *Theoretical Computational Fluid Dynamics* 21, 81–98.

PL AE 1: Spielman, Ian B. / Phillips, William D. / Porto, James V. (2007): "Mott-Insulator Transition in a Two-Dimensional Atomic Bose Gas." *Physical Review Letters* 98.

PL AE 2 : Tanner, Shawn et al. (2007) : "High-*Q* GaN nanowire resonators and oscillators." *Applied Physics Letters* 91.

PL BE 1: Brindley, Helen E. (2007): "Estimating the top-of-atmosphere longwave radiative forcing due to Saharan dust from satellite observations over a west African surface site." *Atmospheric Science Letters* 8, 74–79.

PL BE 2: Tarrant, Neil J. et al. (2007) : "Asteroseismology of red giants: photometric observations of Arcturus by SMEI." *Monthly Notices of the Royal Astronomy Society* 382, L48–L52.

PL IE 1: Glaum, Konstantin et al. (2006): "Critical Temperature Weakly Interacting Dipolar Condensates." *Physical Review Letters* 98.

PL IE 2: Herrle, Thomas et al. (2007) : “Current-induced heating in quantum well and quantum wire intersubband emitter structures.” *Applied Physics Letters* 91.

Sekundärliteratur:

Adair, Robert K. (2008): “Physical Review Letters. Sam Goudsmit’s Vision.” http://prl.aps.org/edannounce/PhysRevLett.100.020001 (10.12.2009).

APS (2007): *Physical Review Letters.* College Park: APS.

Adamzik, Kirsten (1998): „Intertextualität in der wissenschaftlichen Kommunikation.“ Strässler, J. (Hrsg.) (1998): *Tendenzen europäischer Linguistik.* Akten des 31. Linguistischen Kolloquiums, Bern 1996, Tübingen: Niemeyer, 1–5.

—— (2001): „Die Zukunft der Text(sorten)linguistik. Textsortennetze, Textsortenfelder, Textsorten im Verbund.“ Fix, Ulla et al. (Hrsg.) (2007): *Zur Kulturspezifik von Textsorten.* Tübingen: Stauffenburg, 15–30.

—— (2002): „Zum Problem des Textbegriffs. Rückblick auf eine Diskussion.“ Fix, Ulla et al. (Hrsg.) (2002): *Brauchen wir einen neuen Textbegriff?* Frankfurt am Main u.a.: Lang, 163–182.

—— (2004): *Textlinguistik.* Eine einführende Darstellung. Tübingen: Niemeyer.

—— (2011): „Textsortennetze.“ Stephan Habscheid (Hrsg.): *Textsorten, Handlungsmuster, Oberflächen. Typologien der Kommunikation.* Berlin, Boston: de Gruyter 2011, 367–385.

—— (online): „Textsorten in der akademischen Welt.“ http://www.unige.ch/lettres/alman/adamzik/akt/adamzik_vernetzung_preprint.pdf (12.12.2011).

Ammon, Ulrich (1990): „Schwierigkeiten der deutschen Sprachgemeinschaft aufgrund der Dominanz der englischen Sprache.“ Spillner, Bernd (Hrsg.) (1990): *Interkulturelle Kommunikation.* Frankfurt am Main, Bern, New York, Paris: Lang, 68–70.

—— (1996): „Mehrsprachigkeit in Wissenschaft und Technik.“ Goebl, Hans et al. (Hrsg.) (1996): *Ein internationales Handbuch zeitgenössischer Forschung.* Berlin, New York: de Gruyter, 421–426.

—— (1997): „Heutige Fachsprachen im interkulturellen Austausch I: die Stellung der deutschen Wissenschaftssprachen außerhalb des deutschen Sprachgebiets.“

Hoffmann, Lothar et al. (Hrsg.) (1997): *Ein internationales Handbuch zur Fachsprachenforschung und Terminologiewissenschaft*. Berlin: de Gruyter, 809–819.

—— (2000): „Geltungsverlust und Geltungsgewinn der deutschen Sprache seit der Mitte des 20. Jahrhunderts." Besch, Werner et al. (Hrsg.) (2000): *Ein Handbuch zur Geschichte der deutschen Sprache und ihrer Erforschung*. Berlin, New York: de Gruyter, 2185–2190.

—— (2001): "English as a Future Language of Teaching at German Universities? A Question of Difficult Consequences, Posed by the Decline of German as a Language of Science." Ammon, Ulrich (Ed.) (2001): *The Dominance of English as a Language of Science. Effects on Other Languages and Language Communities*. Berlin, New York: de Gruyter, 343–362.

—— (2007): „Die Folgen der EU-Erweiterung für die deutsche Sprache – mit Hinweisen auf die Sprachenpolitik der deutschsprachigen Länder." Ammon, Ulrich et al. (Hrsg.) (2007): *Sociolinguistica Jahrbuch*. Berlin, New York: de Gruyter, 128–137.

Antos, Gerd (2000): „Ansätze zur Erforschung der Textproduktion." Brinker, Klaus et al. (Hrsg.) (2000): *An International Handbook of Contemporary Research / Ein internationales Handbuch zeitgenössischer Forschung*. Berlin, New York: de Gruyter, 105–112.

Arntz, Reiner (2001): *Fachbezogene Mehrsprachigkeit in Recht und Technik*. Hildesheim: Olms.

Ballmer, Thomas T. (1976): "Macrostructures." Dijk, Teun A. van (Ed.) (1976): *Pragmatics of Language and Literature*. Amsterdam, Oxford: North-Holland Publishing Company, 1–22.

Bartschat, Brigitte (1996): *Methoden der Sprachwissenschaft*. Von Herman Paul bis Noam Chomsky. Berlin: Erich Schmidt.

Baumann, Klaus-Dieter (1992a): *Integrative Fachtextlinguistik*. Tübingen: Narr.

—— (1992b): „Die Fachlichkeit von Texten als eine komplexe Vergleichsgröße." Baumann, Klaus-Dieter / Kalverkämper, Hartwig (Hrsg.) (1992): *Kontrastive Fachsprachenforschung*. Tübingen: Narr, 29–48.

—— (1997): „Textuelle Eigenschaften von Fachsprachen." Hoffmann, Lothar et al. (Hrsg.) (1997): *Fachsprachen. Ein internationales Handbuch zur Fachsprachenforschung und Terminologiewissenschaft*. 1. Halbband. Berlin, New York: de Gruyter, 408–416.

—— (2001): *Kenntnissysteme im Fachtext*. Egelsbach u.a.: Hänsel-Hohenhausen.

—— (2004): „Emotionen in der Fachkommunikation: Ein kommunikativ-kognitiver Untersuchungsansatz." Baumann, Klaus-Dieter / Kalverkämper, Hartwig (Hrsg.) (2004): *Pluralität in der Fachsprachenforschung*. Tübingen: Narr, 83–115.

—— (2008): „Fachtexte-in-Vernetzung aus interdisziplinärer Sicht." Barz, Irmhild / Fix, Ulla (Hrsg.) (2008): *Fachtextsorten – Gestern und Heute. Ingrid Wiese zum 65. Geburtstag*. Frankfurt am Main: Lang, 109–127.

—— (2009): „Sprache in Naturwissenschaften und Technik." Fix, Ulla et al. (Hrsg.) (2009): *Rhetorik und Stilistik*. Teilband 2. Berlin, New York: de Gruyter, 2241–2257.

—— (2011): „Fachliche Intertextualität – ein interdisziplinärer Untersuchungsansatz." Baumann, Klaus-Dieter (Hrsg.) (2011) *Fach – Translat – Kultur. Interdisziplinäre Aspekte der vernetzten Vielfalt. Hartwig Kalverkämper zum 60. Geburtstag*. Berlin: Frank & Timme, 21–81.

Baurmann, Jürgen (1989): „Empirische Schreibforschung." Antos, Gerd / Krings, Hans P. (Hrsg.) (1989): *Textproduktion. Ein interdisziplinärer Forschungsüberblick*. Tübingen: Niemeyer, 257–277.

Bazerman, Charles (1984): "Modern Evolution of the Experimental Report in Physics: Spectroscopic Articles in Physical Review, 1893–1980." *Social Studies of Science* 14, 163–196.

Beaugrande, Robert Alain de / Dressler, Wolfgang Ulrich (1981): *Einführung in die Textlinguistik*. Tübingen: Niemeyer.

Beaugrande, Robert Alain de (1984): *Text production: Toward a science of composition*. Norwood, N. J.: Ablex.

Bizzell, Patricia (1982): "Cognition, convention, and certainty: What we need to know about writing." *Pre/Text* 3, 213–244.

Blakeslee, Ann M. (1994): "The Rhetorical Construction of Novelty: Presenting Claims in a Letters Forum." *Science, Technology, & Human Values* 19/1, 88–100.

Bloch, Joel (2003): "Creating materials for teaching evaluation in academic writing: Using letters to the editor in L2 composition courses." *English for Specific Purposes* 22, 347–364.

Bohn, Rainer (2001): „Schriftliche Sprachproduktion." Helbig, Gerhard et al. (Hrsg.) (2001): *Deutsch als Fremdsprache. Ein internationales Handbuch.* Berlin, New York: de Gruyter, 921–931.

Börner, Wolfgang (1989a): „Planen und Problemlösen im fremdsprachlichen Schreibprozeß: Einige empirische Befunde." Klenk, Ursula et al. (Hrsg.) (1989): *Variatio linguarum: Beiträge zu Sprachvergleich und Sprachentwicklung.* Festschrift zum 60. Geburtstag von Gustav Ineichen. Stuttgart: Steiner, 43–62.

—— (1989b): „Didaktik schriftlicher Textproduktion in der Fremdsprache." Antos, Gerd / Krings Hans P. (Hrsg.) (1989): *Textproduktion.* Ein interdisziplinärer Forschungsüberblick. Tübingen: Niemeyer, 348–376.

Breuer, Hans (1995): *dtv-Atlas zur Informatik.* Tafeln und Texte. München: Deutscher Taschenbuch Verlag.

Brockhaus (2005): *Brockhaus Enzyklopädie.* Leipzig, Mannheim: Brockhaus.

Broich, Ulrich (1985): „Intertextualität in Fieldings Joseph Andrews." Broich, Ulrich / Pfister, Manfred (Hrsg.) (1985): *Intertextualität.* Tübingen: Niemeyer, 262–278.

Buhlmann, Rosemarie / Fearns, Anneliese (2000): *Handbuch des Fachsprachenunterrichts.* Tübingen: Narr.

Busch-Lauer, Ines-Andrea (1992): „Zur Rolle der Metakommunikation in englischen Fachtexten." Gläser, Rosemarie (Hrsg.) (1992): *Aktuelle Probleme der anglistischen Fachtextanalyse.* Frankfurt am Main u.a.: Lang, 48–58.

—— (2009): „Funktionale Varietäten und Stil." Fix, Ulla et al. (Hrsg.) (2009): *Rhetorik und Stilistik.* Teilband 2. Berlin, New York: de Gruyter, 1722–1738.

Christmann, Ursula (2008): „Rhetorisch-stilistische Aspekte moderner Verstehens- und Verständlichkeitsforschung." Fix, Ulla et al. (Hrsg.) (2008): *Rhetorik und Stilistik. Ein internationales Handbuch historischer und systematischer Forschung.* Berlin, New York: de Gruyter, 1092–1106.

Clemen, Gudrun (1997): "The Concept of Hedging: Origins, Approaches and Definitions." Markkanen, Raija / Schröder, Hartmut (Eds.) (1997): *Hedging and Discourse. Approaches to the Analysis of a Pragmatic Phenomenon on Academic Texts.* Berlin, New York: de Gruyter, 235–248.

—— (1998): *Hecken in deutschen und englischen Texten der Wirtschaftskommunikation. Eine kontrastive Analyse.* [Diss.] www.ub.uni-siegen.de/epub/diss/clemen.htm (10.12.2009).

Clyne, Micheal (1981): "Culture and Discourse Structure." *Journal of Pragmatics* 5, 61–66.

—— (1987): "Cultural Differences in the Organisation of Academic Texts." *Journal of Pragmatics* 11, 211–247.

—— (1991): "The Sociocultural Dimension: The Dilemma of the German-speaking Scholar." Schröder, Hartmut (Ed.) (1991): *Subject-oriented Texts – Languages for Special Purposes and Text Theory.* Berlin, New York: Walter de Gruyter, 49–57.

—— (1993): „Pragmatik, Textstruktur und kulturelle Werte. Eine interkulturelle Perspektive." Schröder, Hartmut (Hrsg.) (1993): *Fachtextpragmatik.* Tübingen: Narr, 3–18.

—— (1994): *Inter-cultural communication at work.* Cultural values in discourse. Cambridge, New York, Melbourne: Cambridge University Press.

Dijk, Teun A. van (1976): "Narrative Macro-Structures. Logical and Cognitive Foundations." *A Journal for Descriptive Poetics and Theory of Literature* 1, 547–568.

—— (1980): *Macrostructures.* Hillsdales, New Jersey: Erlbaum.

Drescher, Martina (2003): „Sprache der Wissenschaft, Sprache der Vernunft? Zum affektleeren Stil in der Wissenschaft." Habscheid, Stefan / Fix, Ulla (Hrsg.) (2003): *Gruppenstile. Zur sprachlichen Inszenierung sozialer Zugehörigkeit.* Frankfurt a. Main u.a.: Lang, 53–79.

Falkenburg, Brigitte (1997): „Das Verhältnis von formalen Sprachen und verbalen Fachsprachen in den neueren Naturwissenschaften." Hoffmann, Lothar et al. (Hrsg.) (1997): *An International Handbook of Special-Language and Termino-*

logy Research / Ein internationales Handbuch zur Fachsprachenforschung und Terminologiewissenschaft. Berlin: de Gruyter, 910–921.

Fiedler, Sabine (1991): *Fachtextlinguistische Untersuchungen zum Kommunikationsbereich der Pädagogik – dargestellt an relevanten Fachtextsorten im Englischen.* Leipziger Fachsprachenstudien-Studien 1. Frankfurt am Main et al.: Lang.

Figge, Udo L. (2000): "Die kognitive Wende in der Textlinguistik." Brinker, Klaus at al. (Hrsg.) (2000): *An International Handbook of Contemporary Research / Ein internationales Handbuch zeitgenössischer Forschung.* Berlin, New York: de Gruyter, 96–104.

Fix, Ulla / Habscheid, Stephan / Klein, Josef (Hrsg.) (2001): *Zur Kulturspezifik von Textsorten.* Tübingen: Stauffenburg-Verlag (Brigitte Narr GmbH).

Fleck, Ludwik (1980 [1935]): *Entstehung und Entwicklung einer wissenschaftlichen Tatsache. Einführung in die Lehre vom Denkstil und Denkkollektiv.* Frankfurt am Main: Suhrkamp.

Flower, Linda / Hayes, John R. (1981): "A Cognitive Process Theory of Writing." *College Composition and Communication* 32/4, 365–387.

Fluck, Hans-Rüdiger (1988): „Analyse und Vermittlung der Textsorte ‚Abstract'." Gnutzmann, Claus (1988) (Hrsg.): *Fachbezogener Fremdsprachenunterricht.* Tübingen: Narr, 67–90.

—— (1997): *Fachdeutsch in Naturwissenschaft und Technik.* Heidelberg: Groos.

—— (2010): „Fach- und Wissenschaftssprachen in den Naturwissenschaften." Krumm, Hans-Jürgen et. Al. (Hrsg.) (2010): *Deutsch als Fremd- und Zweitsprache. Ein internationales Handbuch.* Berlin, New York. De Gruyter, 477–486.

Friedlander, Alexander (1990): „Composing in English: effects of a first language on writing in English as a second language." Kroll, Barbara (Ed.) (1996): *Second Language Writing. Research insights for the classroom.* Cambridge et al.: Cambridge University Press, 109–125.

Galtung, Johan (1985): „Struktur, Kultur und intellektueller Stil. Ein vergleichender Essay über sachsonische, teutonische, gallische und nipponische Wissenschaft."

Wierlacher, Alois (Hrsg.) (1985): *Das Fremde und das Eigene.* Prolegomena zu einer interkulturellen Germanistik. München: Iudicium, 151–193.

Gauger, Hans-Martin (2000): „Warum nicht Englisch?" Debus, Friedhelm / Kollmann, Franz Gustav (Hrsg.) (2000):*Deutsch als Wissenschaftssprache im 20. Jahrhundert.* Vorträge des Internationalen Symposiums vom 18./19. Januar 2000. Mainz: Akademie der Wissenschaften und der Literatur. Stuttgart: Steiner, 19–44.

Gerbert, Manfred (1970): *Besonderheiten der Syntax in der technischen Fachsprache des Englischen.* Halle (Saale): Niemeyer.

Gläser, Rosemarie (1979): *Fachstile des Englischen.* Leipzig: Verlag Enzyklopädie.

—— (1990): *Fachtextsorten im Englischen.* Tübingen: Narr.

—— (1992): „Methodische Konzepte für das Tertium compartionis in der Fachsprachenforschung – dargestellt an anglistischen und nordistischen Arbeiten." Baumann, Klaus-Dieter / Kalverkämper, Hartwig (Hrsg.) (1992): *Kontrastive Fachsprachenforschung.* Tübingen: Narr, 78–92.

—— (1995): *Linguistic Features and Genre Profiles of Scientific English.* Frankfurt am Main u.a.: Lang.

—— (1997): „Fachtextsorten der Wissenschaftssprachen I: der wissenschaftliche Zeitschriftenaufsatz." Hoffmann, Lothar et al. (Hrsg.) (1997): *An International Handbook of Special-Language and Terminology Research / Ein internationales Handbuch zur Fachsprachenforschung und Terminologiewissenschaft.* Berlin: de Gruyter, 482–488.

Gledhill, Christopher J. (2000): *Collocations in Science Writing.* Tübingen: Narr.

Gnutzmann, Claus / Lange, Regina (1990): „Kontrastive Textlinguistik und Fachsprachenanalyse." Gnutzmann, Claus (Hrsg.) (1990): *Kontrastive Linguistik.* Frankfurt am Main u.a.: Lang, 85–116.

Gnutzmann, Claus (1992): „Kontrastive Fachtextlinguistik als Projektaufgabe: Theoretische Fragen und praktische Antworten." Baumann, Klaus-Dieter / Kalverkämper, Hartwig (Hrsg.) (1992): *Kontrastive Fachsprachenforschung.* Tübingen: Narr, 266–275.

—— (2009): „Language for specific purposes vs. general language.“ Knapp, Karlfried / Seidlhofer, Barbara (Hrsg.) (2009): *Handbook of Foreign Language Communication and Learning.* Berlin: de Gruyter, 517–544.

Göbel, Rudolf (Hrsg.) (2005): *Wissensspeicher Physik.* Berlin: Cornelsen.

Göhring, Heinz (1999): „Interkulturelle Kommunikation.“ Snell-Hornby, Mary et al. (Hrsg.) (1999): *Handbuch Translation.* Tübingen: Narr, 112–115.

Göpferich, Susanne (1995): *Textsorten in Naturwissenschaft und Technik. Pragmatische Typologie – Kontrastierung – Translation.* Tübingen: Narr.

—— (1998): *Interkulturelles Technical Writing. Fachliches adressatengerecht vermitteln.* Tübingen: Narr.

—— (2004): „Sprachwissenschaftliche Übersetzungsanalysen und Übersetzungsvergleiche am Beispiel von technischen Texten.“ Kittel, Harald et al. (Hrsg.) (2004): *Ein internationales Handbuch zur Übersetzungsforschung.* Berlin, New York: de Gruyter.

—— (2006): *Textproduktion im Zeitalter der Globalisierung. Entwicklung einer Didaktik des Wissenstransfers.* Tübingen: Narr.

Görlach, Manfred (2000): „Englisch als neuer Typ von Weltsprache und europäische Nationalsprachen.“ Besch, Werner et al. (Hrsg.) (2000): *Ein Handbuch zur Geschichte der deutschen Sprache und ihrer Erforschung.* Berlin, New York: de Gruyter, 1117–1123.

Grabe, William / Kaplan, Robert B. (1996): *Theory & Practice of Writing.* New York: Addison Wesley Longman.

Grabe, William (2003): „Reading and writing relations: Second language perspectives on research and practice.“ Kroll, Barbara (Ed.) (2003): *Exploring the Dynamics of Second Language Writing.* Cambridge u. a.: Cambridge University Press, 242–262.

Graefen, Gabriele (1994): „Wissenschaftstexte im Vergleich. Deutsche Autoren auf Abwegen?“ Brünner, Gisela / Graefen, Gabriele (Hrsg.) (1994): *Texte und Diskurse. Methoden und Forschungsergebnisse der funktionalen Pragmatik.* Opladen: Westdeutscher Verlag, 136–157.

—— (1997): *Der wissenschaftliche Artikel – Textart und Textorganisation.* Frankfurt am Main u. a.: Lang.

—— (2000): „Hedging als neue Kategorie? Ein Beitrag zur Diskussion." http://www.daf.uni-muenchen.de/downloads/hedge.pdf (04.02.2010).

Griffig, Thomas (2005): *Intertextualität in linguistischen Fachaufsätzen des Englischen und Deutschen.* http://darwin.bth.rwth-aachen.de/opus/volltexte/2005/1314/pdf/Griffig_Thomas.pdf (10.06.2012).

Gunawardena, Charlotte N. (1989): "The Present Perfect in the Rhetorical Divisions of Biology and Biochemistry Journal Articles." *English for Specific Purposes* 8, 265–273.

Heinemann, Margot / Heinemann, Wolfgang (2002): *Grundlagen der Textlinguistik.* Interaktion – Text – Diskurs. Tübingen: Niemeyer.

Heinemann, Wolfgang (2001): „Aspekte der Textsortendifferenzierung." Brinker, Klaus et al. (Hrsg.) (2001): *Text- und Gesprächslinguistik. / Discourse and Conversation. Ein internationales Handbuch zeitgenössischer Forschung*. Berlin, New York: de Gruyter, 507–546.

Heinemann, Wolfgang / Viehweger, Dieter (1991): *Textlinguistik: Eine Einführung.* Tübingen: Niemeyer.

Helbig, Jörg (1996): *Intertextualität und Markierung*. Heidelberg: Universitätsverlag Winter.

Hinkel, Eli (2004): "Tense, Aspect and the Passive Voice in L1 and L2 Academic Texts." *Language Teaching Research* 5, 5–29.

Hoffmann, Lothar (1976): *Kommunikationsmittel Fachsprache. Eine Einführung*. Berlin: Akademie-Verlag.

—— (1988): *Vom Fachwort zum Fachtext*. Tübingen: Narr.

—— (1997): „Fachtextsorten: eine Konzeption für die fachbezogene Fremdsprachenausbildung." Hoffmann, Lothar et al. (Hrsg.) (1997): *An International Handbook of Special-Language and Terminology Research / Ein internationales Handbuch zur Fachsprachenforschung und Terminologiewissenschaft*. Berlin: de Gruyter, 468–482.

—— (1998): „Anwendungsmöglichkeiten und bisherige Anwendung von linguistischen Methoden in der Fachsprachenforschung." Hoffmann, Lothar et al. (Hrsg.) (1998): *Fachsprachen. Ein internationales Handbuch zur Fachspra-*

chenforschung und Terminologiewissenschaft. Berlin, New York: de Gruyter, 249–269.

—— (2004): „Fachsprache / Language of Specific Purposes.“ Ammon, Ulrich et al. (Hrsg.) (2004): *An International Handbook of the Science of Language and Society / Ein internationales Handbuch zur Wissenschaft von Sprache und Gesellschaft.* Berlin, New York: de Gruyter, 232–238.

—— (2005): “Fachsprachenforschung. Research on Languages for Special Purposes.” Ammon, Ulrich et al. (Hrsg.) (2005*): An International Handbook of the Science of Language and Society / Ein internationales Handbuch zur Wissenschaft von Sprache und Gesellschaft.* Berlin, New York: de Gruyter, 1385–1394.

Holthuis, Susanne (1993): *Intertextualität. Aspekte einer rezeptionsorientierten Konzeption.* Tübingen: Stauffenburg.

Hornung, Wolfgang (1983): „Zu den Fachsprachen der Mathematik und der Physik: Beschreibung von Parallelitäten und Unterschieden im Hinblick auf einen fertigkeitsorientierten Fachsprachenunterricht.“ Kelz, Heinrich P. (Hrsg.) (1983): *Sprachanalyse und Vermittlungsmethoden.* Bd. 1 von *Fachsprache.* Dokumentation einer Tagung der Otto Benecke Stiftung zur Analyse von Fachsprachen und zur Vermittlung von fachsprachlichen Kenntnissen in der Ausbildung von Flüchtlingen in der Bundesrepublik Deutschland. Bonn: Dümmler, 194–224.

Hyland, Ken (1994): “Hedging in Academc Writing and EAP Textbooks.” *English for Specific Purposes* 13/3, 239–256.

—— (1996a): “Talking to the Academy: Forms of Hedging in Science Research Article.” *Written Communication* 13, 251–281.

—— (1996b). “Writing Without Conviction? Hedging in Science Research Articles.” Applied Linguistics 17/4, 433–454.

—— (2006a): *Englisch for Academic Purposes.* Abingdon, New York: Routledge.

—— (2006b): “Disciplinary Differences: Language Variation in Academic Discourses.” Hyland, Ken / Bondi, Marina (Eds.) (2006): *Academic Discourse Across Disciplines.* Bern u.a.: Lang, 17–48.

IEEE (2007): “Information for Author.” http://www.ieee.org/portal/cms_docs/pubs/transactions/auinfo03.pdf (23.2.2011).

Jahr, Silke (2004): „Eine Frame-Struktur zur Beschreibung des Wissenstransferprozesses“. Wichter, Sigurd / Stenschke, Oliver (Hrsg.) (2004): *Theorie, Steuerung und Medien des Wissenstransfers*. Frankfurt am Main u.a.: Peter Lang, S. 33–44.

Jakobs, Eva-Maria (1999): *Textvernetzung in den Wissenschaften.* Zitat und Verweis als Ergebnis rezeptiven, reproduktiven und produktiven Handelns. Tübingen: Niemeyer.

Kalverkämper, Hartwig (1990): „Gemeinsprache und Fachsprache – Plädoyer für eine integrierende Sichtweise.“ Stickel, Gerhard (Hrsg.) (1990): *Deutsche Gegenwartssprache Tendenzen und Perspektiven.* Berlin, New York: de Gruyter, 88–133.

—— (Hrsg.) (1992): *Kontrastive Fachsprachenforschung.* Tübingen: Narr, 123–135.

—— (1992a): „Das fachliche Bild. Zeichenprozesse in der Darstellung wissenschaftlicher Ergebnisse.“ Schröder, Hartmut (Hrsg.) (1993): *Fachtextpragmatik.* Tübingen: Narr, 215–238.

—— (1992b): „Hierarchisches Vergleichen als Methode in der Fachsprachenforschung.“ Baumann, Klaus-Dieter / Kalverkämper, Hartwig (Hrsg.) (1992): *Kontrastive Fachsprachenforschung.* Tübingen: Narr, 61–77.

—— (1995): „Fachinformationen für Laien mit lexikographischen Formen in Texten.“ *Lexicographica* 11, 74–120.

—— (1996): „Im Zentrum der Interessen: Fachkommunikation als Leitgröße.“ *Journal of Linguistics* 16, 117–176.

—— (1997): „Fachsprache und Fachsprachenforschung.“ Hoffmann, Lothar et al. (Hrsg.) (1997): *An International Handbook of Special-Language and Terminology Research / Ein internationales Handbuch zur Fachsprachenforschung und Terminologiewissenschaft*. Berlin: de Gruyter, 48–59.

Kanoksilapatham, Budsaba (2005): “Rhetorical Structure of Biochemistry Research Articles.” *English for Specific Purposes* 24, 269–292.

Kaplan, Robert B. (1966): “Cultural Thought Patterns in Inter-Cultural Education.” *Language Learning* 16, 1–20.

—— (1987): “Cultural Thought Patterns Revisited.” Connor, Ulla / Kaplan Robert B. (Eds.) (1987): *Writing across Languages.* Analysis of L2-Texts. Reading u. a.: Addison-Wesley, 9–21.

Kaplan, Robert B. / Grabe, William (1991): “The Fiction in Science Writing.” Schröder, Hartmut (Ed.) (1991): *Subject-oriented Texts.* Languages for Special Purposes and Text Theory. Berlin, New York: de Gruyter, 199–217.

Klein, Josef (2000): „Intertextualität, Geltungsmodus, Texthandlungsmuster.“ Adamzik, Kirsten (Hrsg.) (2000): *Textsorten. Reflexionen und Analyse.* Tübingen: Stauffenburg, 31–44.

Klammer, Katja (2010): *Denkstilanalyse anhand deutscher und englischer Handbuchtexte zur Audiotechnik.* Hamburg: Dr. Kovac.

Klemm, Michael (2002a): „Ausgangspunkte: Jedem seinem Textbegriff? Textdefinitionen im Vergleich.“ Fix, Ulla et al. (Hrsg.) (2002): *Brauchen wir einen neuen Textbegriff?* Frankfurt am Main u.a.: Lang, 17–30.

—— (2002b): „Wie hältst Du’s mit dem Textbegriff? Pragmatische Antworten auf eine Gretchenfrage der (Text-)Linguistik.“ Fix, Ulla et al. (Hrsg.) (2002): *Brauchen wir einen neuen Textbegriff?* Frankfurt am Main u.a.: Lang, 143–162.

Krashen, Stephen D. (2009): *Principles and Practice in Second Language Acquisition.* Internet edition. www.sdkrashen.com (19.08.2010).

Kretzenbacher, Heinz L. (1990): *Rekapitulation. Textstrategien der Zusammenfassung von wissenschaftlichen Fachtexten.* Tübingen: Forum für Fachsprachenforschung, 11.

—— (1991): „Rekapitulation. Analyse einer Textsorte der wissenschaftlichen Fachsprache.“ *Zeitschrift für germanistische Linguistik* 19.1, 49–70.

Kretzenbacher, Heinz L. / Thurmair, Maria (1992): „Textvergleich als Grundlage zur Beschreibung einer wissenschaftlichen Textsorte: Das Peer Review.“ Baumann, Klaus-Dieter / Kalverkämper, Hartwig (Hrsg.) (1992): *Kontrastive Fachsprachenforschung.* Tübingen: Narr, 135–146.

Kretzenbacher, Heinz L. (1995): „Wie durchsichtig ist die Sprache der Wissenschaften?“ Kretzenbacher, Heinz L. / Weinrich, Harald (Hrsg.) (1995): *Linguistik der Wissenschaftssprache.* Berlin, New York: de Gruyter, 15–154.

Krings, Hans P. (1989): „Schreiben in der Fremdsprache – Prozessanalysen zum ‚vierten skill'." Antos, Gerd / Krings Hans P. (Hrsg.) (1989): *Textproduktion. Ein interdisziplinärer Forschungsüberblick*. Tübingen: Niemeyer, 377–436.

—— (1994): "What do we know about writing processes in L2? The state of the art." Pogner, Karl-Heinz (Ed.) (1994): *More about Writing. Odense Working Papers in Language and Communication*. Odense: Universitets Trykkeri, 115–140.

Kristeva, Julia (1967) : « Bakhtine, le mot, le dialogue et le roman. » *Critique* 239, 438–465.

Kuhn, Wilfried (Hrsg.) (2006): *Lehrbuch der Physik*. Braunschweig: Westermann.

Lakoff, George P. (1972): "Hedges: A Study in Meaning Criteria and the Logic of Fuzzy Concepts." *Journal of Philosophical Logic* 2:4 (1973), 458–508.

Ludwig, Otto (1983): „Einige Gedanken zu einer Theorie des Schreibens." Grosse, Siegfried (Hrsg.) (1983): *Schriftsprachlichkeit*. Düsseldorf: Schwann-Bagel, 37–73.

Magnet, Anne / Carnet, Didier (2006): "Letters to the editor: Still vigorous after all these years? A presentation of the discursive and linguistic features of the genre." *English for Specific Purposes* 25, 173–199.

Malcolm, Lois (1987): "What Rules Govern Tense Usage in Scientific Articles?" *English for Specific Purposes* 6, 31–43.

Minogue, Angela / Weber, Siegfried (1992): „Der Textvergleich als Untersuchungsmethode in der Fachsprachenforschung." Baumann, Klaus-Dieter / Kalverkämper, Hartwig (Hrsg.) (1992): *Kontrastive Fachsprachenforschung*. Tübingen: Narr, 49–60.

Niederhauser, Jürg (2009): „Rhetorik und Stilistik in den Naturwissenschaften." Fix, Ulla et al. (Hrsg.) (2009): *Rhetorik und Stilistik*. Teilband 2. Berlin, New York: de Gruyter, 1949–1965.

Noelle-Neumann, Elisabeth / Petersen, Thomas (1998): *Alle, nicht jeder. Einführung in die Methoden der Demoskopie*. Berlin u.a.: Springer.

Nordmann, Marianne (1993): „Rhythmus im Fachtext." Schröder, Hartmut (Hrsg.) (1993): *Fachtextpragmatik*. Tübingen: Narr, 291–306.

Nöth, Winfried (2000): „Der Zusammenhang von Text und Bild." Brinker, Klaus at al. (Hrsg.) (2000): *An International Handbook of Contemporary Research / Ein internationales Handbuch zeitgenössischer Forschung.* Berlin, New York: de Gruyter, 489–496.

Oldenburg, Hermann (1992a): *Angewandte Fachtextlinguistik – Conclusions und Zusammenfassungen.* Tübingen: Narr.

—— (1992b): „Zusammenfassungen und Conclusions im Vergleich: Empirische Ergebnisse und praktische Perspektiven." Baumann, Klaus-Dieter / Kalverkämper, Hartwig (Hrsg.) (1992): *Kontrastive Fachsprachenforschung*. Tübingen: Narr, 123–134.

Olszewska, Danuta (2016): „Über stilistische Invarianten in wissenschaftlichen Texten auf der Meta-Ebene." Nycz, Krzysztof / Baumann, Klaus-Dieter / Kalverkämper, Hartwig (Hrsg.) (2016): *Fachsprachenforschung in Polen.* Berlin: Frank & Timme, 149–184.

Perelman, Chaim / Olbrechts-Tyteca, Lucie (2004): *Die neue Rhetorik. Eine Abhandlung über das Argumentieren.* Stuttgart-Bad Cannstadt: Frommann-Holzboog.

Pfister, Manfred (1985): „Konzepte der Intertextualität." Broich, Ulrich / Pfister, Manfred (Hrsg.) (1985): *Intertextualität. Formen, Funktionen, anglistische Fallstudien*. Tübingen: Niemeyer, 1–30.

—— (1987): „Intertextualität." *Moderne Literatur in Grundbegriffen*, 197–200.

Pörksen, Uwe (1998): „Deutsche Sprachgeschichte und die Entwicklung der Naturwissenschaften. – Aspekte einer Geschichte der Naturwissenschaftssprache und ihrer Wechselbeziehung zur Gemeinsprache." Besch, Werner et al. (Hrsg.) (1998): *Ein Handbuch zur Geschichte der deutschen Sprache und ihrer Erforschung.* Berlin, New York: de Gruyter, 193–210.

—— (2001): „Was spricht dafür, das Deutsche als Sprache der Naturwissenschaften zu erhalten?" Vortrag in der Sitzung der Deutschen Akademie der Naturforscher Leopoldina am 12. Dezember 2000 in Halle (Saale). Heidelberg: Barth.

Reiß, Katharina / Vermeer, Hans J. (1984): *Grundlegung einer allgemeinen Translationstheorie.* Tübingen: Niemeyer.

Salager-Meyer, Françoise (1994): „Hedges and Textual Communicative Function in Medical English Written Discourse.“ *English for Specific Purposes* 13, 149–170.

Samraj, Betty (2002): “Introductions in Research Articles: Variations across Disciplines.” *English for Specific Purposes* 21, 1–17.

—— (2005): “An Exploration of a Genre Set: Research Article Abstracts and Introductions in Two Disciplines.” *English for Specific Purposes* 24, 141–156.

Sanderson, Tasmin (2009): „Kontrastive Fachtextpragmatik deutsch- und englischsrachiger wissenschaftlicher Texte: Danksagungen im interlingualen Vergleich.“ Adamzik, Kirsten / Krause, Wolf-Dieter (Hrsg.): *Text-Arbeiten. Textsorten im fremd- und muttersprachlichen Unterricht an Schule und Hochschule*. Tübingen: Narr, 62–85.

Sandig, Barbara (2000): „Text als prototypisches Konzept.“ Mangasser-Wahl, Martina (Hrsg.) (2000): *Prototypentheorie in der Linguistik*. Anwendungsbeispiele – Methodenreflexion – Perspektiven. Tübingen: Stauffenburg, 93–112.

Schiewe, Jürgen (2000): „Von Latein zu Deutsch, von Deutsch zu Englisch. Gründe und Folgen des Wechsels von Wissenschaftssprachen.“ Debus, Friedhelm / Kollmann, Franz Gustav (Hrsg.) (2000): *Deutsch als Wissenschaftssprache im 20. Jahrhundert*. Vorträge des Internationalen Symposiums vom 18./19. Januar 2000. Mainz: Akademie der Wissenschaften und der Literatur. Stuttgart: Steiner, 81–104.

Schinzel, Britta (2004): „Kulturunterschiede beim Frauenanteil im Informatikstudium.“ http://mod.iig.uni-freiburg.de/fileadmin/publikationen/online-publikationen/Informatik.Frauen.Deutschland.pdf (24.03.2010).

Schnotz, Wolfgang (2003): „Informationsintegration mit Sprache und Bild.“ Rickheit, Gert et al. (2003) (Hrsg.): *Psycholinguistics / Psycholinguistik. An International Handbook / Ein internationales Handbuch*. Berlin, New York: de Gruyter, 577–587.

Schumacher, Jana (2008): *Kulturspezifische Kommunikationsstrategien deutscher Wissenschaftler in englischsprachigen Fachzeitschriftenartikeln der Informatik*. Hamburg: Kovac.

Schweigkofler, Anny (2007): *Intertextualität beim Erwerb einer fremden Fachsprache*. Hamburg: Kovac.

Seidlhofer, Barbara (2005): „English as a lingua franca.“ *ELT Journal* 59/4, 339–341.

Shaw, Philip (2006): "Relations between Text and Mathematics across Disciplines." Hyland, Ken / Bondi, Marina (Ed.) (2006): *Academic Discourse Across Disciplines*. Bern u.a.: Lang, 103–122.

Silyn-Roberts, Heather (2000): *Writing for Science and Engineering: Papers, Presentations, and Reports*. Oxford: Butterworth-Heinemann.

Skelton, John (1997): "How to Tell the Truth in *The British Medical Journal*: Patterns of Judgement im the 19th and 20th Centuries." Markkanen, Raija / Schröder, Hartmut (Eds.) (1997): *Hedging and Discourse. Approaches to the Analysis of a Pragmatic Phenomenon on Academic Texts*. Berlin, New York: de Gruyter, 42–63.

Skudlik, Sabine (1990): *Sprachen in den Wissenschaften – Deutsch und Englisch in der internationalen Kommunikation*. Tübingen: Narr.

Soler, Viviana (2007): "Writing Titles in Science: An Exploratory Study." *English for Specific Purposes* 26, 90–102.

Spillner, Bernd (1978): „Textsorten im Sprachvergleich. Ansätze zu einer kontrastiven Textologie.“ Kühlwein, Wolfgang et al. (Hrsg.) (1981): *Kontrastive Linguistik und Übersetzungswissenschaft*. Akten des internationalen Kolloquiums Trier/Saarbrücken 25.–30. 9. 1978. München: Fink, 239–250.

—— (1983a): „Zur kontrastiven Analyse von Fachtexten – am Beispiel der Syntax von Wetterberichten.“ *Zeitschrift für Literaturwissenschaft und Linguistik*, 13:51/52, 110–123.

—— (1983b): „Methodische Aufgaben der Fachsprachenforschung und ihre Konsequenzen für den Fachsprachenunterricht.“ Kelz, Heinrich P. (Hrsg.) (1983): *Sprachanalyse und Vermittlungsmethoden*. Bd. 1 von *Fachsprache*. Dokumentation einer Tagung der Otto Benecke Stiftung zur Analyse von Fachsprachen und zur Vermittlung von fachsprachlichen Kenntnissen in der Ausbildung von Flüchtlingen in der Bundesrepublik Deutschland. Bonn: Dümmler, 16–29.

—— (1996): „Interlinguale Stilkontraste in Fachsprachen.“ Spillner, Bernd (Hrsg.) (1996): *Stil in Fachsprachen*. Frankfurt am Main u.a.: Lang, 105–137.

Stickel, Gerhard (2000): „Deutsch als Wissenschaftssprache an außeruniversitären Forschungseinrichtungen.“ Debus, Friedhelm / Kollmann, Franz Gustav (Hrsg.) (2000): *Deutsch als Wissenschaftssprache im 20. Jahrhundert.* Vorträge des Internationalen Symposiums vom 18./19. Januar 2000. Mainz: Akademie der Wissenschaften und der Literatur. Stuttgart: Steiner, 125–142.

Stolze, Radegundis (1992): *Hermeneutisches Übersetzen. Linguistische Kategorien des Verstehens und Formulierens beim Übersetzen.* Tübingen: Narr.

Swales, John (1990): *Genre Analysis. English in academic and research settings.* Cambridge u.a.: Cambridge University Press.

Tarone, Elaine, et al. (1981): "On the Use of the Passive in Two Astrophysics Journal Papers." Swales, John (Ed.) (1988): *Episodes in ESP. A source and reference book on the development of English for science and technology.* New York: Prentice Hall, 191–205.

Techtmeier, Bärbel (1984): *Das Gespräch. Funktionen, Normen und Strukturen.* Berlin: Akademie-Verlag.

Thomson Reuters (2009): *Journal Citation Reports® Science Edition.*

Vassileva, Irena (1998): "Who am I/who are we in academic writing? A contrastive analysis of authorial presence in English, German, French, Russian and Bulgarian." *International Journal of Applied Linguistics* 8, 163–187.

—— (2004): "The Perception Of Authorship Across Disciplines And Cultures." Kurshid, Ahmad / Rogers, Margaret (Eds.) (2004): *New Directions in LSP studies.* Proceedings of the 14th European Symposium on Language for Special Purposes, 18–22 August 2003. Guildford: The University of Surrey, 140–146.

Veronesi, Daniela (2001): „Metaphern als Wegweiser in Fachtexten – italienische und deutsche rechtswissenschaftliche Artikel im Vergleich.“ Fix, Ulla et al. (Hrsg.) (2007): *Zur Kulturspezifik von Textsorten.* Tübingen: Stauffenburg, 175–192.

Viehweger, Dieter (1976): „Semantische Merkmale und Textstruktur.“ Danes, Frantisek / Viehweger, Dieter (Hrsg.) (1976): *Probleme der Textgrammatik.* Berlin: Akademie-Verlag, 195–206.

Viereck, Wolfgang (1997): „Die Rolle von Fachsprachen im Kontakt von Einzelsprachen I: Englisch–Deutsch im 20. Jahrhundert.“ Hoffmann, Lothar et al. (Hrsg.) (1997): *An International Handbook of Special-Language and Terminology Re-*

search / Ein internationales Handbuch zur Fachsprachenforschung und Terminologiewissenschaft. Berlin: de Gruyter, 764–771.

Vold, Eva Thue (2006): "The Choice and Use of Epistemic Modality Markers in Linguistics and Medical Research Articles." Hyland, Ken / Bondi, Marina (Eds.) (2006): *Academic Discourse Across Disciplines.* Bern u.a.: Lang, 225–252.

Weber, George (1995): "The World's 10 most influential Languages." http://www.andaman.org/BOOK/reprints/weber/rep-weber.htm (20.4.2011).

Weingarten, Rüdiger (1994): „Zur Stilistik der Wissenschaftssprache: Objektivitäts- und Handlungsstil." Brünner, Gisela / Graefen, Gabriele (Hrsg.) (1994): *Texte und Diskurse. Methoden und Forschungsergebnisse der funktionalen Pragmatik.* Opladen: Westdeutscher Verlag, 115–135.

Weinreich, Uriel (1977): *Sprachen in Kontakt.* München: Beck.

Wichter, Sigurd (1997): „Technische Fachsprachen im Bereich der Informatik." Hoffmann, Lothar et al. (Hrsg.) (1997): *An International Handbook of Special-Language and Terminology Research / Ein internationales Handbuch zur Fachsprachenforschung und Terminologiewissenschaft.* Berlin: de Gruyter, 1173–1182.

—— (2009): „Vertikalität von Wissen. Zur vergleichenden Untersuchung von Wissens- und insbesondere Wortschatzstrukturen bei Experten und Laien." *Zeitschrift für Germanistische Linguistik.* 23/3, 284–313.

Widdowson, Henry G. (1979): *Explorations in Applied Linguistics.* Oxford u.a.: Oxford University Press.

Wolff, Dieter (1989): „Zweitsprachliche und muttersprachliche Textproduktion fortgeschrittener Englischlerner im Vergleich." Kettemann, Bernhard at el. (Hrsg.) (1989): *Englisch als Zweitsprache.* Tübingen: Narr, 353–373.

Wrobel, Arne (2000): „Phasen und Verfahren der Produktion schriftlicher Texte." Brinker, Klaus at al. (2000) (Hrsg.): *An International Handbook of Contemporary Research / Ein internationales Handbuch zeitgenössischer Forschung.* Berlin, New York: de Gruyter, 458–472.

Ylönen, Sabine (1993): „Stilwandel in wissenschaftlichen Artikeln der Medizin." Schröder, Hartmut (Hrsg.) (1993): *Fachtextpragmatik.* Tübingen: Narr, 81–98.

Anhang

	Informatik						Physik					
	FZA			Letters			FZA			Letters		
	AE	BE	IE	AE	BE	IE	AE	BE	IE	AE	BE	IE
Abstract	2,1	1	2,5	4,6	4,5	3,2	3,8	2	2,7	4	3	4,9
Introduction	10,4	8,3	11,2	10,8	31,6	18,1	16,1	8,2	13,2	12,6	11,3	17,8
Hauptteil	82,6	80,2	76,4	76,2	57,8	70,1	70,4	84,7	77	75,9	73,8	72,2
Conclusion	2,4	3,6	10,7	4,1	3,4	2,9	6,7	4,4	5,2	6	1,6	3,7
Acknow-ledgements	0,6	1,8	0,3	1,4	0,5	0,9	1,6	0,4	1,1	2,2	2	1,2

Tab. A1: Übersicht über den Umfang der Teiltexte in % vom Gesamttext

	Anzahl Wörter	**Anzahl Substantive**	**Anzahl Schlagworte**	**Davon im Abstract vorh.**
Fachzeitschriftenartikel Info				
IF AE 1	4	4	4	4
IF AE 2	7	4	5	7
IF BE 1	8	2	1	1
IF BE 2	4	3	3	4
IF IE 1	13	5	9	8
IF IE 2	4	2	3	4
		(50 %)		
Letters Info				
IL AE 1	7	3	4	4
IL AE 2	7	3	3	3
IL BE 1	8	3	5	7
IL BE 2	10	6	5	5
IL IE 1	8	4	4	3
IL IE 2	5	3	2	2
		(49 %)		

	Anzahl Wörter	Anzahl Substantive	Anzahl Schlagworte	Davon im Abstract vorh.
Fachzeitschriftenartikel Physik				
PF AE 1	7	2	4	4
PF AE 2	11	4	4	4
PF BE 1	7	4	3	2
PF BE 2	5	3	2	3
PF IE 1	11	7	6	8
PF IE 2	9	5	2	4
		(50 %)		
Letters Physik				
PL AE 1	10	5	5	5
PL AE 2	6	3	4	4
PL BE 1	21	9	6	13
PL BE 2	10	5	4	5
PL IE 1	7	2	5	5
PL IE 2	12	8	9	10
		(48,5 %)		

Tab. A2: Übersicht über die Titel der untersuchten Fachtexte

	Fachzeitschriftenartikel			Letters		
	AE	BE	IE	AE	BE	IE
Sendereinbezug						
1. Pers. Sing.*	1	-	-	-	-	-
1. Pers. Pl.*	121	180	200	68	39	75
3. Pers. Sing./Pl. *	1	1	-	2	1	-
Adressateneinbezug						
Inclusive we	44	17	17	3	15	15
Imperative	15	13	11	18	8	13
3. Pers. Sing/Pl.**	-	1	-	2	-	-
One/you	3	13	7	22	-	-

Tab. A3: Absolute Häufigkeit Personeneinbezug Informatik

	Fachzeitschriftenartikel			Letters		
	AE	BE	IE	AE	BE	IE
Sendereinbezug						
1. Pers. Sing.*	-	-	1	-	-	-
1. Pers. Pl.*	81	53	4	78	58	32
3. Pers. Sing./Pl. *	1	-	2	2	4	1
Adressateneinbezug						
Inclusive we	5	5	1	-	1	2
Imperative	5	7	8	1	14	11
3. Pers. Sing/Pl.**	2	-	-	-	2	-
One/you	1	7	2	-	-	-

Tab. A4: Absolute Häufigkeit Personeneinbezug Physik

Informatik	**Fachzeitschriftenartikel**			**Letters**		
	AE	**BE**	**IE**	**AE**	**BE**	**IE**
Sendereinbezug	3,6	5,5	6,1	3,8	1,7	3,9
Adressaten-einbezug	1,7	0,9	0,8	1,3	1	1,5
Gesamt* **	**5,4**	**6,8**	**7,1**	**6,3**	**2,6**	**5,4**
Physik	**Fachzeitschriftenartikel**			**Letters**		
	AE	**BE**	**IE**	**AE**	**BE**	**IE**
Sendereinbezug	3,5	1,7	0,3	4,7	2,4	2
Adressaten-einbezug	0,5	0,4	0,2	0,1	0,7	0,8
Gesamt* **	**4,1**	**2,3**	**0,4**	**4,8**	**3**	**2,8**

Tab. A5: Übersicht TH Personeneinbezug

* einschließlich Possessivpronomen

** bezogen auf den Adressaten

*** einschließlich der Sonderform you/one

	Kommentierende Elemente					**Gliederungselemente**		**Verweis-elemente**	
	Inhalts-übersicht/ Ankündigung	Rekapitulationen u. Zusammf.	Aufmerksam machen, Hervorheben	Mod. Anführungs-zeichen	Vorgehens-weise	Verbale Gliederungs-elemente	nonverbale Gliederungs-elemente [37]	Verweis-elemente	**Gesamt**
FZA Informatik									
AE	46	13	12	5	-	1	12	14	**103**
BE	17	6	15	5	5	5	9	6	**68**
IE	23	4	10	4	3	1	9	15	**69**
ges.	**86**	**23**	**37**	**14**	**8**	**7**	**30**	**35**	**240**
Letters Informatik									
AE	7	5	10	1	2	-	4	10	**39**
BE	3	3	2	1	1	-	4	16	**30**
IE	4	4	12	2	2	-	6	13	**43**
ges.	**14**	**12**	**24**	**4**	**5**	**-**	**14**	**39**	**112**

37 Je ein Punkt pro Aufzählung und falls Überschriften, Dezimalgliederung vorhanden sind.

	Kommentierende Elemente					Gliederungselemente		Verweis-elemente	
FZA Physik									
AE	10	1	1	1	3	-	5	22	**43**
BE	21	4	4	-	1	3	12	30	**75**
IE	10	5	8	-	13	2	4	44	**86**
ges.	**41**	**10**	**13**	**1**	**17**	**5**	**21**	**96**	**204**
Letters Physik									
AE	2	2	-	2	2	1	2	28	**39**
BE	8	3	8	2	6	4	4	42	**77**
IE	6	2	7	-	4	1	-	19	**39**
ges.	**16**	**7**	**15**	**4**	**12**	**6**	**6**	**89**	**155**

Tab. A6: Absolute Häufigkeit metakommunikative Elemente

	Texthäufigkeit	Texthäufigkeit nach Textsorte im Mittel	Texthäufigkeit der Disziplin im Mittel
AE FZA Info	3	2,4	2,2
BE FZA Info	2,1		
IE FZA Info	2,1		
AE Letters Info	2,1	1,8	
BE Letters Info	1,3		
IE Letters Info	2,3		
AE FZA Physik	1,9	2	2,3
BE FZA Physik	2,3		
IE FZA Physik	1,9		
AE Letters Physik	2,3	2,6	
BE Letters Physik	3		
IE Letters Physik	2,4		

Tab. A7: Texthäufigkeit metakommunikative Elemente

	Informatik						Physik					
	FZA			Letters			FZA			Letters		
	AE	BE	IE	AE	BE	IE	AE	BE	IE	AE	BE	IE
Inhaltsübersicht/ Ankündigung	44,7	25	33,3	17,9	10	9,3	23,3	28	11,6	5,1	10,4	15,4
Rekapitulationen u. Zusammf.	12,6	8,8	5,8	12,8	10	9,3	2,3	5,3	5,8	5,1	3,9	5,1
Aufmerksam machen, Hervorheben	11,7	22,1	14,5	25,6	6,7	27,9	2,3	5,3	9,3	-	10,4	17,9
Mod. Anführungszeichen	4,9	7,4	5,8	2,6	3,3	4,7	2,3	-	-	5,1	2,6	-
Vorgehensweise	-	7,4	4,3	5,1	3,3	4,7	7	1,3	15,1	5,1	7,8	10,3
Verbale Gliederungselemente	1	7,4	1,4	-	-	-	-	4	2,3	2,6	5,2	2,6
nonverbale Gliederungselemente	11,7	13,2	13	10,3	13,3	14	11,6	16	4,7	5,1	5,2	-
Verweiselemente	13,6	8,8	21,7	25,6	53,3	30,2	51,2	40	51,2	71,8	54,5	48,7

Tab. A8: Anteil der Arten metakommunikativer Elemente in %

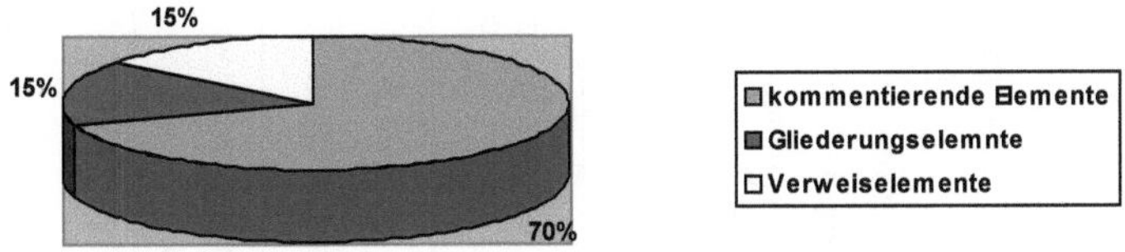

Abb. A1: Arten metakommunikativer Elemente Informatik, Fachzeitschriftenartikel (gerundete Werte)

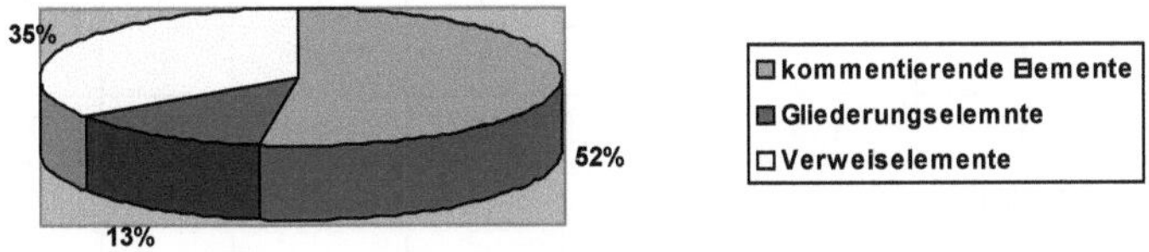

Abb. A2: Arten metakommunikativer Elemente Informatik, Letters (gerundete Werte)

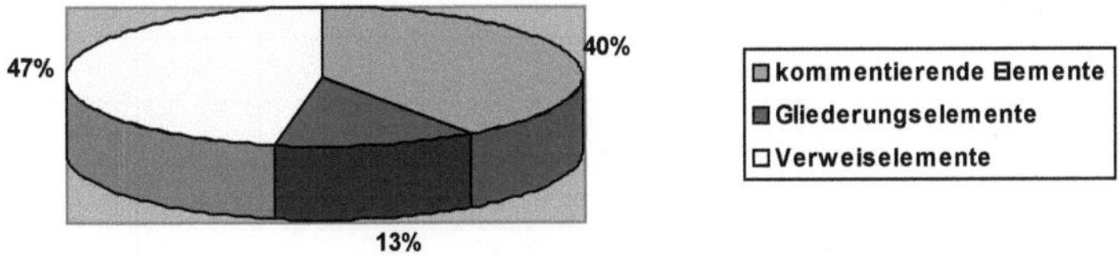

Abb. A3: Arten metakommunikativer Elemente Physik, Fachzeitschriftenartikel (gerundete Werte)

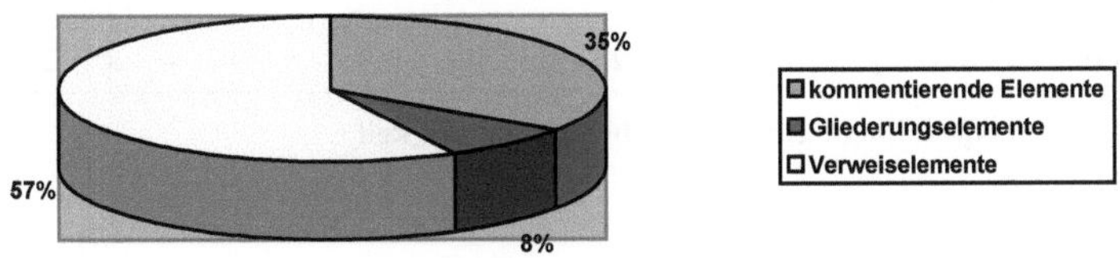

Abb. A4: Arten metakommunikativer Elemente Physik, Letters (gerundete Werte)

	Definitionen, Explikationen, Präzisierungen	Einführung von Abkürzungen, Formelzeichen, Symbolen	Einführung von Termini	Einführung von Synonymen	Überblick über Begriffshierarchien	Verwendungsweise von Termini	Sonstige	**Gesamt**
Fachzeitschriftenartikel Informatik								
AE	7	42	5	1	-	1	2	**58**
BE	13	25	7	4	1	4	6	**60**
IE	13	51	8	5	-	3	1	**81**
Gesamt	**33**	**118**	**20**	**10**	**1**	**8**	**9**	**199**
Letters Informatik								
IL AE	7	23	1	-	-	-	1	**32**
IL BE	8	41	2	1	-	2	1	**55**
IL IE	2	27	3	-	-	-	-	**32**
Gesamt	**17**	**91**	**6**	**1**	**-**	**2**	**2**	**119**
Fachzeitschriftenartikel Physik								
AE	2	57	2	-	-	-	-	**61**
BE	4	37	6	1	-	-	-	**48**
IE	5	46	2	2	-	-	-	**55**
Gesamt	**11**	**140**	**10**	**3**	**-**	**-**	**-**	**164**
Letters Physik								
IL AE	1	19	-	-	-	-	1	**21**
IL BE	2	37	1	1	-	-	-	**41**
IL IE	5	17	1	-	-	-	1	**24**
Gesamt	**8**	**73**	**2**	**1**	**-**	**-**	**2**	**86**

Tab. A9: Metasprachliche Elemente, absolute Häufigkeit

	Texthäufigkeit	Texthäufigkeit nach Textsorte im Mittel	Texthäufigkeit der Disziplin im Mittel
AE FZA Info	1,68		
BE FZA Info	1,82	1,98	
IE FZA Info	2,45		
			1,97
AE Letters Info	1,76		
BE Letters Info	2,29	1,94	
IE Letters Info	1,67		
AE FZA Physik	2,63		
BE FZA Physik	1,5	1,64	
IE FZA Physik	1,23		
			1,57
AE Letters Physik	1,23		
BE Letters Physik	1,57	1,45	
IE Letters Physik	1,48		

Tab. A10: Texthäufigkeit metasprachliche Elemente

Stilfigur	IF AE	IF BE	IF IE	IL AE	IL BE	IL IE
Syntaktische Stilmittel						
Parenthese	39	81	61	39	44	32
Ellipse	8	5	21	2	9	7
Inversion	48	51	30	7	5	9
Alliteration	12	16	6	19	8	9
Parallelismus	5	14	6	7	5	2
Enumeration	14	17	2	-	-	-
Anapher	7	4	4	3	-	3
Epiphrase/Nachsatz	3	14	10	4	2	1
Aufzählung mit Pronomen (first/fistly; etc.)	2	3	3	-	-	-
Anadiplose	2	-	2	-	-	-
Akkumulation	-	-	-	6	9	8
Asyndeton	-	-	-	1	-	1
Klimax	-	-	-	1	-	-
Etymol. Figur	-	-	-	1	-	-
Epipher	-	-	-	-	-	1

Stilfigur	IF AE	IF BE	IF IE	IL AE	IL BE	IL IE
Sprachliche Bilder						
Personifikation	-	1	11	1	1	4
Anspielung	2	-	-	-	-	-
Metapher	4	3	1	2	1	2
Analogie	-	2	-	-	-	-
Vergleich	-	2	-	-	-	-
Emphase	2	2	2	-	-	-
Litotes	-	1	-	-	-	-
Wortspiel	-	2	-	-	-	-
Antithese	-	-	-	-	-	-
Weitere						
Rhetorische Frage	4	7	4	3	2	-
Prolepsis/occupatio	3	5	3	-	-	-
contraction	-	3	-	3	-	-
Synonym	-	2	2	-	-	1
Assonanz	-	1	-	-	-	-
Neologismus	-	-	1	-	-	-
Saloppe Ausdrücke	1	5	2	1	-	-
Gehobene Ausdrücke	-	3	1	-	-	-
Iron. Anführungszeichen	-	2	1	-	-	-
Gesamt	**156**	**246**	**173**	**100**	**86**	**80**

Tab. A11: Absolute Häufigkeit Stilmittel Informatikkorpora

Stilfigur	PF AE	PF BE	IF IE	PL AE	PL BE	PL IE
Syntaktische Stilmittel						
Parenthese	67	86	100	53	110	34
Ellipse	13	11	31	17	16	7
Inversion	44	47	78	6	7	18
Alliteration	12	17	28	14	19	14
Parallelismus	8	3	-	1	5	1
Enumeration	10	6	19	3	16	1
Anapher	-	-	1	1	-	-
Epiphrase/Nachsatz	20	22	26	4	10	6
Aufzählung mit Pronomen (first/fistly; etc.)	-	-	-	1	3	-

Stilfigur	**PF AE**	**PF BE**	**IF IE**	**PL AE**	**PL BE**	**PL IE**
Anadiplose	-	-	-	-	-	-
Asyndeton	-	1	-	-	1	-
Akkumulation	-	-	-	-	-	-
Klimax	-	-	-	-	-	-
Etymol. Figur	-	-	1	2	-	1
Epipher	-	-	-	-	1	-
Sprachliche Bilder						
Personifikation	-	-	-	-	-	-
Anspielung	-	-	-	-	-	-
Metapher	-	1	-	-	1	1
Analogie	-	-	-	-	-	-
Vergleich	-	-	-	-	-	-
Emphase	-	-	-	-	-	-
Litotes	-	1	-	-	-	-
Wortspiel	-	-	-	-	-	-
Antithese	-	1	-	-	-	-
Weitere						
Rhetorische Frage	-	1	2	-	4	-
Prolepsis/occupatio	-	-	3	1	-	-
contraction	-	-	-	-	-	-
Synonym	1	1	1	-	1	-
Assonanz	-	1	-	-	-	-
Neologismus	-	-	-	-	-	-
Saloppe Ausdrücke	1	3	3	-	1	-
Gehobene Ausdrücke	-	1	-	-	-	-
Iron. Anführungszeichen	-	-	-	-	-	-
Gesamt	**176**	**203**	**293**	**103**	**195**	**83**

Tab. A12: Absolute Häufigkeit Stilmittel Physikkorpora

	Syntaktische Stilmittel	Sprachliche Bilder	Weitere
IF AE	89,7	5,1	5,1
IF BE	83,3	5,3	11,4
IF IE	83,8	8,1	8,1
IL AE	90	3	7
IL BE	95,3	2,3	2,3
IL IE	91,3	7,5	1,3
PF AE	98,9	-	1,1
PF BE	95,1	1,5	3,4
PF IE	96,9	-	3,1
PL AE	99	-	1
PL BE	96,4	0,5	3,1
PL IE	98,8	1,2	-

Tab. A13: Anteil der Stilmittelarten in Prozent

	Absolute Häufigkeit	Quelle
Metaphern		
(search/proof/decision) tree	32	IF AE 1 /IF AE 2/ IL AE 2
branch	10	IF AE 1
children	5	IF AE 1 / IL AE 2
family	2	IL BE 1
substrate	2	IF IE 1
seeing head	5	IL IE 2
blind head	14	IL IE 2
Alliterationen		
optimization options	3	IF AE 1
optimization opportunities	3	IF AE 1
search space	9	IF AE 1 / IL IE 1
compiler configuration	4	IF AE 1
compiler correctness	4	IF BE 1
compiled code	5	IF BE 1

	Absolute Häufigkeit	Quelle
paramorphism pattern	2	IF BE 2
natural numbers	3	IF BE 2
planning problem	11	IF IE 2
neural network	10	IL AE 1
decision diagram	9	IL AE 2
data-dependance	6	IL AE 2
cepstral coefficients	4	IL BE 1
process parameters	3	IL BE 1
log-likelyhood	8	IL BE 1
cluster centers	4	IL IE 1
discrete dipole approximation	3	PF AE 2
spin singlet	5	PF BE 1
charge conjugation	2	PF BE 1
electronic engineering	3	PF BE 2
dissipative dynamics	2	PF BE 2
depth-dependent	2	PF IE 1
integral intensity	6	PF IE 1
thin-film textures	2	PF IE 1
flow field	8	PF IE 2
piston path	2	PF IE 2
stationary simulation	5	PF IE 2
shell structure	4	PL AE 1
defect density	2	PL AE 2
dust detection	6	PL BE 1
broad band	4	PL BE 1
expansion experiment	2	PL IE 1
current carrying channel	4	PL IE 2
donor density	5	PL IE 2

Tab. A14: Wiederholungsrate von Stilmitteln bei der Terminibildung

	Informatik						Physik					
	FZA			Letters			FZA			Letters		
	AE	BE	IE	AE	BE	IE	AE	BE	IE	AE	BE	IE
Content-motivated h.												
Writer-based h.	1	3	4	2	1	3	1	9	5	5	6	-
Accuracy-based h.												
Attribute h.	9	-	10	12	1	6	13	7	22	8	19	12
Reliability h.	10	30	9	-	7	11	5	7	14	15	18	3
Reader-motivated h.	-	4	1	-	-	2	2	2	-	3	3	-

Content-motivated h.			**Reader-motivated h.**
Writer-based h.	Accuracy-based h.		
	Attribute h.	Reliability h.	
40	119	129	17

Tab. A15: Absolute Häufigkeit Heckenausdrücke

	Beweisführungs-ketten	**Erläuterung mathe-matischer Ausdrücke**	**Erläuterung von Programmteilen**	**Werteangaben**
Informatik				
IF AE	**X**	**X**	**X**	**X**
IF BE	**X**		**X**	
IF IE	**X**	**X**	**X**	
IL AE			**X**	**X**
IL BE	**X**	**X**		
IL IE	**X**	**X**		
Physik				
PF AE		**X**		**X**
PF BE		**X**		**X**
PF IE		**X**		**X**
PL AE		**X**		**X**
PL BE		**X**		**X**
PL IE		**X**		**X**

Tab. A16: Vorkommen der verschiedenen Arten formalisierter Sprache im Korpus

Umfrageergebnisse

Wie oft im Jahr veröffentlichen Sie Papers in Englisch (ungefähr)?

Anzahl	Informatiker	%	Physiker	%
< 1	1	4,2	-	-
Ca. 1-5	16	66,7	25	67,6
>5	7	29,2	8	21,6
10 und mehr	-	-	4	10,8

Tab. A17: Frage 1 – Frequenz von Veröffentlichungen

Verfassen Sie auch Artikel für Zeitschriften/Journals auf Deutsch? In welchem Verhältnis stehen diese etwa zu Veröffentlichungen auf Englisch?[38]

	Informatiker	%	Physiker	%
Nein	**8**	**33,3**	**23**	**62,2**
Ja	**16**	**66,7**	**14**	**37,8**
Davon Anteil am Gesamtvolumen:				
<10 %	10	62,5	9	64,3
< 50 %	5	31,3	1	7,1
>75 %	1	6,3	-	-

Tab. A18: Frage 2 – Anteil deutschsprachige Veröffentlichungen

Verfassen Sie erst eine deutsche Version Ihrer Artikel oder schreiben Sie bereits die erste Fassung in Englisch?

1. Fassung in	Informatiker	%	Physiker	%
Deutsch	-	-	-	-
Englisch	24	100	37	100

Tab. A19: Frage 3 – Sprachauswahl bei erster Fassung

---

38 Angaben unvollständig (einige Befragten machten keine Angaben zur Vorkommenshäufigkeit).

Lassen Sie die Texte übersetzen? Wenn ja, von wem (professionelle Übersetzer, Mitarbeiter, andere)?

Übersetzung	Informatiker	%	Physiker	%
Nein	24	100	37	100
Ja	-	-	-	-

Tab. A20: Frage 4 – Übersetzungen

Verwenden Sie amerikanisches oder britisches Englisch, wie begründen Sie Ihre Entscheidung?

	Informatiker	%	Physiker	%
Amerikanisches Englisch	14	58,3	9	24,3
Davon aus Konformismus	7	50	2	22,2
wg. Auslandsaufenthalt	3	21,4	1	11,1
Britisches Englisch	1	4,2	3	8,1
Je nachdem wo Text erscheinen soll	7	29,2	21	56,8
nicht bewusst	2	8,3	4	10,8

Tab. A21: Frage 5 – Auswahl der Englischvariante

Wo haben Sie Englisch gelernt? (Mehrfachantworten möglich)

	Informatiker	%	Physiker	%
Schule	21	87,5	34	92
Uni	5	20,8	7	18,9
Abendkurse	-	-	2	5,4
Selbststudium	12	50	6	16,2
(Auslandsaufenthalt)	6	25	10	27
Anderes	2	8,3	4	10,8

Tab. A22: Frage 6 – Erwerb der Englischkenntnisse

Wie viel englischsprachige Fachliteratur lesen Sie im Verhältnis zu deutschsprachiger Fachliteratur?

	Informatiker	%	Physiker	%
<50 %	1	4,2	-	-
>50 %	-	-	-	-
>70 %	2	8,3	1	2,7
>90 %	21	87,5	36	97,3

Tab. A23: Frage 7 – Rezeption englischsprachiger Fachliteratur

Fällt Ihnen das Schreiben auf Englisch gefühlsmäßig leicht oder eher schwer? Verwenden Sie bitte eine Skala von 1 bis 10 (1=sehr leicht; 10=sehr schwer).

	Informatiker	%	Physiker	%
Sehr Leicht (1)	4	16,7	4	10,8
Leicht (2–3)	13	54,2	23	62,2
Mittel (4–6)	4	16,7	2	5,4
Schwer (7–9)	2	8,3	5	13,5
Sehr Schwer (10)	-	-	1	2,7
Keine Angabe	1	4,2	2	5,4

Tab. A24: Frage 8 – Selbsteinschätzung der Englischkenntnisse

Worauf müssen Sie beim Schreiben in Englisch besonders achten? (Mehrfachantworten möglich)[39]

	Informatiker	%	Physiker	%
Verständlichkeit	14	43,8	24	49
Prägnanz	8	25	15	30,6
Terminologie	6	18,8	7	14,3
Grammatik	2	6,3	2	4,1
Nichts	2	6,3	1	2

Tab. A25: Frage 9 – Mögliche Unsicherheiten

39 Wenn Mehrfachantworten möglich waren, sind die Prozentwerte bezogen auf die Gesamtzahl der jeweils gegebenen Antworten.

Welche Hinweise geben Ihnen die Reviewer bzw. Editors bezüglich Ihrer Veröffentlichungen am häufigsten? (Mehrfachantworten möglich)[39]

	Informatiker	%	Physiker	%
Lexik	2	6,9	3	10
Grammatik	1	3,4	1	3,3
Inhalt	19	65,5	23	76,7
Textaufbau	4	13,8	3	10
Orthografie	3	10,3	-	-

Tab. A26: Frage 10 – Hinweise der Reviewer

Wie viele Entwürfe sind bis zur Endversion durchschnittlich nötig?

	Informatiker	%	Physiker	%
1–2	3	12,5	2	5,4
3–5	14	58,3	19	51,4
>5	1	4,2	6	16,2
>10	2	8,3	8	21,6
Keine genaue Angabe möglich	4	16,7	2	5,4

Tab. A27: Frage 11 – Anzahl Entwürfe bis zur Endversion

Welcher Art sind die Änderungen, die Sie bis zur Endversion meist vornehmen?[39]

Änderungen am	Informatiker	%	Physiker	% / Antw.
Inhalt	14	22,6	26	23,4
Textaufbau	14	22,6	19	17,1
Verständlichkeit	17	27,4	28	25,2
Kürzungen	11	17,7	19	17,1
Stil	6	9,7	19	17,1

Tab. A28: Frage 12 – Art der Änderungen beim Überarbeiten

Wie viel Zeit nehmen Sie sich im Schnitt für das Verfassen von Papers?[40]

	Informatiker	%	Physiker	%
Weniger als 1 Woche	4	16,7	4	10,8
Ca. 1–2 Wochen	8	33,3	11	29,7
Ca. 3–4 Wochen	3	12,5	7	18,9
> 4 Wochen	1	4,2	5	13,5
Sehr verschieden	6	25	6	16,2

Tab. A29: Frage 13 – Geschätzter Zeitaufwand

Welche Hilfsmittel (für Textgestaltung, Stil usw.) benutzen Sie beim Schreiben in Englisch? (Mehrfachantworten möglich)[41]

	Informatiker	%	Physiker	%
Referenztexte	3	9,4	9	15
Stylesheets	2	6,3	5	8,3
Lektorat	2	6,3	14	23,3
Wörterbücher	18	56,3	27	45
Sonstiges	3	9,4	2	3,3
Keine	4	12,5	3	5

Tab. A30: Frage 14 – Verwendung von Hilfsmitteln

40 Nicht alle Antworten auswertbar.

41 Wenn Mehrfachantworten möglich waren, sind die Prozentwerte bezogen auf die Gesamtzahl der jeweils gegebenen Antworten.

Über welche Eigenschaften sollte ein gutes Paper Ihrer Meinung nach verfügen? (Mehrfachantworten möglich)[41]

	Informatiker	**%**	**Physiker**	**%**
Guter Ausdruck	2	3,8	8	10
Kürze/Prägnanz	11	21,2	10	12,5
Verständlichkeit	20	38,5	30	37,5
Innovative Forschung/Relevanz	19	36,5	30	37,5
Keine Angabe	-	-	2	2,5

Tab. A31: Frage 15 – Kriterien für gute Papers

FORUM FÜR FACHSPRACHEN-FORSCHUNG

Die Bd. 1 bis 77 sind im Verlag Gunter Narr erschienen.

Bd. 78 Hartwig Kalverkämper: Textsortengeschichte und Fächertradition. Systeme im Wandel zwischen französischer Klassik und Aufklärung (1650–1750). ISBN 978-3-86596-175-4

Bd. 79 Jin Zhao: Interkulturalität von Textsortenkonventionen. Vergleich deutscher und chinesischer Kulturstile: Imagebroschüren. 392 Seiten. ISBN 978-3-86596-169-3

Bd. 80 Hartwig Kalverkämper/Klaus-Dieter Baumann (Hg.): Fachtextsorten – in – Vernetzung. 486 Seiten. ISBN 978-3-86596-160-0

Bd. 81 Henrike Täuscher: Fachlichkeit in der Werbung für Laien. Deutsche und französische Anzeigen im Vergleich. 262 Seiten. ISBN 978-3-86596-162-4

Bd. 82 Tim Peters: Macht im Kommunikationsgefälle: der Arzt und sein Patient. 212 Seiten. ISBN 978-3-86596-181-5

Bd. 83 Hans P. Krings/Felix Mayer (Hg.): Sprachenvielfalt im Kontext von Fachkommunikation, Übersetzung und Fremdsprachenunterricht. Für Reiner Arntz zum 65. Geburtstag. 530 Seiten. ISBN 978-3-86596-192-1

Bd. 84 Encarnación Tabares Plasencia/Vessela Ivanova/Elke Krüger (Eds.): Análisis lingüístico contrastivo de textos especializados en español y alemán. 258 Seiten. ISBN 978-3-86596-190-7

Bd. 85 Nancy Hadlich: Analyse evidenter Anglizismen in Psychiatrie und Logistik. 458 Seiten. ISBN 978-3-86596-380-2

Bd. 86 Eva Martha Eckkrammer (Ed.): La comparación en los lenguajes de especialidad. 302 Seiten. ISBN 978-3-86596-216-4

Bd. 87 Maria Mushchinina: Rechtsterminologie – ein Beschreibungsmodell. Das russische Recht des geistigen Eigentums. 396 Seiten. ISBN 978-3-86596-218-8

Bd. 88 Sylvia Reinart: Kulturspezifik in der Fachübersetzung. Die Bedeutung der Kulturkompetenz bei der Translation fachsprachlicher und fachbezogener Texte. 562 Seiten. ISBN 978-3-86596-235-5

Bd. 89 Radegundis Stolze: Fachübersetzen – Ein Lehrbuch für Theorie und Praxis. 3. Auflage. 420 Seiten. ISBN 978-3-86596-257-7

Bd. 90 Carmen Heine: Modell zur Produktion von Online-Hilfen. 318 Seiten. ISBN 978-3-86596-263-8

FORUM FÜR FACHSPRACHEN-FORSCHUNG

Bd. 91 Brigitte Horn-Helf: Konventionen technischer Kommunikation: Makro- und mikrokulturelle Kontraste in Anleitungen. 614 Seiten mit CD. ISBN 978-3-86596-233-1

Bd. 92 Marina Adams: Wandel im Fach. Historiographie von DaF als Fachsprachen-Disziplin in der DDR. 460 Seiten. ISBN 978-3-86596-269-0

Bd. 93 Carsten Sinner: Wissenschaftliches Schreiben in Portugal zum Ende des *Antigo Regime* (1779–1821). Die Memórias económicas der *Academia das Ciências de Lisboa*. 714 Seiten. ISBN 978-3-86596-277-5

Bd. 94 Laurent Gautier (éd.): Les discours de la bourse et de la finance. 186 Seiten. ISBN 978-3-86596-302-4

Bd. 96 Julia Neu: Mündliche Fachtexte der französischen Rechtssprache. 294 Seiten. ISBN 978-3-86596-351-2

Bd. 97 Mehmet Tahir Öncü: Probleme interkultureller Kommunikation bei Gerichtsverhandlungen mit Türken und Deutschen. 168 Seiten. ISBN 978-3-86596-387-1

Bd. 98/99 Klaus-Dieter Baumann (Hg.): Fach – Translat – Kultur. Interdisziplinäre Aspekte der vernetzten Vielfalt. 2 Bände im Schuber, zus. 1562 Seiten. ISBN 978-3-86596-209-6

Bd. 100 Hartwig Kalverkämper (Hg.): Fachkommunikation im Fokus – Paradigmen, Positionen, Perspektiven. 1040 Seiten. ISBN 978-3-7329-0214-9

Bd. 102 Anastasiya Kornetzki: Contrastive Analysis of News Text Types in Russian, British and American Business Online and Print Media. 378 Seiten. ISBN 978-3-86596-420-5

Bd. 103 Ingrid Simonnæs: Rechtskommunikation national und international im Spannungsfeld von Hermeneutik, Kognition und Pragmatik. 304 Seiten. ISBN 978-3-86596-427-4

Bd. 104 Svenja Dufferain: Tyronyme – zur strategischen Wortbildung französischer Käsemarkennamen. 140 Seiten. ISBN 978-3-86596-428-1

Bd. 105 Laurent Gautier (éd.): Figement et discours spécialisés. 158 Seiten. ISBN 978-3-86596-413-7

Bd. 106/107 Eva Martha Eckkrammer: Medizin für den Laien: Vom Pesttraktat zum digitalen Ratgebertext. 2 Bände im Schuber, zus. 1328 Seiten. ISBN 978-3-86596-312-3

Bd. 108 Lucia Udvari: Einführung in die Technik der Rechtsübersetzung vom Italienischen ins Deutsche. Ein Arbeitsbuch mit interdisziplinärem Ansatz. 316 Seiten. ISBN 978-3-86596-516-5

FORUM FÜR FACHSPRACHEN-FORSCHUNG

Bd. 109 Mehmet Tahir Öncü: Kulturspezifische Aspekte in technischen Texten. Eine Analyse deutsch- und türkischsprachiger Gebrauchsanleitungen. 212 Seiten. ISBN 978-3-86596-517-2

Bd. 110 Cornelia Griebel: Rechtsübersetzung und Rechtswissen. Kognitionstranslatologische Überlegungen und empirische Untersuchung des Übersetzungsprozesses. 432 Seiten. ISBN 978-3-86596-534-9

Bd. 111 Laura Sergo/Ursula Wienen/Vahram Atayan (Hg.): Fachsprache(n) in der Romania. Entwicklung, Verwendung, Übersetzung. 458 Seiten. ISBN 978-3-86596-404-5

Bd. 112 Birte Möpert: Die Fachsprache des Tanzes. 218 Seiten. ISBN 978-3-7329-0012-1

Bd. 113 Marina Brambilla/Joachim Gerdes/Chiara Messina (Hg.): Diatopische Variation in der deutschen Rechtssprache. 382 Seiten. ISBN 978-3-86596-447-2

Bd. 114 Christiane Zehrer: Wissenskommunikation in der technischen Redaktion. Die situierte Gestaltung adäquater Kommunikation. 406 Seiten. ISBN 978-3-7329-0032-9

Bd. 115 Tanja Wissik: Terminologische Variation in der Rechts- und Verwaltungssprache. Deutschland – Österreich – Schweiz. 394 Seiten. ISBN 978-3-7329-0004-6

Bd. 116 Larissa Alexandrovna Manerko/Klaus-Dieter Baumann/Hartwig Kalverkämper (eds.): Terminology Science in Russia today. From the Past to the Future. 460 Seiten. ISBN 978-3-7329-0051-0

Bd. 117 Georg Löckinger: Übersetzungsorientierte Fachwörterbücher. Entwicklung und Erprobung eines innovativen Modells. 322 Seiten. ISBN 978-3-7329-0053-4

Bd. 118 Kerstin Petermann: Verbale und nonverbale Vagheit in englisch- und deutschsprachigen Interviews. 418 Seiten. ISBN 978-3-7329-0061-9

Bd. 119 Encarnación Tabares Plasencia (ed.): Fraseología jurídica contrastiva español – alemán/Kontrastive Fachphraseologie der spanischen und deutschen Rechtssprache. 148 Seiten. ISBN 978-3-86596-528-8

Bd. 120 Klaus-Dieter Baumann/Jan-Eric Dörr/Katja Klammer (Hg.): Fachstile – Systematische Ortung einer interdisziplinären Kategorie. 216 Seiten. ISBN 978-3-7329-0105-0

Bd. 121 Jenny Brumme/Carmen López Ferrero (eds.): La ciencia como diálogo entre teorías, textos y lenguas. 348 Seiten. ISBN 978-3-7329-0130-2

Bd. 122 Ingrid Simonnæs: Basiswissen deutsches Recht für Übersetzer. Mit Übersetzungsübungen und Verständnisfragen. 202 Seiten. ISBN 978-3-7329-0133-3

FORUM FÜR FACHSPRACHEN-FORSCHUNG

Bd. 123 Silke Friedrich: Deutsch- und englischsprachige Werbung. Textpragmatik, Medialität, Kulturspezifik. 142 Seiten. ISBN 978-3-7329-0152-4

Bd. 124 Bernhard Haidacher: Bargeldmetaphern im Französischen. Pragmatik, Sprachkultur und Metaphorik. 368 Seiten. ISBN 978-3-7329-0124-1

Bd. 125 Chiara Messina: Die österreichischen Wirtschaftssprachen. Terminologie und diatopische Variation. 384 Seiten. ISBN 978-3-7329-0113-5

Bd. 126 Raimund Drommel: Sprachprofiling – Grundlagen und Fallanalysen zur Forensischen Linguistik. 338 Seiten. ISBN 978-3-7329-0158-6

Bd. 127 Krzysztof Nycz/Klaus-Dieter Baumann/Hartwig Kalverkämper (Hg.): Fachsprachenforschung in Polen. 328 Seiten. ISBN 978-3-7329-0211-8

Bd. 128 Peter Kastberg: Kondensation und Expansion in Fachtexten der Technik. 160 Seiten. ISBN 978-3-7329-0221-7

Bd. 129 Anja Centeno García: Textarbeit in der geisteswissenschaftlichen Lehre. 360 Seiten. ISBN 978-3-7329-0196-8

Bd. 132 Maria Mushchinina: Sprachverwendung und Normvorstellung in der Fachkommunikation. 450 Seiten. ISBN 978-3-7329-0293-4

Bd. 133 Agnes Goldhahn: Tschechische und deutsche Wissenschaftssprache im Vergleich. Wissenschaftliche Artikel der Linguistik. 226 Seiten. ISBN 978-3-7329-0332-0

Bd. 134 Natalya Zalipyatskikh: Didaktik der technischen Fachkommunikation. Methodologien, Konzepte, Evaluationen. 422 Seiten mit CD. ISBN 978-3-7329-0344-3

Bd. 135 Katja Klammer: Denkstile in der Fachkommunikation der Technik- und Sozialwissenschaften. Fakten und Kontraste im Deutschen und Englischen. 438 Seiten. ISBN 978-3-7329-0355-9

Bd. 136 Fabian Fahlbusch: Unternehmensnamen. Entwicklung – Gestaltung – Wirkung – Verwendung. 322 Seiten. ISBN 978-3-7329-0202-6

Bd. 137 Sabrina Brandt: Anglizismen – Sprachwandel in deutschen und norwegischen Texten der Informationstechnologie. 140 Seiten. ISBN 978-3-7329-0385-6

Bd. 138 Sascha Bechmann (Hg.): Sprache und Medizin. Interdisziplinäre Beiträge zur medizinischen Sprache und Kommunikation. 498 Seiten. ISBN 978-3-7329-0372-6

Bd. 139 Anastasia Mikhailova-Tucholke: Der französische Fachwortschatz im Bereich Solarenergie: Wortbildung und Lexikographie. 232 Seiten. ISBN 978-3-7329-0400-6

Frank & Timme

FORUM FÜR FACHSPRACHEN-FORSCHUNG

Bd. 140 Annikki Liimatainen/Arja Nurmi/Marja Kivilehto/Leena Salmi/Anu Viljanmaa/Melissa Wallace (eds.): Legal Translation and Court Interpreting: Ethical Values, Quality, Competence Training. 398 Seiten. ISBN 978-3-7329-0295-8

Bd. 141 Rosemarie Buhlmann/Anneliese Fearns: Handbuch des fach- und berufsbezogenen Deutschunterrichts DaF, DaZ, CLIL. 714 Seiten. ISBN 978-3-7329-0013-8

Bd. 142 Agnieszka Błażek: Einheit in Vielfalt: der Bologna-Prozess. Fachlexikologische und fachkommunikative Aspekte. 406 Seiten. ISBN 978-3-7329-0470-9

Bd. 143 Katrin Josephine Wagner: Die Sprache der Jäger – Ein Vergleich der Weidmannssprache im deutsch- und englischsprachigen Raum. 82 Seiten. ISBN 978-3-7329-0455-6

Bd. 144 Stefania Cavagnoli/Laura Mori (eds.): Gender in legislative languages. From EU to national law in English, French, German, Italian and Spanish. 256 Seiten. ISBN 978-3-7329-0349-8

Bd. 145 Damaris Borowski: Sprachliche Herausforderungen ausländischer Anästhesist(inn)en bei Aufklärungsgesprächen. Eine gesprächsanalytische Studie zu „Deutsch als Zweitsprache im Beruf". 388 Seiten. ISBN 978-3-7329-0502-7

Bd. 146 Thomas Bartz: Texte sprachbewusst optimieren. Ein linguistisches Kategoriensystem für die computergestützte Revision qualitätsrelevanter sprachlicher Merkmale in Texten. 218 Seiten. ISBN 978-3-7329-0514-0

Bd. 147 Lenka Vaňková (Hg.): Fachlichkeit und Fachsprachlichkeit in varianten Kontexten. 266 Seiten. ISBN 978-3-7329-0530-0

Bd. 148 Eva Wiesmann: Der notarielle Immobilienkaufvertrag in Italien und Deutschland. Eine kontrastive diachronische Untersuchung zur Bedeutung von Norm und Konvention sowie zur Entwicklung der Textsorte. 476 Seiten. ISBN 978-3-7329-0511-9

Bd. 149 Ingrid Simonnæs/Marita Kristiansen (eds.): Legal Translation. Current Issues and Challenges in Research, Methods and Applications. 410 Seiten. ISBN 978-3-7329-0366-5

Bd. 150 Thorsten Dick: Fachlich kommunizieren mit sich selbst. Verständlichkeit und Optimierung von Recherchenotizen. 274 Seiten. ISBN 978-3-7329-0553-9

Bd. 151 Kristina Pelikan: Enhancing and analysing Project Communication. 296 Seiten. ISBN 978-3-7329-0564-5

Bd. 152 Miriam Behschnitt: Die Fachtextsorte Gesetz. Eine kontrastive stilistische Untersuchung anhand des deutschen Aufenthaltsgesetzes und britischer *Immigration Acts*. 162 Seiten. ISBN 978-3-7329-0548-5

FORUM FÜR FACHSPRACHEN-FORSCHUNG

Bd. 153 Irena Vassileva/Mariya Chankova/Esther Breuer/Klaus P. Schneider (eds.): The Digital Scholar: Academic Communication in Multimedia Environment. 344 Seiten. ISBN 978-3-7329-0569-0

Bd. 154 Ingrid Simonnæs/Øivin Andersen/Klaus Schubert (eds.): New Challenges for Research on Language for Special Purposes. Selected Proceedings from the 21st LSP-Conference 28–30 June 2017 Bergen, Norway. 392 Seiten. ISBN 978-3-7329-0420-4

Bd. 155 Franziska Toscher: Die Fachsprache der Geschichtswissenschaft. Wissenstransfer – Subjektivität – Übersetzung. 388 Seiten. ISBN 978-3-7329-0554-6

Bd. 156 Jana Schumacher: Wissenschaftliche Zeitschriftenartikel und Letters der Physik und Informatik. Eine Mehr-Ebenen-Differenzierung. 332 Seiten. ISBN 978-3-7329-0615-4

Bd. 157 Peter Kastberg: Knowledge Communication. Contours of a Research Agenda. 136 Seiten. ISBN 978-3-7329-0432-7

Bd. 158 Alexander Holste: Semiotische Effizienz interfachlicher Sprache-Bild-Textsorten. Schreibprozesse bei Pflichtenheften technischer Ausschreibungen. 488 Seiten. ISBN 978-3-7329-0300-9

Bd. 159 Lenka Vaňková (Hg.): Das Fachwort in der Tagespresse. 160 Seiten. ISBN 978-3-7329-0628-4

Bd. 160 Alessandra Zurolo: Deutsche medizinische Lehrtexte. Eine diachronische Perspektive. 258 Seiten. ISBN 978-3-7329-0682-6

Bd. 161 Marina Adams/Klaus-Dieter Baumann/Hartwig Kalverkämper (Hg.): Fachkommunikationsforschung im Spannungsfeld von Methoden, Instrumenten und Fächern. 416 Seiten. ISBN 978-3-7329-0783-0

Bd. 162 Giuliana Elena Garzone/Paola Catenaccio: Ethics in Professional and Corporate Discourse. Linguistic Perspectives. 202 Seiten. ISBN 978-3-7329-0806-6

Bd. 163 Ursula Wienen/Tinka Reichmann/Laura Sergo (Hg.): Syntax in Fachkommunikation. 550 Seiten. ISBN 978-3-7329-0821-9

Bd. 164 Marina Adams/Klaus-Dieter Baumann/Hartwig Kalverkämper (Hg.): Zukunftsformate der Fachkommunikationsforschung. Wissenstransfer – Bildung – Interlingualität. 350 Seiten. ISBN 978-3-7329-0800-4

Bd. 165 Harald Weinrich: Sprache, das heißt Sprachen. Plädoyer für die sprachliche Vielfalt. 520 Seiten. ISBN 978-3-7329-0879-0